LEO KOENIGSBERGER

DIE TRANSFORMATION
DIE MILTIPLICATION
UND
DIE MODULARGLEICHUNGEN
DER
ELLIPTISCHEN FUNCTIONEN

Elibron Classics
www.elibron.com

Elibron Classics series.

ISBN 0-543-97091-4 (paperback)
ISBN 0-543-97090-6 (hardcover)

This Elibron Classics Replica Edition is an unabridged facsimile of the edition published in 1868 by B. G. Teubner, Leipzig.

DIE TRANSFORMATION,

DIE MULTIPLICATION UND DIE MODULARGLEICHUNGEN

DER

ELLIPTISCHEN FUNCTIONEN.

VON

DR. LEO KOENIGSBERGER,
ORDENTLICHEM PROFESSOR AN DER UNIVERSITÄT ZU GREIFSWALD.

LEIPZIG,
DRUCK UND VERLAG VON B. G. TEUBNER.
1868.

Mittheilungen

der Verlagsbuchhandlung

B. G. Teubner in Leipzig.

Von 1868 ab erscheinen in zwanglosen Nummern „**Mittheilungen der Verlagsbuchhandlung B. G. Teubner in Leipzig**", welche über die Verlagsunternehmungen dieser Firma ausführlich berichten und auf Verlangen gratis und franco regelmässig versandt werden.

Auszug aus No. 1—4.

I. Notizen über künftig erscheinende Bücher.

Aufgaben aus der analytischen Mechanik. Von Arwed Fuhrmann. Assistent der Mathematik und Vermessungslehre an der Kgl. Polytechn. Schule zu Dresden. Zweiter Theil: Aufgaben aus der analytischen Geodynamik. Mit in den Text eingedruckten Holzschnitten. gr. 8.

Dieser zweite Theil wird Aufgaben aus allen wichtigeren Capiteln der analytischen Geodynamik enthalten und sich bezüglich der Darstellungsweise und Behandlung des Stoffes ganz dem ersten Theile anschliessen. Ueber die grosse Bedeutung dieser Aufgaben für das Studium der analytischen Mechanik spricht sich Herr Hofrath Dr. Schlömilch in einem dem ersten Theile beigefügten Vorworte ausführlich aus, dessen Schluss hier eine Stelle finden möge: 'Sowohl für Repetitionen als für das Selbststudium ist eine Aufgabensammlung ohne Zweifel ein willkommenes Hülfsmittel, und da in der That keine Sammlung von Aufgaben aus der analytischen Mechanik existirt, welche den Bedürfnissen der Studirenden an Universitäten und polytechnischen Instituten entspricht, so dürfte das vorliegende Buch wohl als eine zeitgemässe Erscheinung gelten. Der erste Theil desselben, welchem ein zweiter unverzüglich folgen wird, enthält nur Aufgaben aus der Statik fester Körper, wobei Probleme über die Elasticität und Festigkeit ausgeschlossen wurden, weil diese an polytechnischen Schulen in besonderen Vorlesungen ausführlich behandelt zu werden pflegen Die meisten der mitgetheilten, für das erste Studium der analytischen Mechanik berechneten Aufgaben sind neu; Bekanntes ist selten und nur dann aufgenommen worden, wenn sich später eine Verweisung darauf nöthig machte. Bei schwereren Aufgaben findet man eine Andeutung über den Gang der Auflösung, bei leichteren ist nur das Resultat angegeben. Und damit sei diese anspruchslose, jedenfalls aber brauchbare Schrift den Lehrern und Jüngern der Wissenschaft bestens empfohlen.'

Beer's Einleitung in die Theorie der Elasticität und Capillarität. gr. 8.

Das genannte Werk, welches sich an die vor einigen Jahren erschienene „Einleitung in die Electrostatik, die Lehre vom Magnetismus und die Electrodynamik" desselben Verfassers anschliesst, stellt sich die Aufgabe, den Leser auf dem kürzesten Wege in die allgemeine Theorie der Elasticität und Capillarität einzuführen und über die Hauptresultate, zu denen bisher die mathematische Physik in diesen Dsciplinen gelangte, zu orientieren. Demnach werden zuerst die allgemeinen Gesetze der Elasticitätskraft und des Elasticitätsgleichgewichtes entwickelt, zwei allgemeine Gruppen von Verschiebungen näher erörtert, und dann die

DIE TRANSFORMATION,

DIE MULTIPLICATION UND DIE MODULARGLEICHUNGEN

DER

ELLIPTISCHEN FUNCTIONEN

VON

Dr. LEO KOENIGSBERGER,
ORDENTLICHEM PROFESSOR AN DER UNIVERSITÄT ZU GREIFSWALD.

LEIPZIG,
DRUCK UND VERLAG VON B. G. TEUBNER.
1868.

VORWORT.

Die Lehre von der Transformation der elliptischen Funktionen, welche den rein analytischen Theil dieser Transcendenten mit der Algebra und Zahlentheorie verknüpft, ist in der neueren Zeit der Ausgangspunkt vieler wichtigen algebraischen Untersuchungen geworden, deren weitere Ausdehnung eine eingehendere Behandlung der Transformations- und Multiplicationslehre der elliptischen Transcendenten erfordert, als ihr bis jetzt zu Theil geworden ist. Da sich nun dieser Gegenstand in den Lehrbüchern der elliptischen Funktionen, deren wir sonst sehr schätzenswerthe besitzen, entweder gar nicht oder nicht eingehend behandelt findet, ausserdem auch die in den Specialabhandlungen enthaltenen Untersuchungen sich klarer und einfacher durchführen, viele Resultate sich theils berichtigen, theils erweitern lassen, so habe ich es vorgezogen, statt die Behandlung einzelner Theile dieser Theorie zu veröffentlichen, die Lehre von der Transformation, der Multiplication und den Modulargleichungen im Zusammenhange nach Methoden zu bearbeiten, die ich bereits meinen Untersuchungen über die Transformation der Abel'schen Funktionen zu Grunde gelegt und als naturgemässe erkannt habe.

Die Lehre von der Transformation bildet in der vorliegenden Arbeit ein abgeschlossenes Ganze; die Multiplication sowie die Theorie der Modulargleichungen sind bis zur Untersuchung derjenigen Integralmoduln geführt worden, welche eine complexe Multiplication zulassen; diese Untersuchung selbst jedoch wurde unberührt gelassen, da noch viele und bedeutende Schwierigkeiten in der Durchführung derselben zu überwinden sind.

Die Elemente der Theorie der elliptischen Funktionen setze ich als bekannt voraus, stelle jedoch alle hier benutzten Bezeichnungen und Relationen in einem besonderen Paragraphen zusammen.

Greifswald, im August 1868.

Der Verfasser.

INHALTSVERZEICHNISS.

Sechster Abschnitt.

Die transformirte ϑ-Funktion als ganze homogene Funktion der ursprünglichen ϑ-Funktionen.

Siebenter Abschnitt.

Die rationale Transformation zweiten Grades.

Achter Abschnitt.

Hülfssätze zur Constantenbestimmung in den Transformationsformeln.

Neunter Abschnitt.

Vollständige Entwickelung der Transformationsformeln der elliptischen Funktionen.

Zehnter Abschnitt.

Ausführung der Transformationsformeln für ein beliebiges elliptisches Integral.

Eilfter Abschnitt.

Die allgemeine algebraische Transformation.

Zwölfter Abschnitt.

Die Multiplication der elliptischen Funktionen.

Dreizehnter Abschnitt.

Die Theorie der Modulargleichungen der elliptischen Funktionen.

Vierzehnter Abschnitt.

Entwickelung einer Differentialgleichung dritter Ordnung zwischen den transformirten Integralmoduln.

Erster Abschnitt.

Das allgemeine Transformationsproblem.

§ 1. Definition des allgemeinen Transformationsproblems.

Es ist ein elliptisches Integral von der Form

$$\int \frac{r\,dx}{\varDelta(x)}$$

vorgelegt, worin:

$$\varDelta(x) = \pm \sqrt{(1 - x^2)(1 - c^2 x^2)}$$

und r eine rationale Funktion von x bedeutet; man soll dieses Integral auf die allgemeinste Weise in ein elliptisches Integral mit anderm Modul von der Form

$$\int F(x_1, \varDelta_1(x_1))\,dx_1$$

verwandeln, worin

$$\varDelta_1(x_1) = \pm \sqrt{(1 - x_1^2)(1 - k^2 x_1^2)}$$

Anmerkung. Ich will gleich am Anfange der vorliegenden Arbeit auf die wichtigsten Schriften, welche einzelne Theile aus der Lehre von der Transformation, Multiplication und den Modulargleichungen der elliptischen Funktionen betreffen, hinweisen, um nicht später bei allen einzelnen Resultaten die Autoren namhaft machen zu müssen:

1) Abel, oeuvres complètes, XXV, précis d'une théorie des fonctions elliptiques.
2) Jacobi, fundamenta nova theoriae functionum ellipticarum.
3) Sohnke, Journal für reine und angewandte Mathematik von Crelle, Band XVI.
4) Hermite, journal de mathématiques par Liouville 1853.
5) Hermite, sur la résolution de l'équation du cinquième degré.

und F eine rationale Funktion bezeichnet, oder auch in den Ausdruck:

$$u + A_1 \log v_1 + A_2 \log v_2 + \cdots + A_r \log v_r + \alpha \pi (x_1, k) + \alpha_0 \pi_0 (x_1, k) \\ + \alpha_1 \Pi (x_1, k, a_1) + \alpha_2 \Pi (x_1, k, a_2) + \cdots + \alpha_\mu \Pi (x_1, k, a_\mu)$$

umformen, worin

$$u, v_1, v_2, \ldots . v_r$$

rationale Funktionen von x_1 und $\Delta_1 (x_1)$,

$$A_1, A_2, \ldots A_r, \alpha, \alpha_0, \alpha_1, \alpha_2, \ldots . \alpha_\mu$$

constante Coefficienten,

$$a_1, a_2, \ldots . a_\mu$$

Parameter der elliptischen Integrale dritter Gattung bedeuten und die elliptischen Integrale der drei Gattungen

$$\pi, \pi_0, \Pi$$

durch die Gleichungen definirt sind:

$$\pi (x_1, k) = \int \frac{dx_1}{\Delta_1 (x_1)}$$

$$\pi_0 (x_1, k) = \int \frac{x_1^2 \, dx_1}{\Delta_1 (x_1)}$$

$$\Pi (x_1, k, a_\lambda) = \int \frac{k^2 . a_\lambda . \Delta_1 (a_\lambda) . x_1^2}{1 - k^2 \; a_\lambda^2 . x_1^2} \cdot \frac{dx_1}{\Delta_1 (x_1)},$$

während zwischen x und x_1 ein algebraischer Zusammenhang stattfinden soll.

§ 2. Reduction des algebraischen Transformationsproblems auf das rationale.

Die Lösung des eben aufgestellten algebraischen Transformationsproblems soll im Folgenden zunächst auf die Lösung der einfacheren Frage, welche nur die rationale Transformation zur Aufgabe hat, zurückgeführt werden.

Wenn die Gleichung:

$$\int \frac{r \, dx}{\Delta (x)} = \int F (x_1, \Delta_1 (x_1)) \, dx_1 \quad . \quad . \quad . \quad . \quad (1)$$

durch die irreductible *) algebraische Gleichung zwischen x, $\varDelta x$, x_1

$$f(x, \varDelta(x), x_1) = 0 \quad . \quad . \quad . \quad . \quad . \quad . \quad (2)$$

befriedigt werden soll, so ergeben sich durch Differentiation aus (1) und (2) die beiden nachfolgenden Relationen:

$$\frac{dx_1}{dx} = -\frac{\frac{\partial f}{\partial x}}{\frac{\partial f}{\partial x_1}} \quad . \quad . \quad . \quad . \quad . \quad . \quad . \quad . \quad (3)$$

und

$$\frac{dx_1}{dx} = \frac{r}{\varDelta(x) \,.\, F(x_1, \varDelta_1(x_1))} \quad . \quad . \quad . \quad . \quad . \quad . \quad (4)$$

also:

$$-\frac{\partial f}{\partial x_1} : \frac{\partial f}{\partial x} = F(x_1, \varDelta_1(x_1)) \,.\, \varDelta(x) : r \quad . \quad . \quad . \quad (5)$$

Da nun

$$F(x_1, \varDelta_1(x_1))$$

als rationale Funktion von x_1 und $\varDelta_1(x_1)$ stets in der folgenden Form darstellbar ist:

$$F(x_1, \varDelta_1(x_1)) = P(x_1) + Q(x_1) \,.\, \varDelta_1(x_1),$$

worin P und Q rationale Funktionen bedeuten, so ergiebt sich mit Hülfe der Gleichung (5):

$$\varDelta_1(x_1) = -\frac{r}{Q(x_1) \,.\, \varDelta(x)} \cdot \frac{\frac{\partial f}{\partial x_1}}{\frac{\partial f}{\partial x}} - \frac{P(x_1)}{Q(x_1)}, \quad . \quad . \quad . \quad (6)$$

welche Gleichung durch Quadrirung nach x_1 rational gemacht, die Form haben mag:

$$\vartheta(x, \varDelta(x), x_1) = 0 \quad . \quad . \quad . \quad . \quad . \quad . \quad . \quad (7)$$

Nun hat aber die als irreductibel vorausgesetzte Gleichung (2) mit der Gleichung (7) die eine Lösung x_1 gemein, es werden daher auch sämmtliche ihrer Lösungen Wurzeln der Gleichung (7) sein; bestimmt man nunmehr zu jeder dieser Lösungen die Grösse $\varDelta_1(x_1)$ durch Gleichung (6), so wird jede Wurzel von (2)

---

*) Die Voraussetzung der Irreductibilität der Integralgleichung führt keine Beschränkung der Allgemeinheit herbei, da wir für alle reductiblen algebraischen Gleichungen zwischen x, $\varDelta(x)$, x_1 nur den ihrer irreductiblen Faktoren zu betrachten brauchen, zu dessen Lösungen das betreffende x_1 gehört und dessen Coefficienten rationale Funktionen von x und $\varDelta(x)$ sind.

die Gleichung (5), und, da sie (3) genügt, auch (4) befriedigen, daher für x_1 gesetzt, der Gleichung (1) Genüge leisten.

Bezeichnet man jetzt die Lösungen der Gleichung (2) mit

$$x_1, x_2, x_3, \ldots . x_n,$$

so wird sich somit das folgende Gleichungssystem ergeben:

$$\int \frac{r\,dx}{\Delta(x)} = \int F(x_1, \Delta_1(x_1))\,dx_1$$

$$\int \frac{r\,dx}{\Delta(x)} = \int F(x_2, \Delta_1(x_2))\,dx_2$$

$$\cdots\cdots\cdots\cdots$$

$$\int \frac{r\,dx}{\Delta(x)} = \int F(x_n, \Delta_1(x_n))\,dx_n$$

oder durch Addition:

$$n\int \frac{r\,dx}{\Delta(x)} = \int \{F(x_1, \Delta_1(x_1))\,dx_1 + F(x_2, \Delta_1(x_2))\,dx_2 + \cdots$$
$$+ F(x_n, \Delta_1(x_n))\,dx_n\},$$

worin die Grössen $\Delta_1(x_m)$ durch die Gleichung (6) bestimmt sind.

Denkt man sich nun auf der rechten Seite dieser Gleichung statt der Funktion F die oben aufgestellte nach algebraisch-logarithmischen Theilen und elliptischen Integralen der drei Gattungen entwickelte Form gesetzt, so ist zuerst ersichtlich, dass die Summe der algebraischen Theile oder die Summe der u eine rationale Funktion von x und $\Delta(x)$ ist. Denn da jedes der u eine rationale Funktion von x_1 und $\Delta_1(x_1)$, und sich ausserdem $\Delta_1(x_m)$ für jedes der x_m nach Gleichung (6) rational durch x_m, x, $\Delta(x)$ ausdrücken lässt, so wird die Summe aller u eine rationale symmetrische Funktion der Grössen:

$$x_1, x_2, x_3, \ldots . x_n$$

sein, sich also mit Hülfe der Gleichung (2) rational durch x und $\Delta(x)$ ausdrücken lassen. Dasselbe gilt von der Summe der logarithmischen Theile

$$A_k \log v_k,$$

welche sich in eben solche Grössen verwandeln lassen, deren Coefficienten Constanten und für welche die zu logarithmirenden Funktionen rational aus x und $\Delta(x)$ zusammengesetzt sind.

Was endlich die Summe der elliptischen Integrale der drei Gattungen betrifft, so wissen wir, dass sie sich abgesehen von algebraisch - logarithmischen Theilen, welche offenbar wieder rationale Funktionen von x und $\Delta(x)$ sein werden, durch ein Integral ersetzen lassen, für welches die obere Gränze sowohl als auch die in ihm vorkommende Quadratwurzel rational und symmetrisch aus

$$x_1, \Delta_1(x_1); \; x_2, \Delta_1(x_2); \; \ldots. \; x_n, \Delta_1(x_n),$$

also auch rational und symmetrisch aus

$$x_1, x_2, x_3, \ldots. \; x_n$$

zusammengesetzt sind, und sich also auch wieder als rationale Funktionen von x und $\Delta(x)$ darstellen lassen.

Wir erhalten somit für das $n$fache Multiplum des vorgelegten Integrales die Form:

$$\left. \begin{aligned} n \int \frac{r\,dx}{\Delta(x)} = u' + A_1' \log v_1' + A_2' \log v_2' + \cdots + A_\varrho' \log v_\varrho' \\ + \alpha\,\pi(z, k) + \alpha_0\,\pi_0(z, k) + \alpha_1\,\Pi(z, k, a_1) \\ + \alpha_2\,\Pi(z, k, a_2) + \cdots + \alpha_\mu\,\Pi(z, k, a_\mu) \end{aligned} \right\} \quad (8)$$

worin

$$u', v_1', v_2', \ldots. \; v_\varrho', z, \Delta_1(z)$$

rationale Funktionen von x und $\Delta(x)$, und

$$A_1', A_2', \ldots A_\varrho', \alpha, \alpha_0, \alpha_1, \alpha_2, \ldots \alpha_\mu$$

Constanten sind, von denen die Coefficienten der elliptischen Integrale $\alpha, \alpha_0, \alpha_1, \alpha_2 \ldots \alpha_\mu$ aus der oben angenommenen algebraischen Transformation in die jetzt daraus hergeleitete rationale Transformation unverändert übergegangen sind.

Wenn sich also

$$\int \frac{r\,dx}{\Delta(x)}$$

durch eine algebraische Transformation in ein anderes elliptisches Integral

$$(\alpha) \quad \ldots\ldots \quad \int F(x_1, \Delta_1(x_1))\,dx_1$$

verwandeln lässt, so muss sich auch ein ganzzahliges Multiplum des vorgelegten Integrales durch eine rationale Transformation in ein elliptisches Integral mit demselben Modul verwandeln lassen, welches, wenn es in seine algebraisch-logarithmischen Theile und in die elliptischen Normalintegrale der drei Gattungen aufgelöst wird, nur in den algebraisch-logarithmischen Ausdrücken von dem ersten transformirten Integrale (α) verschieden ist.

Es lässt sich jedoch diese rationale Transformation auf eine noch einfachere Form zurückführen. Setzt man nämlich in Gleichung (8) $-\Delta(x)$ statt $\Delta(x)$ *), für welche Substitution

$$u' \text{ in } U', \; v_m' \text{ in } V_m', \; z \text{ in } z'$$

übergehen mögen, so erhält man:

$$\left.\begin{aligned} -n\int\frac{r\,dx}{\Delta(x)} = U' + A_1'\log V_1' + A_2'\log V_2' + \cdots + A_\varrho'\log V_\varrho' \\ + \alpha\pi(z', k) + \alpha_0\pi_0(z', k) + \alpha_1\Pi(z', k, a_1) \\ + \alpha_2\Pi(z', k, a_2) + \cdots + \alpha_\mu\Pi(z', k, a_\mu) \end{aligned}\right\} (9).$$

Zerlegt man nun die in dieser Gleichung vorkommenden rationalen Funktionen von x und $\Delta(x)$ durch die folgenden Gleichungen in ihre nach x rationalen und irrationalen Theile:

$$u' = \mathfrak{u} + \mathfrak{u}'\Delta(x), \; v_m' = \mathfrak{v}_m + \mathfrak{v}_m'\Delta(x), \; z = \mathfrak{z} + \mathfrak{z}'\Delta(x),$$
$$\Delta_1(z) = D + D'\Delta(x)$$
$$U' = \mathfrak{u} - \mathfrak{u}'\Delta(x), \; V_m' = \mathfrak{v}_m - \mathfrak{v}_m'\Delta(x), \; z' = \mathfrak{z} - \mathfrak{z}'\Delta(x),$$
$$\Delta_1(z') = D - D'\Delta(x),$$

so wird in der Differenz der Gleichungen (8) und (9):

$$u' - U' = 2\mathfrak{u}' \, . \, \Delta(x)$$

$$A_m'\log\left(\frac{v_m'}{V_m'}\right) = A_m' \, . \log\left(\frac{\mathfrak{v}_m + \mathfrak{v}_m'\Delta(x)}{\mathfrak{v}_m - \mathfrak{v}_m'\Delta(x)}\right)$$
$$= A_m'\log\left(\frac{\mathfrak{v}_m^2 + \mathfrak{v}_m'^2\Delta(x)^2 + 2\mathfrak{v}_m\mathfrak{v}_m'\Delta(x)}{\mathfrak{v}_m^2 - \mathfrak{v}_m'^2\Delta(x)^2}\right)$$
$$= A_m'\log(M + N \, . \, \Delta(x)),$$

wenn M und N rationale Funktionen von x bedeuten.

Was ferner die Differenz der elliptischen Integrale angeht, so wird bekanntlich, wenn man ein beliebiges der drei Normalintegrale mit ψ bezeichnet:

$$\psi(z) - \psi(z') = \psi(z_1) + v,$$

---

*) was erlaubt ist, da das Differential der Gleichung (8)

$$P + Q \, . \, \Delta(x) = 0,$$

worin P und Q rationale Funktionen von x sind, die beiden Gleichungen:

$$P = 0 \qquad Q = 0$$

also auch wieder

$$P - Q\,\Delta(x) = 0$$

nach sich zieht.

worin

$$z_1 = \frac{z \,.\, \varDelta_1(z') - z' \,.\, \varDelta_1(z)}{1 - k^2 z^2 \,.\, z'^2}$$

$$= \frac{(\mathfrak{z} + \mathfrak{z}' \,.\, \varDelta(x))(D - D' \,.\, \varDelta(x)) - (\mathfrak{z} - \mathfrak{z}' \,.\, \varDelta(x))(D + D' \,.\, \varDelta(x))}{1 - k^2 (\mathfrak{z}^2 - \mathfrak{z}'^2 \varDelta(x)^2)^2}$$

oder

$$z_1 = f(x) \,.\, \varDelta(x),$$

wenn $f(x)$ eine rationale Funktion von x bedeutet, und $\varDelta_1(z_1)$, wie in ähnlicher Weise aus der bekannten Additionsformel

$$\varDelta_1(z_1) = \tfrac{1}{2} \,.\, \frac{z^2 + z'^2 - z_1^2 - k^2 z^2 z'^2 z_1^2}{z z'}$$

folgt, rational durch x ausdrückbar ist. Die Grösse v stellt wieder eine rationale Funktion von x und $\varDelta(x)$ oder den Logarithmus einer solchen rationalen Funktion dieser Grössen vor

Setzt man nun:

$$y = \frac{\varDelta_1(z_1)}{1 - k^2 z_1^2},$$

so geht wieder nach bekannten Formeln des Additionstheorems $\psi(z_1)$ in

$$\psi(y) + w$$

über, worin w eine algebraisch-logarithmische Grösse bedeutet, während $\varDelta_1(y)$ durch die Gleichung bestimmt ist:

$$\varDelta_1(y) = \frac{k^2 - 1}{1 - k^2 z_1^2} \,.\, z_1.$$

Hieraus folgt mit Benutzung der oben für z_1 und $\varDelta_1(z_1)$ als Funktionen von x und $\varDelta(x)$ gefundenen Formen:

$$y = \varphi(x), \quad \frac{\varDelta_1(y)}{\varDelta(x)} = \chi(x),$$

wenn $\varphi(x)$ und $\chi(x)$ rationale Funktionen von x bedeuten.

Fassen wir das über die Differenz der entsprechenden Ausdrücke der Gleichungen (8) und (9) Gesagte zusammen, so ergiebt sich durch Subtraction dieser Gleichungen:

$$2n \int \frac{r\,dx}{\varDelta(x)} = V + \alpha\,\pi(y, k) + \alpha_0\,\pi_0(y, k) + \alpha_1\,\Pi(y, k, a_1) + \alpha_2\,\Pi(y, k, a_2) + \cdots + \alpha_\mu\,\Pi(y, k, a_\mu),$$

worin V eine algebraisch-logarithmische Funktion bedeutet, deren Glieder, wenn p und q rationale Funktionen von x bezeichnen, von der Form:

$$p + q\,\varDelta(x)$$

sind, worin ferner die Constanten

$$\alpha,\ \alpha_0,\ \alpha_1,\ \alpha_2,\ \ldots\ \alpha_\mu$$

die in der ursprünglichen algebraischen Transformationsgleichung vorkommenden Coefficienten der elliptischen Integrale bedeuten, und endlich die Grössen

$$y \text{ und } \frac{\Delta_1(y)}{\Delta(x)}$$

rationale Funktionen von x vorstellen.

Wir sehen somit, dass, wenn sich das Integral

$$\int \frac{r\,dx}{\sqrt{(1-x^2)(1-c^2x^2)}}$$

durch eine algebraische Transformation auf ein elliptisches Integral mit einem andern Modul k zurückführen lässt, sich auch ein ganzzahliges Multiplum dieses Integrales durch eine rationale Transformation, für welche ausserdem der Quotient der Irrationalitäten der beiden elliptischen Integrale sich rational durch x ausdrücken lässt, in ein elliptisches Integral mit demselben Modul k verwandeln lässt, das sich nur in seinen algebraisch-logarithmischen Theilen von dem ersten transformirten Integrale unterscheidet.

§ 3. Die rationale Auflösung der Gleichung $(1-y^2)(1-k^2y^2) = p^2(1-x^2)(1-c^2x^2)$.

Nach der oben durchgeführten Reduction des algebraischen Transformationsproblems auf das rationale wird es somit nur auf die Lösung der folgenden Aufgabe ankommen: alle möglichen Fälle zu finden, in denen man bei gegebenem c der Gleichung

$$(1-y^2)(1-k^2y^2) = p^2(1-x^2)(1-c^2x^2) \quad . \quad . \quad (10)$$

genügen kann, wenn y und p rationale Funktionen von x, und k eine zu bestimmende Constante sein soll.

Setzt man zur Lösung dieser Aufgabe

$$y = \frac{U}{V},$$

worin U und V ganze Funktionen von x bedeuten, die keinen gemeinsamen Theiler haben, so geht die Gleichung (10), wenn p dem Quotienten zweier ganzen Funktionen von x

$$\frac{A}{B}$$

gleichgesetzt wird, über in:

$$B^2\,(V^2-U^2)\,(V^2-k^2U^2)=A^2\,.\,V^4\,(1-x^2)\,(1-c^2x^2).$$

Da nun B^2 wie leicht zu sehen in $A^2\,V^4$ enthalten ist *), so ergiebt sich, wenn

$$A^2\,.\,V^4=B^2\,.\,D^2$$

gesetzt wird, die Gleichung:

$$(V^2-U^2)\,(V^2-k^2U^2)=(1-x^2)\,(1-c^2x^2)\,D^2$$

oder

$$(V-U)\,(V+U)\,(V-kU)\,(V+kU)=(1-x^2)\,(1-c^2x^2)\,D^2, \tag{11}$$

in welcher, da

$$V-U,\quad V+U,\quad V-kU,\quad V+kU$$

zu je zweien relativ prim sind, die doppelten Faktoren von D in je einem Faktor der linken Seite enthalten sein müssen. Wenn aber die Grösse

$$V+\lambda\,U,$$

in der λ eine Constante bedeutet, einen linearen Faktor $m$fach enthält, so sind

$$V+\lambda\,U \text{ und } \frac{d\,(V+\lambda\,U)}{dx},$$

also auch:

$$(V+\lambda\,U)\,\frac{dU}{dx}-\frac{d\,(V+\lambda\,U)}{dx}\,.\,U=V\,\frac{dU}{dx}-U\,\frac{dV}{dx}$$

durch diesen linearen Faktor $(m-1)$fach theilbar, und daher ist D ein Divisor von

$$V\,\frac{dU}{dx}-U\,\frac{dV}{dx}.$$

Aus

$$y=\frac{U}{V}$$

folgt ferner durch Differentiation:

$$dy=\frac{V\,\frac{dU}{dx}-U\,\frac{dV}{dx}}{V^2}\,.\,dx$$

und nach (10):

$$\sqrt{(1-y^2)\,(1-k^2y^2)}=\frac{A}{B}\,\sqrt{(1-x^2)\,(1-c^2x^2)},$$

---

*) weil

$$(1-x^2)\,(1-c^2\,x^2)$$

keinen linearen Faktor in x doppelt enthält.

daher

$$\frac{dy}{\sqrt{(1-y^2)(1-k^2y^2)}} = \frac{V\frac{dU}{dx} - U\frac{dV}{dx}}{\frac{V^2 A}{B}} \cdot \frac{dx}{\sqrt{(1-x^2)(1-c^2x^2)}}$$

oder da

$$\frac{V^2 A}{B} = D$$

ist und D in

$$V\frac{dU}{dx} - U\frac{dV}{dx}$$

aufgeht, die Gleichung:

$$\frac{dy}{\sqrt{(1-y^2)(1-k^2y^2)}} = q \cdot \frac{dx}{\sqrt{(1-x^2)(1-c^2x^2)}} \quad . \quad . \quad (12)$$

worin q eine ganze Funktion von x bedeutet.

Wir wollen nunmehr zeigen, dass sich diese ganze Funktion q auf eine Constante reducirt und unterscheiden, um dies zu beweisen, wenn wir den Grad der Funktion V mit m, den von U mit n bezeichnen, die drei Fälle:

$$m > n, \ m < n, \ m = n.$$

I. $m > n$.

Bezeichnet r den Grad von D, so ist nach Gleichung (11):

$$4m = 4 + 2r \text{ oder } r = 2m - 2,$$

und daher wird der Grad s der Grösse q oder des Ausdruckes

$$\frac{V\frac{dU}{dx} - U\frac{dV}{dx}}{D}$$

durch die Gleichung gegeben sein:

$$s = m + n - 1 - r = n - m + 1;$$

da aber $n < m$ und q eine ganze Funktion von x sein soll, so muss

$$s = n - m + 1 = 0$$

d. h. q eine Constante sein, und es wird zwischen dem Grade von U und V die Relation stattfinden

$$m = n + 1.$$

II. $n > m$.

In diesem Falle liefert die Gleichung (11) die Beziehung:

$$4n = 4 + 2r \text{ oder } r = 2n - 2$$

und der Grad von q ist somit bestimmt durch

$$s = m + n - 1 - r = m - n + 1,$$

woraus wieder, da $m < n$, ersichtlich ist, dass die Funktion q eine Constante, und die Beziehung statthat:

$$n = m + 1.$$

III. $m = n$.

Dann ist, wenn h eine positive ganze Zahl $< m$ bezeichnet, die wir völlig unbestimmt lassen*):

$$4m - h = 4 + 2r \text{ oder } r = 2m - 2 - \frac{h}{2}$$

und alsdann der Grad von q, wie man sich leicht durch etwas genauere Entwickelung des Ausdruckes

$$V \frac{dU}{dx} - U \frac{dV}{dx}$$

überzeugt:

$$s = 2m - h - 1 - r = 1 - \frac{h}{2},$$

also q, als ganze Funktion von x, wiederum eine Constante.

Es ist somit gezeigt, dass wenn y eine rationale Funktion von x ist, so beschaffen, dass der Gleichung

$$(1 - y^2)(1 - k^2 y^2) = p^2 (1 - x^2)(1 - c^2 x^2)$$

genügt wird, in der p eine rationale Funktion von x bedeutet, eben diese rationale Funktion y auch stets die Differentialgleichung

$$a \cdot \frac{dy}{\sqrt{(1-y^2)(1-k^2 y^2)}} = \frac{dx}{\sqrt{(1-x^2)(1-c^2 x^2)}} \quad \cdot \cdot \quad (13)$$

befriedigt, in der a eine Constante ist.

Umgekehrt wird aber auch jede rationale Transformation, welche der Differentialgleichung (13) genügt, eine Gleichung von der Form (10) erfüllen; denn, wenn für eine rationale Funktion y von x die Beziehung gilt:

$$\frac{dy}{dx} = \frac{1}{a} \cdot \frac{\sqrt{(1-y^2)(1-k^2 y^2)}}{\sqrt{(1-x^2)(1-c^2 x^2)}}$$

---

*) Ist $h = 0$, so ergiebt sich

$$4m = 4 + 2r \text{ oder } r = 2m - 2$$

und

$$s = 2m - 2 - r = 0.$$

so wird, da $\frac{dy}{dx}$ wieder eine rationale Funktion von x ist, auch:

$$(1-y^2)(1-k^2y^2) = p^2(1-x^2)(1-c^2x^2)$$

sein.

Man hat sich somit nur auf die Aufsuchung aller rationalen Lösungen der Differentialgleichung

$$\frac{dx}{\sqrt{(1-x^2)(1-c^2x^2)}} = \frac{u\,dy}{\sqrt{(1-y^2)(1-k^2y^2)}}$$

zu beschränken; wie man sodann, wenn alle diese Transformationen gefunden sind, den vorgelegten Ausdruck

$$\int \frac{r\,dx}{\sqrt{(1-x^2)(1-c^2x^2)}}$$

auf ein elliptisches Integral mit dem Modul k^2 reducirt, werden wir später, wenn wir die Transformation der elliptischen Integrale zweiter und dritter Gattung behandelt haben werden, näher angeben.

Zweiter Abschnitt.

---

§ 4. Zusammenstellung der für die nachfolgende Transformationstheorie nothwendigen Beziehungen aus der Theorie der elliptischen Funktionen.

Bevor ich auf die weitere Behandlung des Transformationsproblems eingehe, will ich die nothwendigsten Formeln aus der Theorie der elliptischen Transcendenten, die in der folgenden Untersuchung zur Anwendung kommen, kurz zusammenstellen:

Setzt man:

$$C = \int_0^1 \frac{dx}{\sqrt{(1-x^2)(1-c^2x^2)}}, \quad C + iC' = \int_0^{\frac{1}{c}} \frac{dx}{\sqrt{(1-x^2)(1-c^2x^2)}} \quad (1)$$

und definirt mit Einführung des Moduls

$$\tau = \frac{iC'}{C} \quad . \quad . \quad . \quad . \quad . \quad . \quad . \quad . \quad . \quad (2)$$

die ϑ-Function folgendermassen:

$$\vartheta(v, \tau) = \sum_{\nu=-\infty \ldots +\infty} e^{\nu(2v + \nu\tau)\pi i}, \quad . \quad . \quad . \quad . \quad . \quad . \quad (3)$$

so wird diese, wenn p und q ganze Zahlen bedeuten, der Gleichung genügen:

$$\vartheta(v + p + q\tau, \tau) = e^{-q(2v + q\tau)\pi i}\,\vartheta(v, \tau) \quad . \quad . \quad (4)$$

Die nothwendige und hinreichende Bedingung der Convergenz einer ϑ-Funktion ist die, dass der reelle Theil von

$$\frac{\tau}{i}$$

eine wesentlich positive Grösse ist; jede unendliche Reihe, die unbedingt convergent ist und der Gleichung (4) genügt, ist nur durch einen constanten Faktor von der ϑ-Funktion verschieden.

Bezeichnet man ferner*)

$$e^{s(2v+s\tau)\pi i}\,\vartheta(v+s\tau,\tau) \text{ mit } \vartheta(v;s,\tau),$$

worin s der Parameter der ϑ-Funktion genannt wird, so ergeben sich für diese ϑ-Funktion die drei charakteristischen Gleichungen:

$$\left.\begin{aligned}\vartheta(v;s+m) &= \vartheta(v;s)\\ \vartheta(v+m;s) &= e^{2ms\pi i}\,\vartheta(v;s)\\ \vartheta(v+n\tau;s) &= e^{-n(2v+n\tau)\pi i}\,\vartheta(v;s)\end{aligned}\right\} \quad \ldots \quad (5)$$

wenn m und n ganze Zahlen bedeuten.

Werden ferner mit Einführung der Bezeichnung

$$\vartheta(v,\tau)_\lambda = \vartheta(v,\tau)_{m_\lambda n_\lambda} = \vartheta(v+\tfrac{1}{2}m_\lambda;\tfrac{1}{2}n_\lambda) \quad . \quad . \quad (6)$$

vier ϑ-Functionen

$$\vartheta(v,\tau)_0,\ \vartheta(v,\tau)_1,\ \vartheta(v,\tau)_2,\ \vartheta(v,\tau)_3$$

durch das Schema bestimmt:

	m_λ	n_λ
$\lambda=0$	-1	0
$\lambda=1$	-1	1
$\lambda=2$	0	1
$\lambda=3$	0	0

so sind diese, wenn

$$q = e^{\pi\tau i} = e^{-\frac{\pi C'}{C}}$$

gesetzt wird, durch die folgenden Reihen darstellbar:

$$\left.\begin{aligned}\vartheta(v,\tau)_0 &= 1-2q\cos 2v\pi+2q^4\cos 4v\pi-2q^9\cos 6v\pi+\ldots\\ \vartheta(v,\tau)_1 &= 2q^{\frac{1}{4}}\sin v\pi-2q^{9/4}\sin 3v\pi+2q^{25/4}\sin 5v\pi-\ldots\\ \vartheta(v,\tau)_2 &= 2q^{\frac{1}{4}}\cos v\pi+2q^{9/4}\cos 3v\pi+2q^{25/4}\cos 5v\pi+\ldots\\ \vartheta(v,\tau)_3 &= 1+2q\cos 2v\pi+2q^4\cos 4v\pi+2q^9\cos 6v\pi+\ldots\end{aligned}\right\} \quad (7).$$

Ihr Charakter als grade oder ungrade Funktionen wird durch die Gleichung

$$\vartheta(-v,\tau)_\lambda = (-1)^{m_\lambda n_\lambda}\,\vartheta(v,\tau)_\lambda \quad . \quad . \quad . \quad . \quad (8)$$

bestimmt.

Für die Vermehrung der ϑ-Argumente um ganze und halbe Perioden erhält man, wenn p und q beliebige ganze Zahlen, m_μ

---

*) Die nachfolgenden Bezeichnungen rühren zum Theil von Weierstrass her.

die Zahlen 0 oder -1, n_μ die Zahlen 0 oder 1 bedeuten, die Relationen:

$$\left.\begin{aligned}
&\vartheta(v+p+q\tau,\tau)_\lambda = (-1)^{p\,n_\lambda + q\,m_\lambda}\cdot e^{-q(2v+q\tau)\pi i}\,\vartheta(v,\tau)_\lambda\\
&\vartheta\left(v+\frac{m_\mu}{2}+\frac{n_\mu}{2}\tau,\tau\right)_\lambda =\\
&e^{-\frac{n_\mu}{2}\left(2v+\frac{n_\mu}{2}\tau\right)\pi i}\cdot i^{\,n_\nu(m_\lambda+m_\mu-m_\nu)-(m_\lambda+m_\mu)n_\mu}\cdot\vartheta(v,\tau)_\nu,
\end{aligned}\right\}\quad(9)$$

worin m_ν und n_ν durch die Congruenzen bestimmt sind:

$$m_\nu \equiv m_\lambda + m_\mu \pmod 2 \qquad n_\nu \equiv n_\lambda + n_\mu \pmod 2,$$

und diese Gleichungen liefern somit die folgende Transformationstabelle für die Vermehrung des v um ganze und halbe Perioden:

Subst.	ϑ_0	ϑ_1	ϑ_2	ϑ_3	Exponentialgrösse
$\overset{3}{m+n\tau}$	$(-1)^n\vartheta_0$	$(-1)^{m+n}\vartheta_1$	$(-1)^m\vartheta_2$	ϑ_3	$e^{-n(2v+n\tau)\pi i}$
$\overset{0}{m-\frac{1}{2}+n\tau}$	ϑ_3	$(-1)^{m+1}\vartheta_2$	$(-1)^{m+n}\vartheta_1$	$(-1)^n\vartheta_0$	
$\overset{2}{m+(n+\frac{1}{2})\tau}$	$(-1)^n i\vartheta_1$	$(-1)^{m+n}i\vartheta_0$	$(-1)^m\vartheta_3$	ϑ_2	$e^{-(n+\frac{1}{2})(2v+(n+\frac{1}{2})\tau)\pi i}$
$\overset{1}{m-\frac{1}{2}+(n+\frac{1}{2})\tau}$	ϑ_2	$(-1)^{m+1}\vartheta_3$	$(-1)^{m+n}i\vartheta_0$	$(-1)^n i\vartheta_1$	

(10)

Endlich füge ich noch die folgenden später zu benutzenden Additionsformeln der ϑ-Funktionen hinzu:

$$\left.\begin{aligned}
\vartheta_2\,\vartheta_3\,\vartheta(u+v)_1\,\vartheta(u-v)_0 &= \vartheta(u)_1\,\vartheta(u)_0\,\vartheta(v)_2\,\vartheta(v)_3\\
&\quad+\vartheta(u)_2\,\vartheta(u)_3\,\vartheta(v)_0\,\vartheta(v)_1\\
\vartheta_0\,\vartheta_2\,\vartheta(u+v)_2\,\vartheta(u-v)_0 &= \vartheta(u)_0\,\vartheta(u)_2\,\vartheta(v)_0\,\vartheta(v)_2\\
&\quad-\vartheta(u)_1\,\vartheta(u)_3\,\vartheta(v)_1\,\vartheta(v)_3\\
\vartheta_0\,\vartheta_3\,\vartheta(u+v)_3\,\vartheta(u-v)_0 &= \vartheta(u)_0\,\vartheta(u)_3\,\vartheta(v)_0\,\vartheta(v)_3\\
&\quad-\vartheta(u)_1\,\vartheta(u)_2\,\vartheta(v)_1\,\vartheta(v)_2\\
\vartheta_0^2\,\vartheta(u+v)_0\,\vartheta(u-v)_0 &= \vartheta(u)_0^2\,\vartheta(v)_0^2-\vartheta(u)_1^2\,\vartheta(v)_1^2\\
\vartheta_0^2\,\vartheta(u+v)_1\,\vartheta(u-v)_1 &= \vartheta(u)_1^2\,\vartheta(v)_0^2-\vartheta(u)_0^2\,\vartheta(v)_1^2\\
\vartheta_0^2\,\vartheta(u+v)_2\,\vartheta(u-v)_2 &= \vartheta(u)_2^2\,\vartheta(v)_0^2-\vartheta(u)_3^2\,\vartheta(v)_1^2\\
\vartheta_0^2\,\vartheta(u+v)_3\,\vartheta(u-v)_3 &= \vartheta(u)_3^2\,\vartheta(v)_0^2-\vartheta(u)_2^2\,\vartheta(v)_1^2.
\end{aligned}\right\}\quad(11)$$

Ist nun die Gleichung:

$$\int_0^x \frac{dx}{\sqrt{(1-x^2)(1-c^2x^2)}} = u$$

gegeben, so sind, wenn

$$\frac{u}{2C} = v$$

gesetzt wird, die obere Gränze des Integrales, sowie die beiden Theile der unter dem Integral vorkommenden Irrationalität durch die Ausdrücke darstellbar:

$$x = sn(u, c) = \frac{1}{\sqrt{c}} \frac{\vartheta(v, \tau)_1}{\vartheta(v, \tau)_0}, \quad \sqrt{1 - x^2} = cn(u, c) = \sqrt{\frac{c_1}{c}} \frac{\vartheta(v, \tau)_2}{\vartheta(v, \tau)_0} \text{*)},$$

$$\sqrt{1 - c^2 x^2} = dn(u, c) = \sqrt{c_1} \cdot \frac{\vartheta(v, \tau)_3}{\vartheta(v, \tau)_0} \quad . \quad . \quad (12)$$

und die Integralmoduln durch die Nullwerthe der ϑ-Funktionen folgendermassen bestimmt:

$$\sqrt{c} = \frac{\vartheta_2}{\vartheta_3} \qquad \sqrt{c_1} = \frac{\vartheta_0}{\vartheta_3} \quad . \quad . \quad . \quad . \quad . \quad (13)$$

Endlich sind noch die biquadratische Wurzel aus dem Integralmodul und die aus dessen complementärem Modul als eindeutige Funktionen von τ durch die Ausdrücke gegeben:

$$\sqrt[4]{c} = \sqrt{2} \, . \, \sqrt[8]{q} \, . \, \frac{(1 + q^2)(1 + q^4)(1 + q^6) \ldots .}{(1 + q)(1 + q^3)(1 + q^5) \ldots .}$$

$$= \sqrt{2} \, . \sqrt[8]{q} \left\{(1+q^2)(1+q^4)(1+q^6) \ldots\right\}^2 (1-q)(1-q^3)(1-q^5) \ldots$$

$$\sqrt[4]{c_1} = \frac{(1 - q)(1 - q^3)(1 - q^5) \ldots .}{(1 + q)(1 + q^3)(1 + q^5) \ldots .}$$

$$= \left\{(1+q^2)(1+q^4)(1+q^6) \ldots .\right\} \left\{(1-q)(1-q^3)(1-q^5) \ldots\right\}^2.$$

---

*) wenn

$$c^2 + c_1^2 = 1$$

gesetzt wird.

Dritter Abschnitt.

Die nothwendigen Transformations-bedingungen.

§ 5. Aufsuchung der nothwendigen Transformationsbedingungen für den Fall, dass sich $y, \sqrt{1-y^2}, \sqrt{1-k^2 y^2}$ rational durch $x, \sqrt{1-x^2}, \sqrt{1-c^2 x^2}$ ausdrücken lassen.

Nachdem im ersten Abschnitte das allgemeine algebraische Transformationsproblem auf die Behandlung der rationalen Integrale der Differentialgleichung

$$\frac{dx}{\sqrt{(1-x^2)(1-c^2x^2)}} = \frac{a\,dy}{\sqrt{(1-y^2)(1-k^2y^2)}} \quad . \quad . \quad . \quad (1)$$

zurückgeführt worden, soll es nunmehr zuerst unsere Aufgabe sein, die nothwendigen Bedingungen für die Lösbarkeit des folgenden Problems aufzustellen: es ist das System von Differentialgleichungen:

$$\frac{dx}{\sqrt{(1-x^2)(1-c^2x^2)}} = du \ (2), \quad \frac{a\,dy}{\sqrt{(1-y^2)(1-k^2y^2)}} = du \quad (3)$$

vorgelegt, es sollen k und a auf die allgemeinste Weise so bestimmt werden, dass die drei elliptischen Funktionen der Gleichung (3) sich rational durch die der Gleichung (2) ausdrücken lassen.*)

---

*) Die Untersuchung des Falles, in dem nur y, also nur die eine elliptische Funktion des einen Integrales rational durch die entsprechende elliptische Funktion x des andern Integrales ausdrückbar ist, wird am Schlusse der Transformationstheorie durchgeführt werden.

Wenn

$$sn\left(\frac{u}{a}, k\right), cn\left(\frac{u}{a}, k\right), dn\left(\frac{u}{a}, k\right)$$

rational durch

$$sn(u, c), cn(u, c), dn(u, c)$$

ausgedrückt werden sollen, so ist es nothwendig dass bei einer Veränderung des u um die Perioden des Integrales der Gleichung (2) auch $\frac{u}{a}$ sich um Summen von ganzen Vielfachen der Perioden des Integrales von (3) ändert, dass also, da die Perioden durch die Ausdrücke:

$$4C = 4\int_0^1 \frac{dx}{\sqrt{(1-x^2)(1-c^2x^2)}}, \quad 4iC' = 4\int_1^{\frac{1}{c}} \frac{dx}{\sqrt{(1-x^2)(1-c^2x^2)}}$$

$$4K = 4\int_0^1 \frac{dy}{\sqrt{(1-y^2)(1-k^2y^2)}}, \quad 4iK' = 4\int_1^{\frac{1}{k}} \frac{dy}{\sqrt{(1-y^2)(1-k^2y^2)}}$$

gegeben sind, die Gleichungen statthaben:

$$\left.\begin{aligned} 4C &= 4a_0 aK + 4a_1 aiK' \\ 4iC' &= 4b_0 aK + 4b_1 aiK' \end{aligned}\right\} \quad \ldots \ldots \quad (4)$$

woraus, wenn man

$$\frac{iC'}{C} = \tau \qquad \frac{iK'}{K} = \tau'$$

setzt, folgt:

$$\tau = \frac{b_0 + b_1\tau'}{a_0 + a_1\tau'} \text{ oder } \tau' = \frac{b_0 - a_0\tau}{a_1\tau - b_1}. \quad \ldots \quad (5).$$

Definirt man ferner die Argumente v und v' durch die Gleichungen:

$$u = 2Cv, \qquad \frac{u}{a} = 2Kv', \quad \ldots \ldots \quad (6)$$

so ergiebt sich:

$$v' = \frac{C}{aK} \cdot v,$$

oder nach (4):

$$v' = (a_0 + a_1\tau')\, v = \frac{nv}{b_1 - a_1\tau}, \quad \ldots \ldots \quad (7)$$

wenn man

$$a_0 b_1 - a_1 b_0 = n \quad \ldots \ldots \quad (8)$$

setzt, worin n, wie sich später zeigen wird, eine für die Transformation charakteristische Zahl bedeutet.

§ 6. Zurückführung auf den Fall der Transformation, in welchem dem $x = 0$ auch $y = 0$ entspricht.

Wir wollen nunmehr zeigen, dass wir uns nur mit den Fällen der rationalen Transformation zu beschäftigen brauchen, für welche dem $x = 0$ der Werth $y = 0$ zugehört, indem aus einer jeden solchen Transformation unmittelbar eine andere hergeleitet werden kann, welche denselben Periodenrelationen genügt, und für welche dem $x = 0$ ein beliebig gegebener Werth des y, der mit η bezeichnet werden mag, entspricht, und umgekehrt.

Hat man nämlich die Gleichung

$$\int_0^x \frac{dx}{\sqrt{(1-x^2)(1-c^2x^2)}} = a \int_0^{y'} \frac{dy'}{\sqrt{(1-y'^2)(1-k^2y'^2)}},$$

welche irgend eine zu (4) gehörige Periodengleichung erfüllt, in der Weise befriedigt,*) dass sich die drei elliptischen Funktionen in y' rational durch die in x ausdrücken lassen, so wird man nur der Gleichung

$$\int_0^{y'} \frac{dy'}{\sqrt{(1-y'^2)(1-k^2y'^2)}} = \int_\eta^{y} \frac{dy}{\sqrt{(1-y^2)(1-k^2y^2)}}$$

zu genügen brauchen, um das vorgelegte Integral in x durch eine rationale Transformation in ein elliptisches Integral erster Gattung in y mit demselben Integralmodul k und demselben Multiplicator a zu verwandeln, für welches dem $x = 0$ der Werth $y = \eta$ entspricht. Denn werden die Seiten dieser Gleichung mit w bezeichnet, so ergiebt sich:

$$y' = sn\,(w, k) \qquad y = sn\,(w + \varepsilon, k),$$

wenn

$$\int_0^{\eta} \frac{d\eta}{\sqrt{(1-\eta^2)(1-k^2\eta^2)}} = \varepsilon$$

gesetzt wird, und da nach dem Additionstheorem:

*) Es wird später gezeigt werden, dass dies für ein positives ganzes n stets möglich ist.

$$sn\,(w + \varepsilon,\, k) = \frac{sn\,(w,k)\, cn\,(\varepsilon,k)\, dn\,(\varepsilon k) + sn\,(\varepsilon,k)\, cn\,(w,k)\, dn\,(w,k)}{1 - k^2 sn^2(w,k)\, sn^2(\varepsilon,k)}$$

und

$$sn\,(\varepsilon,\, k) = \eta$$

ist, so erhält man

$$y = \frac{y'\sqrt{1-\eta^2}\sqrt{1-k^2\eta^2} + \eta\sqrt{1-y'^2}\sqrt{1-k^2y'^2}}{1 - k^2 y'^2 \eta^2}$$

und ähnliche Ausdrücke für

$$\sqrt{1-y^2}, \quad \sqrt{1-k^2y^2},$$

so dass, da der Voraussetzung nach

$$y', \sqrt{1-y'^2}, \quad \sqrt{1-k^2y'^2}$$

sich als rationale Funktionen von

$$x, \sqrt{1-x^2}, \quad \sqrt{1-c^2x^2}$$

darstellen lassen, auch der Gleichung

$$\int_0^x \frac{dx}{\sqrt{(1-x^2)(1-c^2x^2)}} = a \int_\eta^y \frac{dy}{\sqrt{(1-y^2)(1-k^2y^2)}}$$

in der Weise genügt werden kann, dass die drei zur rechten Seite dieser Gleichung gehörigen elliptischen Funktionen als rationale Funktionen der durch die linke Seite derselben definirten dargestellt werden können, wobei dem Werthe $x = 0$ der Werth $y = \eta$ entspricht; ebenso folgt umgekehrt, dass jeder rationalen Transformation zwischen y und x auch eine rationale Transformation zwischen y' und x entspricht, in der $x = 0$, $y' = 0$ zusammengehörige Werthe sind.

Lässt sich somit nachweisen, dass jedem Systeme der Zahlen

$$a_0, \quad a_1, \quad b_0, \quad b_1,$$

für welches n eine positive ganze Zahl ist, auch wirklich eine rationale Transformation entspricht, für welche die unteren Gränzen der in einander zu transformirenden Integrale Null sind, so wird sich nach der oben gemachten Auseinandersetzung auch das vorgelegte Integral stets in ein Integral mit demselben transformirten Integralmodul und demselben Multiplicator verwandeln lassen, für welches der unteren Gränze 0 des gegebenen Integrales eine beliebige untere Gränze des transformirten Integrales entspricht.

§ 7. Bedingungsgleichungen für die transformirte ϑ-Funktion.

Nachdem die für die rationale Transformation nothwendigen Bedingungsgleichungen gefunden und die Untersuchung auf den Fall beschränkt worden, in dem $x = 0$ $y = 0$ entsprechende Werthe sind, wird es unsere Aufgabe sein, nachzuweisen, dass jene Bedingungen auch die hinreichenden, und zwar dass sich das Produkt einer in v quadratischen Exponentialgrösse in die ϑ-Funktion mit dem Argumente v' und dem Modul τ', die wir das transformirte ϑ nennen, ganz und homogen durch die ϑ-Funktionen des vorgelegten Integrales mit dem Argumente v und dem Modul τ ausdrücken lässt, welche Untersuchung den Gegenstand der nächsten Abschnitte bilden wird. Ich will an dieser Stelle zwei für das transformirte ϑ charakteristische Bedingungsgleichungen aufstellen, die wir der späteren Untersuchung zu Grunde legen.

Setzen wir nämlich mit Hermite:

$$\Pi(v)_\lambda = e^{i\pi(a_0+a_1\tau')\,a_1 v^2}\,\vartheta(v', \tau')_\lambda, \quad . \quad . \quad . \quad (1)$$

so erfüllt diese Π-Funktion, wie man leicht mit Hülfe der im § 4 angegebenen Hülfsformeln findet*), die beiden folgenden Gleichungen:

$$\Pi(v+1)_\lambda = (-1)^{a_0 n_\lambda + a_1 m_\lambda + a_0 a_1}\,\Pi(v)_\lambda$$

$$\Pi(v+\tau)_\lambda = (-1)^{b_0 n_\lambda + b_1 m_\lambda + b_0 b_1}\,e^{-ni\pi(2v+\tau)}\,\Pi(v)_\lambda$$

oder

$$\left.\begin{aligned} \Pi(v+1)_\lambda &= (-1)^{\mathfrak{m}}\,\Pi(v)_\lambda \\ \Pi(v+\tau)_\lambda &= (-1)^{\mathfrak{q}}\,e^{-ni\pi(2v+\tau)}\,\Pi(v)_\lambda \end{aligned}\right\}, \quad . \quad . \quad . \quad (2)$$

wenn

$$\left.\begin{aligned} \mathfrak{m} &= a_0 n_\lambda + a_1 m_\lambda + a_0 a_1 \\ \mathfrak{q} &= b_0 n_\lambda + b_1 m_\lambda + b_0 b_1 \end{aligned}\right\} \quad . \quad . \quad . \quad . \quad (3)$$

gesetzt wird.

---

*) da, wenn v um 1 zunimmt, das Argument v' um

$$a_0 + a_1\tau',$$

und wenn v um τ wächst, v' um

$$(a_0 + a_1\tau')\tau = b_0 + b_1\tau'$$

vermehrt wird.

§ 8. Die Transformationszahl n muss eine ganze positive sein.

Für die Zahl n, von der wir nach der Gleichung:

$$a_0 b_1 - a_1 b_0 = n$$

nur wissen, dass sie eine ganze Zahl ist, lässt sich aus der Bedingung für die Convergenz der transformirten ϑ-Funktion unmittelbar erkennen, dass sie eine positive ganze Zahl sein muss.

Da nämlich nach Gleichung (5) des § 5

$$\frac{\tau'}{i} = \frac{-b_0 i - a_0 \frac{\tau}{i}}{a_1 \tau - b_1}$$

oder wenn

$$\tau = t + t_1 i$$

gesetzt wird:

$$\frac{\tau'}{i} = \frac{(-b_0 + a_0 t) i - a_0 t_1}{(a_1 t - b_1) + a_1 t_1 i} = \frac{[(-b_0 + a_0 t) i - a_0 t_1][(a_1 t - b_1) - a_1 t_1 i]}{(a_1 t - b_1)^2 + a_1^2 t_1^2},$$

so wird das Zeichen des reellen Theiles von $\frac{\tau'}{i}$ von dem Ausdrucke abhängen:

$$-a_0 t_1 (a_1 t - b_1) + a_1 t_1 (a_0 t - b_0) = t_1 (a_0 b_1 - a_1 b_0) = n t_1.$$

Da nun aber die nothwendige und hinreichende Bedingung der Convergenz der transformirten ϑ-Funktion nach § 4 die ist, dass der reelle Theil von $\frac{\tau'}{i}$ wesentlich positiv ist, und t_1 als reeller Theil derselben Grösse für die ϑ-Funktion des vorgelegten Integrales eine wesentlich positive Grösse bedeutet, so verlangt die Convergenz der transformirten ϑ-Funktion, dass n eine positive ganze Zahl ist.

Vierter Abschnitt.

Die lineare Transformation.

---

§ 9. Die Fundamentalgleichungen für die lineare Transformation.

Nach der durch den Ausdruck

$$a_0 b_1 - a_1 b_0$$

definirten Zahl n soll von nun an die zugehörige Transformation, deren Existenz später nachgewiesen wird, eine Transformation vom $n$ten Grade genannt werden, und wir wollen zuerst, da wir die jetzt herzuleitenden Resultate für die allgemeine Transformationstheorie brauchen, den einfachsten Fall, in dem $n = 1$ ist, also die Transformation ersten Grades oder die lineare Transformation behandeln.

Für $n = 1$ gehen die Relationen zwischen den ϑ-Moduln und Argumenten nach § 5 über in:

$$\tau = \frac{b_0 + b_1 \tau'}{a_0 + a_1 \tau'}, \quad \tau' = \frac{b_0 - a_0 \tau}{a_1 \tau - b_1} \quad . \quad . \quad . \quad . \quad (1)$$

$$v' = \frac{v}{b_1 - a_1 \tau} = (a_0 + a_1 \tau') \, v, \quad . \quad . \quad . \quad . \quad (2)$$

während a_0, a_1, b_0, b_1 der Gleichung genügen:

$$a_0 b_1 - a_1 b_0 = 1. \quad . \quad . \quad . \quad . \quad . \quad . \quad . \quad (3)$$

Ferner gelten für die durch die Gleichung

$$\Pi(v)_\lambda = e^{i\pi (a_0 + a_1 \tau') a_1 v^2} \vartheta(v', \tau')_\lambda \quad . \quad . \quad . \quad (4)$$

definirte Π-Funktion die Beziehungen:

$$\left.\begin{aligned} \Pi(v+1)_\lambda &= (-1)^{m} \, \Pi(v)_\lambda \\ \Pi(v+\tau)_\lambda &= (-1)^{q} \, e^{-i\pi(2v+\tau)} \, \Pi(v)_\lambda \end{aligned}\right\}, \quad . \quad . \quad (5)$$

wenn

$$\left.\begin{aligned} \mathfrak{m} &= a_0\, n_\lambda + a_1\, m_\lambda + a_0\, a_1 \\ \mathfrak{q} &= b_0\, n_\lambda + b_1\, m_\lambda + b_0\, b_1 \end{aligned}\right\} \quad . \; . \; . \; . \; . \quad (6)$$

gesetzt wird, woraus unmittelbar erhellt, dass sich die H-Funktion, die als transformirtes ϑ sich in eine stets convergirende Reihe entwickeln lässt, nur durch einen constanten Faktor von einer ϑ-Funktion mit dem Argumente v und dem Modul τ unterscheidet, deren Index λ_1 durch die Congruenzen

$$m_{\lambda_1} \equiv \mathfrak{q} \text{ (mod. 2)} \qquad n_{\lambda_1} \equiv \mathfrak{m} \text{ (mod. 2)}$$

bestimmt ist.

Wir erhalten somit die folgende für die lineare Transformation geltende Fundamentalgleichung:

$$H(v)_\lambda = C \,.\, \vartheta(v, \tau)_{\lambda_1}$$

oder

$$e^{i\pi(a_0 + a_1\tau')\, a_1 v^2}\, \vartheta(v', \tau')_\lambda = C \,.\, \vartheta(v, \tau)_{\lambda_1}, \quad . \; . \quad (7)$$

wenn m_{λ_1}, n_{λ_1} durch die Congruenzen definirt sind:

$$\left.\begin{aligned} m_{\lambda_1} &\equiv b_0\, n_\lambda + b_1\, m_\lambda + b_0\, b_1 \\ n_{\lambda_1} &\equiv a_0\, n_\lambda + a_1\, m_\lambda + a_0\, a_1 \end{aligned}\right\} \text{(mod. 2)} \quad . \; . \quad (8).$$

Was die Bestimmung der Constanten C betrifft, so ist es für die Lösung des algebraischen Transformationsproblems nicht erforderlich, ihren Werth als Funktion des gegebenen ϑ-Moduls und der Transformationszahlen zu entwickeln; da sie jedoch in der Theorie der unendlich vielen verschiedenen Formen der ϑ-Funktion eine wichtige Rolle spielt, so will ich an dieser Stelle ihren Werth in der zuerst von **Hermite***) aufgestellten Form angeben:

$$C = \delta \sum_0^{a_1-1}{}_{\varrho}\; e^{\frac{i\pi a_0}{a_1}\left(\varrho - \frac{a_1}{2}\right)^2} : \sqrt{-\, i\, a_1\, (a_0 + a_1\, \tau')},$$

wenn:

$$\delta = e^{-\frac{i\pi}{4}\left(a_0 b_0 n_\lambda^2 + 2a_1 b_0 m_\lambda n_\lambda + a_1 b_1 m_\lambda^2 + 2a_0 a_1 b_0 n_\lambda + 2a_0 a_1 b_1 m_\lambda + a_0 a_1^2 b_0\right)}$$

gesetzt wird, worin auch dem Ausdrucke:

$$\sigma = \sum_0^{a_1-1}{}_{\varrho}\; e^{\frac{i\pi a_0}{a_1}\left(\varrho - \frac{a_1}{2}\right)^2}$$

die folgende Form gegeben werden kann:

I. für grade $a_1 = 2^\alpha \beta$, worin β ungrade ist

---

*) Journal de mathématiques par Liouville 1853.

1) wenn α grade

$$\sigma = \frac{1 + i(-1)^{\frac{\alpha_0\beta+1}{2}}}{\sqrt{2}} \left(-\frac{\alpha_0}{\beta}\right) i^{\left(\frac{\beta-1}{2}\right)^2} . \sqrt{a_1}$$

2) wenn α ungrade

$$\sigma = \frac{1 + i(-1)^{\frac{\alpha_0\beta+1}{2}}}{\sqrt{2}} (-1)^{\frac{a_0^2-1}{8}} \left(-\frac{a_0}{\beta}\right) . i^{\left(\frac{\beta-1}{2}\right)^2} . \sqrt{a_1}$$

II. für ungrade a_1,
wenn zwei ganze Zahlen m und n durch die Gleichung

$$a_0 = m a_1 - 8n$$

bestimmt werden,

$$\sigma = e^{-\frac{m i \pi}{4}} \left(\frac{n}{a_1}\right) i^{\left(\frac{a_1-1}{2}\right)^2} \sqrt{a_1},$$

worin $\left(-\frac{a_0}{\beta}\right)$, $\left(\frac{n}{a_1}\right)$ die bekannten Zeichen aus der Theorie der quadratischen Reste bedeuten.

§ 10. Reduction der linearen Transformation auf sechs Normalfälle und deren Behandlung.

Es ist aus den Gleichungen (8) ersichtlich, dass für zwei Systeme von Werthen der Transformationszahlen a_0, a_1, b_0, b_1, welche nach dem Modul 2 einander congruent sind, demselben Index λ der transformirten ϑ-Funktion auch wieder derselbe Index λ_1 des ursprünglichen ϑ entspricht, dass somit die aus diesen ϑ-Relationen sich ergebenden algebraischen Transformationen der Integrale wesentlich dieselben sein werden. Wir wollen daher die gesammte Zahl der linearen Transformationen in 6 Klassen theilen, je nachdem die Transformationszahlen a_0, a_1, b_0, b_1, welche der Gleichung

$$a_0 b_1 - a_1 b_0 = 1$$

genügen, grade oder ungrade Zahlen sind, und die nach der folgenden Tabelle:

	$a_0 \equiv$	$a_1 \equiv$	$b_0 \equiv$	$b_1 \equiv$	
I.	1	0	0	1	(mod. 2)
II.	0	1	1	0	
III.	1	1	0	1	
IV.	1	1	1	0	
V.	1	0	1	1	
VI.	0	1	1	1	

geordneten Transformationsfälle einzeln behandeln. Es soll jedoch nur einer dieser 6 Fälle der linearen Transformation an dieser Stelle durchgeführt werden, um zu zeigen, wie die Gleichungen unter den ϑ-Funktionen zu entwickeln und der Uebergang zu den algebraischen Relationen zwischen den oberen Gränzen der Integrale sowie zu den Integralmoduln zu bewerkstelligen sei; ich gebe sodann eine vollständige Zusammenstellung all' der für die übrigen Fälle nach derselben Methode hergeleiteten Resultate.

I. $a_0 \equiv 1,\ a_1 \equiv 0,\ b_0 \equiv 0,\ b_1 \equiv 1 \pmod{2}$.

Setzt man in Gleichung (8)

$$m_\lambda = 0 \quad n_\lambda = 0,$$

so ergiebt sich

$$m_{\lambda_1} = 0 \quad n_{\lambda_1} = 0,$$

und man erhält somit die folgende Transformationsgleichung:

$$(\alpha) \quad . \quad . \quad e^{i\pi(a_0+a_1\tau')a_1v^2} \,.\, \vartheta(v', \tau')_3 = C \,.\, \vartheta(v, \tau)_3,$$

worin nach den Gleichungen (1) und (2)

$$\tau' = \frac{b_0 - a_0\tau}{a_1\tau - b_1}, \quad v' = (a_0 + a_1\tau')\, v.$$

Macht man in dieser Gleichung für v die Substitution

$$v - \tfrac{1}{2},$$

wofür v' den Werth

$$v' - \frac{a_0 - 1}{2} - \frac{a_1}{2}\tau' - \tfrac{1}{2}$$

annimmt, so folgt aus der im zweiten Abschnitte aufgestellten Transformationstabelle der ϑ-Funktionen für die Substitution von halben Perioden:

$$(-1)^{\frac{a_1}{2}} \,.\, e^{\frac{a_1}{2}(2v' - \frac{a_1}{2}\tau')\pi i} \,.\, e^{i\pi(a_0+a_1\tau')a_1(v-\frac{1}{2})^2}\, \vartheta(v', \tau')_0 = C \,.\, \vartheta(v, \tau)_0$$

oder wenn man die Relationen zwischen τ' und τ, v' und v benutzt:

$$e^{i\pi(a_0+a_1\tau')a_1v^2} \,.\, \vartheta(v', \tau')_0 = e^{-\frac{1}{4}a_0a_1\pi i - \frac{1}{2}a_1\pi i}\, C \,.\, \vartheta(v, \tau)_0,$$

welche Gleichung, da für ein ungrades a_0 und ein grades a_1 die Beziehung besteht:

$$e^{-\frac{1}{4}a_0a_1\pi i - \frac{1}{2}a_1\pi i} = e^{\frac{1}{4}a_0a_1\pi i},$$

in die folgende:

$$(\beta) \quad . \quad e^{i\pi(a_0+a_1\tau')a_1v^2}\, \vartheta(v', \tau')_0 = e^{\frac{i\pi a_0a_1}{4}} \,.\, C \,.\, \vartheta(v, \tau)_0$$

übergeht.

Wendet man in ähnlicher Weise auf Gleichung (α) für v der Reihe nach die Substitutionen

$$v + \frac{\tau}{2},\ v - \tfrac{1}{2} + \frac{\tau}{2}$$

an, so erhält man:

$$(\gamma) \qquad e^{i\pi(a_0 + a_1\tau')a_1 v^2}\,\vartheta(v', \tau')_2 = e^{-\frac{i\pi a_0 b_0}{4}}\,.\,C\,.\,\vartheta(v, \tau)_2$$

$$(\delta) \qquad e^{i\pi(a_0 + a_1\tau')a_1 v^2}\,\vartheta(v', \tau')_1 = e^{-\frac{i\pi}{4}(a_0 b_0 - a_0 a_1 + 2a_0 - 2)}\,.\,C\,.\,\vartheta(v, \tau)_1.$$

Aus der Division der Gleichungen (γ) und (α), sowie (β) und (α) ergeben sich für die Nullwerthe der Argumente v und v' die Beziehungen:

$$\frac{\vartheta'_2}{\vartheta'_3} = e^{-\frac{i\pi a_0 b_0}{4}}\,\frac{\vartheta_2}{\vartheta_3}$$

$$\frac{\vartheta'_0}{\vartheta'_3} = e^{\frac{i\pi a_0 a_1}{4}}\,\frac{\vartheta_0}{\vartheta_3}$$

oder mit Benutzung der Gleichungen (13) des § 4:

$$\sqrt{k} = e^{-\frac{i\pi a_0 b_0}{4}}\,.\,\sqrt{c}.$$

$$\sqrt{k_1} = e^{\frac{i\pi a_0 a_1}{4}}\,.\,\sqrt{c_1}.$$

Durch Division der Gleichungen (δ) und (β) erhält man ferner:

$$\frac{\vartheta(v', \tau')_1}{\vartheta(v', \tau')_0} = e^{-\frac{i\pi}{4}(a_0 b_0 + 2a_0 - 2)}\,\frac{\vartheta(v, \tau)_1}{\vartheta(v, \tau)_0},$$

ebenso aus (γ) und (β) und aus (α) und (β):

$$\frac{\vartheta(v', \tau')_2}{\vartheta(v', \tau')_0} = e^{-\frac{i\pi}{4}(a_0 b_0 + a_0 a_1)}\,\frac{\vartheta(v, \tau)_2}{\vartheta(v, \tau)_0}$$

$$\frac{\vartheta(v', \tau')_3}{\vartheta(v', \tau')_0} = e^{-\frac{i\pi a_0 a_1}{4}}\,\frac{\vartheta(v, \tau)_3}{\vartheta(v, \tau)_0}$$

oder mit Benutzung der Gleichungen (12) des § 4:

$$y = e^{-\frac{i\pi}{2}(a_0 - 1)}\,.\,x,\ \sqrt{1 - y^2} = \sqrt{1 - x^2},$$

$$\sqrt{1 - k^2 y^2} = \sqrt{1 - c^2 x^2}.$$

Für den einfachsten zu dieser Klasse gehörigen Fall:

$$a_0 = 1,\ a_1 = 0,\ b_0 = 0,\ b_1 = 1$$

lauten somit die Transformationsformeln:

$$\sqrt{k} = \sqrt{c}, \qquad \sqrt{k_1} = \sqrt{c_1},$$

$$y = x,\ \sqrt{1 - y^2} = \sqrt{1 - x^2},\ \sqrt{1 - k^2 y^2} = \sqrt{1 - c^2 x^2}.$$

liefern also dann nur die Transformation auf ein identisches Integral.

Ich füge nunmehr die in derselben Weise hergeleiteten Resultate der übrigen 5 Fälle hinzu:

II. $a_0 \equiv 0,\ a_1 \equiv 1,\ b_0 \equiv 1,\ b_1 \equiv 0 \pmod{2}$.

$$e^{i\pi(a_0 + a_1\tau')a_1 v^2}\,\vartheta(v', \tau')_3 = e^{\frac{i\pi a_0 a_1}{4}} \,.\, C \,.\, \vartheta(v, \tau)_3$$

$$e^{i\pi(a_0 + a_1\tau')a_1 v^2}\,\vartheta(v', \tau')_0 = e^{-\frac{i\pi}{4}(a_0 b_0 + a_1 b_1 - 2a_0 b_1)}\, C \,.\, \vartheta(v, \tau)_2$$

$$e^{i\pi(a_0 + a_1\tau')a_1 v^2}\,\vartheta(v', \tau')_2 = C \,.\, \vartheta(v, \tau)_0$$

$$e^{i\pi(a_0 + a_1\tau')a_1 v^2}\,\vartheta(v', \tau')_1 = e^{-\frac{i\pi}{4}(a_0 b_0 + a_1 b_1 - a_0 a_1 - 2a_0 - 2b_0 + 1)}\, C . \vartheta(v, \tau)_1,$$

woraus sich:

$$\sqrt{k} = e^{-\frac{i\pi a_0 a_1}{4}} \sqrt{c_1}$$

$$\sqrt{k_1} = e^{-\frac{i\pi}{4}(a_0 a_1 + a_0 b_0 + a_1 b_1 - 2a_0 b_1)} \,.\, \sqrt{c}$$

ergiebt.

Für den einfachsten Fall, in dem

$$a_0 = 0,\ a_1 = -1,\ b_0 = 1,\ b_1 = 0$$

$$\tau' = -\frac{1}{\tau},\ v' = \frac{v}{\tau} = -\tau' . v$$

ist, erhält man:

$$\sqrt{k} = \sqrt{c_1},\ \sqrt{k_1} = \sqrt{c},$$

$$y = -\frac{xi}{\sqrt{1 - x^2}},\quad \sqrt{1 - y^2} = \frac{1}{\sqrt{1 - x^2}},$$

$$\sqrt{1 - k^2 y^2} = \frac{\sqrt{1 - c^2 x^2}}{\sqrt{1 - x^2}},$$

oder wenn

$$\frac{dx}{\sqrt{(1 - x^2)(1 - c^2 x^2)}} = du$$

gesetzt wird:

$$sn(iu, c_1) = i\,tn(u, c),\ cn(iu, c_1) = sc(u, c),\ dn(iu, c_1) = \frac{dn(u, c)}{cn(u, c)}.$$

III. $a_0 \equiv 1,\ a_1 \equiv 1,\ b_0 \equiv 0,\ b_1 \equiv 1 \pmod{2}$.

$$e^{i\pi(a_0 + a_1\tau')a_1 v^2}\,\vartheta(v', \tau')_3 = e^{-\frac{i\pi a_0 b_0}{4}} \,.\, C \,.\, \vartheta(v, \tau)_2$$

$$e^{i\pi(a_0 + a_1\tau')a_1 v^2}\,\vartheta(v', \tau')_0 = e^{\frac{i\pi a_0 a_1}{4}} \,.\, C \,.\, \vartheta(v, \tau)_0$$

$$e^{i\pi(a_0 + a_1\tau')a_1 v^2}\,\vartheta(v', \tau')_2 = C \,.\, \vartheta(v, \tau)_3$$

$$e^{i\pi(a_0 + a_1\tau')a_1 v^2}\,\vartheta(v', \tau')_1 = e^{-\frac{i\pi}{4}(a_0 b_0 - a_0 a_1 + 2a_0 - 2)}\, C . \vartheta(v, \tau)_1,$$

woraus:

$$\sqrt{k} = e^{\frac{i\pi a_0 b_0}{4}} \frac{1}{\sqrt{c}}, \quad \sqrt{k_1} = e^{\frac{i\pi}{4}(a_1 + b_0) a_0} \sqrt{\frac{c_1}{c}}.$$

Für den einfachsten Fall, in dem

$$a_0 = 1, \quad a_1 = 1, \quad b_0 = 0, \quad b_1 = 1$$

$$\tau' = \frac{\tau}{1-\tau}, \quad v' = (1+\tau')\, v,$$

ergiebt sich:

$$\sqrt{k} = \frac{1}{\sqrt{c}}, \quad \sqrt{k_1} = e^{\frac{i\pi}{4}} \cdot \sqrt{\frac{c_1}{c}},$$

$$y = c\,x, \quad \sqrt{1-y^2} = \sqrt{1-c^2x^2},$$

$$\sqrt{1-k^2y^2} = \sqrt{1-x^2}$$

oder auch:

$$sn\left(cu, \frac{1}{c}\right) = c \,.\, sn(u,c),\; cn\left(cu, \frac{1}{c}\right) = dn(u,c),\; dn\left(cu, \frac{1}{c}\right) = cn(u,c).$$

IV. $a_0 \equiv 1, \; a_1 \equiv 1, \; b_0 \equiv 1, \; b_1 \equiv 0 \pmod{2}$.

$$e^{i\pi(a_0 + a_1\tau')a_1 v^2}\, \vartheta(v', \tau')_3 = e^{-\frac{i\pi a_0 b_0}{4}}\, C \,.\, \vartheta(v, \tau)_2$$

$$e^{i\pi(a_0 + a_1\tau')a_1 v^2}\, \vartheta(v', \tau')_0 = e^{\frac{i\pi a_0 a_1}{4}}\, C \,.\, \vartheta(v, \tau)_3$$

$$e^{i\pi(a_0 + a_1\tau')a_1 v^2}\, \vartheta(v', \tau')_2 = C \,.\, \vartheta(v, \tau)_0$$

$$e^{i\pi(a_0 + a_1\tau')a_1 v^2}\, \vartheta(v', \tau')_1 = e^{-\frac{i\pi}{4}(a_0 b_0 - a_0 a_1 + 2a_0 - 2)}\, C \,.\, \vartheta(v, \tau)_1,$$

woraus:

$$\sqrt{k} = e^{\frac{i\pi a_0 b_0}{4}} \sqrt{\frac{c_1}{c}}, \quad \sqrt{k_1} = e^{\frac{i\pi}{4}(a_1 + b_0) a_0} \cdot \frac{1}{\sqrt{c}}.$$

Für den einfachsten Fall, in welchem

$$a_0 = 1, \quad a_1 = -1, \quad b_0 = 1, \quad b_1 = 0,$$

$$\tau' = \frac{\tau - 1}{\tau}, \quad v' = \frac{v}{\tau} = (1-\tau')\, v,$$

erhält man:

$$\sqrt{k} = e^{\frac{i\pi}{4}} \sqrt{\frac{c_1}{c}}, \quad \sqrt{k_1} = \frac{1}{\sqrt{c}},$$

$$y = -\frac{c\,i\,x}{\sqrt{1-c^2x^2}}, \quad \sqrt{1-y^2} = \frac{1}{\sqrt{1-c^2x^2}},$$

$$\sqrt{1-k^2y^2} = \frac{\sqrt{1-x^2}}{\sqrt{1-c^2x^2}}$$

oder

$$sn\left(cu, \frac{ic_1}{c}\right) = -ci \cdot \frac{sn(iu, c)}{dn(iu, c)}, \quad cn\left(cu, \frac{ic_1}{c}\right) = \frac{1}{dn(iu, c)},$$

$$dn\left(cu, \frac{ic_1}{c}\right) = \frac{cn(iu, c)}{dn(iu, c)}.$$

V. $a_0 \equiv 1,\ a_1 \equiv 0,\ b_0 \equiv 1,\ b_1 \equiv 1 \pmod{2}$.

$$e^{i\pi(a_0 + a_1\tau')a_1 v^2}\,\vartheta(v', \tau')_3 = C \,.\, \vartheta(v, \tau)_0$$

$$e^{i\pi(a_0 + a_1\tau')a_1 v^2}\,\vartheta(v', \tau')_0 = e^{\frac{i\pi a_0 a_1}{4}}\,C \,.\, \vartheta(v, \tau)_3$$

$$e^{i\pi(a_0 + a_1\tau')a_1 v^2}\,\vartheta(v', \tau')_2 = e^{-\frac{i\pi a_0 b_0}{4}}\,C \,.\, \vartheta(v, \tau)_2$$

$$e^{i\pi(a_0 + a_1\tau')a_1 v^2}\,\vartheta(v', \tau')_1 = e^{-\frac{i\pi}{4}(a_0 b_0 - a_0 a_1 + 2a_0 - 2)}\,C \,.\, \vartheta(v, \tau)_1,$$

woraus:

$$\sqrt{k} = e^{-\frac{i\pi a_0 b_0}{4}}\sqrt{\frac{c}{c_1}}, \quad \sqrt{k_1} = e^{\frac{i\pi a_0 a_1}{4}}\frac{1}{\sqrt{c_1}}.$$

Für den einfachsten Fall, in dem

$$a_0 = 1,\ a_1 = 0,\ b_0 = 1,\ b_1 = 1,$$

$$\tau' = \tau - 1,\ v' = v,$$

ergiebt sich:

$$\sqrt{k} = e^{-\frac{i\pi}{4}}\sqrt{\frac{c}{c_1}}, \quad \sqrt{k_1} = \frac{1}{\sqrt{c_1}},$$

$$y = \frac{c_1 x}{\sqrt{1 - c^2x^2}}, \quad \sqrt{1 - y^2} = \frac{\sqrt{1 - x^2}}{\sqrt{1 - c^2x^2}},$$

$$\sqrt{1 - k^2 y^2} = \frac{1}{\sqrt{1 - c^2x^2}}$$

oder:

$$sn\left(c_1 u, \frac{c}{ic_1}\right) = c_1 \frac{sn(u, c)}{dn(u, c)}, \quad cn\left(c_1 u, \frac{c}{ic_1}\right) = \frac{cn(u, c)}{dn(u, c)}$$

$$dn\left(c_1 u, \frac{c}{ic_1}\right) = \frac{1}{dn(u, c)}$$

VI. $a_0 \equiv 0,\ a_1 \equiv 1,\ b_0 \equiv 1,\ b_1 \equiv 1 \pmod{2}$.

$$e^{i\pi(a_0 + a_1\tau')a_1 v^2}\,\vartheta(v', \tau')_3 = e^{\frac{i\pi a_0 a_1}{4}}\,C \,.\, \vartheta(v, \tau)_0$$

$$e^{i\pi(a_0 + a_1\tau')a_1 v^2}\,\vartheta(v', \tau')_0 = e^{-\frac{i\pi}{4}(a_0 b_0 + a_1 b_1 - 2a_0 b_1)}\,C \,.\, \vartheta(v, \tau)_2$$

$$e^{i\pi(a_0 + a_1\tau')a_1 v^2}\,\vartheta(v', \tau')_2 = C \,.\, \vartheta(v, \tau)_3$$

$$e^{i\pi(a_0 + a_1\tau')a_1 v^2}\,\vartheta(v', \tau')_1$$

$$= e^{-\frac{i\pi}{4}(a_0 b_0 + a_1 b_1 - a_0 a_1 - 2a_0 - 2b_0 + 4)}\,C \,.\, \vartheta(v, \tau)_1,$$

woraus

$$\sqrt{k} = e^{-\frac{i\pi a_0 a_1}{4}} \frac{1}{\sqrt{c_1}}, \quad \sqrt{k_1} = e^{-\frac{i\pi}{4}(a_0 a_1 + a_0 b_0 + a_1 b_1 - 2 a_0 b_1)} \sqrt{\frac{c}{c_1}}.$$

Für den einfachsten Fall, in dem

$$a_0 = 0,\ a_1 = 1,\ b_0 = -1,\ b_1 = 1,$$

$$\tau' = \frac{1}{1-\tau},\ v' = \frac{v}{1-\tau} = \tau' . v,$$

ergiebt sich:

$$\sqrt{k} = \frac{1}{\sqrt{c_1}},\quad \sqrt{k_1} = e^{-\frac{i\pi}{4}} . \sqrt{\frac{c}{c_1}},$$

$$y = \frac{i c_1 x}{\sqrt{1-x^2}},\quad \sqrt{1-y^2} = \frac{\sqrt{1-c^2 x^2}}{\sqrt{1-x^2}},$$

$$\sqrt{1-k^2 y^2} = \frac{1}{\sqrt{1-x^2}}$$

oder

$$sn\left(i c_1 u, \frac{1}{c_1}\right) = i c_1 . \frac{sn(u, c)}{cn(u, c)},\quad cn\left(i c_1 u, \frac{1}{c_1}\right) = \frac{dn(u, c)}{cn(u, c)}$$

$$dn\left(i c_1 u, \frac{1}{c_1}\right) = \frac{1}{cn(u, c)}.$$

Es ist aus den obigen Resultaten unmittelbar zu ersehen, dass die 6 Normaltransformationen ersten Grades sich sämmtlich durch successive Anwendung der zweiten und dritten dieser Transformationen herleiten lassen oder durch Anwendung der Transformationen, welche den Integralmodul in den complementären und reciproken verwandeln. Daher sind die Fälle II. und III. die fundamentalen für die Transformation erster Ordnung.

§ 11. Werthbestimmung von $\sqrt[4]{k}$ für die lineare Transformation.

Nachdem aus den oben aufgestellten Transformationsformeln unmittelbar die Werthe von $\sqrt{k}$ für sämmtliche Transformationen ersten Grades abgeleitet worden, wird es sich darum handeln, dieselbe Aufgabe für die als eindeutige Funktionen von τ' durch die Ausdrücke:

$$\sqrt[4]{k} = \varphi(\tau') = \sqrt{2} \cdot \sqrt[8]{q'} \cdot \frac{(1+q'^2)(1+q'^4)(1+q'^6)\ldots.}{(1+q')(1+q'^3)(1+q'^5)\ldots.}$$

$$\sqrt[4]{k_1} = \psi(\tau') = \frac{(1-q')(1-q'^3)(1-q'^5)\ldots.}{(1+q')(1+q'^3)(1+q'^5)\ldots.}$$

definirten Grössen $\sqrt[4]{k}$ und $\sqrt[4]{k_1}$ zu lösen.

Wir wollen zuerst die Werthe von $\sqrt[4]{k}$ und $\sqrt[4]{k_1}$ für die in der oben (§ 10) aufgestellten linearen Transformationstabelle mit II. und V. bezeichneten Fälle bestimmen und alsdann die analogen Resultate für all die andern Fälle aus diesen beiden Werthen herleiten.

Für den letzten dieser beiden Fälle (und zwar in der einfachsten Form) ist nach den Formeln des § 10:

$$\sqrt{k} = e^{-\frac{i\pi}{4}} \frac{\sqrt{c}}{\sqrt{c_1}}, \quad \sqrt{k_1} = \frac{1}{\sqrt{c_1}}$$

und daher:

$$\sqrt[4]{k} = \varphi(\tau') = \pm e^{-\frac{i\pi}{8}} \frac{\varphi(\tau)}{\psi(\tau)}, \quad \sqrt[4]{k_1} = \psi(\tau') = \pm \frac{1}{\psi(\tau)},$$

wobei es nur auf die Bestimmung des Vorzeichens ankommen wird. Zu dem Ende lassen wir, da diese Gleichungen für jedes τ stattfinden müssen, c unendlich klein werden, in welchem Falle

$$C = \lim_{c=0} \int_0^1 \frac{dx}{\sqrt{(1-x^2)(1-c^2x^2)}} = \frac{\pi}{2},$$

$$i\,C' = \lim_{c=0} \int_1^{\frac{1}{c}} \frac{dx}{\sqrt{(1-x^2)(1-c^2x^2)}}$$

oder vermöge der Substitution

$$x = \frac{1}{\sqrt{1-c_1^2 x'^2}}$$

$$C' = \lim_{c_1=1} \int_0^1 \frac{dx}{\sqrt{(1-x^2)(1-c_1^2x^2)}} = \tfrac{1}{2}\, l\left(\frac{1+x}{1-x}\right)_0^1 = \infty$$

wird, also

$$q = e^{-\frac{\pi C'}{C}}$$

sich der Null unendlich nähert.

Da nun

$$\tau' = \tau - 1,$$

also

$$q' = e^{\pi i \tau'} = e^{-\pi i} \cdot q,$$

so wird auch q' verschwinden, und es werden sich somit in diesem Falle, wie aus dem oben angegebenen unendlichen Produktausdrucke hervorgeht, $\psi(\tau')$ sowohl als auch $\psi(\tau)$ der positiven Einheit nähern; wir erhalten daher die Relation:

$$\psi(\tau-1)=\frac{1}{\psi(\tau)}.$$

Ferner ergiebt sich:

$$\lim \varphi(\tau-1)=\sqrt{2}\,.\,e^{-\frac{\pi i}{8}}\,.\,\lim q^{\frac{1}{8}},$$

$$\lim \frac{\varphi(\tau)}{\psi(\tau)}=\sqrt{2}\,.\,\lim q^{\frac{1}{8}},$$

daher:

$$\varphi(\tau-1)=e^{-\frac{\pi i}{8}}\,.\,\frac{\varphi(\tau)}{\psi(\tau)},$$

und man erhält somit die beiden Beziehungen:

$$\varphi(\tau+1)=e^{\frac{\pi i}{8}}\,\frac{\varphi(\tau)}{\psi(\tau)}$$

$$\psi(\tau+1)=\frac{1}{\psi(\tau)}.$$

Für den Fall II der linearen Transformationstabelle des § 10 gelten nach den dort aufgestellten Beziehungen die Gleichungen:

$$\varphi\left(-\frac{1}{\tau}\right)=\pm\,\psi(\tau),\quad \psi\left(-\frac{1}{\tau}\right)=\pm\,\varphi(\tau).$$

Lässt man nunmehr wieder den Modul c sich der Null unendlich nähern, wodurch

$$\lim q=\lim e^{-\frac{\pi C'}{C}}=0$$

$$\lim q'=\lim e^{-\frac{\pi C}{C'}}=1$$

wird, so liefern die Produktausdrücke die Gleichungen:

$$\lim \varphi\left(-\frac{1}{\tau}\right)$$

$$=\sqrt{2}\,.\,\lim e^{-\frac{\pi C}{8C'}}\,.\,\lim\left\{\frac{(1+q'^2)(1+q'^4)(1+q'^6)\ldots}{(1+q')(1+q'^3)(1+q'^5)\ldots.}\right\}_{q'=1}$$

$$=\sqrt{2}\,.\,\lim\left\{\frac{(1+q'^2)(1+q'^4)(1+q'^6)\ldots.}{(1+q')(1+q'^3)(1+q'^5)\ldots.}\right\}_{q'=1},$$

$$\lim \psi(\tau)=1,$$

und da nach bekannten Formeln*):

$$\{(1+q'^2)(1+q'^4)(1+q'^6)\ldots.\}^6=\frac{k}{4\sqrt{k_1}\,\sqrt{q'}}.$$

*) Jacobi, fundamenta etc. § 36 Gl. (4) und (5).

$$\{(1+q')(1+q'^3)(1+q'^5)\ldots\}^6 = \frac{2\sqrt[4]{q'}}{\sqrt{k k_1}}$$

also:

$$\left\{\frac{(1+q'^2)(1+q'^4)(1+q'^6)\ldots}{(1+q')(1+q'^3)(1+q'^5)\ldots}\right\}^6 = \frac{k\sqrt{k}}{8\,.\sqrt[4]{q'}\,.\sqrt{q'}}$$

ist, und wegen

$$\sqrt{k} = \sqrt{c_1}$$

die Grösse $\sqrt{k}$ für verschwindende c die Einheit zur Gränze hat, so erhält man:

$$\lim\left\{\frac{(1+q'^2)(1+q'^4)(1+q'^6)\ldots}{(1+q')(1+q'^3)(1+q'^5)\ldots}\right\}_{q'=1} = \frac{1}{\sqrt{2}},$$

und es nähern sich daher

$$\varphi\left(-\frac{1}{\tau}\right) \text{ und } \psi(\tau)$$

der positiven Einheit. Es besteht somit für jedes τ die Relation:

$$\varphi\left(-\frac{1}{\tau}\right) = \psi(\tau),$$

woraus, wenn $-\frac{1}{\tau}$ für τ gesetzt wird:

$$\psi\left(-\frac{1}{\tau}\right) = \varphi(\tau)$$

hervorgeht.

Aus den eben gefundenen vier Relationen:

$$\varphi\left(-\frac{1}{\tau}\right) = \psi(\tau), \quad \psi\left(-\frac{1}{\tau}\right) = \varphi(\tau)$$

$$\varphi(\tau+1) = e^{\frac{i\pi}{8}}\frac{\varphi(\tau)}{\psi(\tau)}, \quad \psi(\tau+1) = \frac{1}{\psi(\tau)}$$

leitet man nunmehr, wenn

$$a_0,\ a_1,\ b_0,\ b_1$$

vier Zahlen bedeuten, welche der Gleichung

$$a_0 b_1 - a_1 b_0 = 1$$

genügen, durch unmittelbare Zusammensetzung die folgenden nach der linearen Transformationstabelle des § 10 geordneten Beziehungen ab:

I. $a_0 \equiv 1,\ a_1 \equiv 0,\ b_0 \equiv 0,\ b_1 \equiv 1 \pmod{2}$,

$$\varphi\left(\frac{b_0 - a_0\tau}{a_1\tau - b_1}\right) = \varphi(\tau)\, e^{\frac{i\pi}{8}[-a_0(b_0-a_0)-1]} = \varphi(\tau)\, e^{-\frac{i\pi}{8}a_0 b_0}\left(\frac{2}{a_0}\right).$$

II. $a_0 \equiv 0,\ a_1 \equiv 1,\ b_0 \equiv 1,\ b_1 \equiv 0$ (mod. 2),

$$\varphi\left(\frac{b_0 - a_0\tau}{a_1\tau - b_1}\right) = \psi(\tau)\, e^{\frac{i\pi}{8}[b_0(b_0+a_0)-1]} = \psi(\tau)\, e^{\frac{i\pi}{8} a_0 b_0}\left(\frac{2}{b_0}\right).$$

III. $a_0 \equiv 1,\ a_1 \equiv 1,\ b_0 \equiv 0,\ b_1 \equiv 1$ (mod. 2),

$$\varphi\left(\frac{b_0 - a_0\tau}{a_1\tau - b_1}\right) = \frac{1}{\varphi(\tau)}\, e^{\frac{i\pi}{8}[a_0(a_0+b_0)-1]} = \frac{1}{\varphi(\tau)}\, e^{\frac{i\pi}{8} a_0 b_0}\left(\frac{2}{a_0}\right).$$

IV. $a_0 \equiv 1,\ a_1 \equiv 1,\ b_0 \equiv 1,\ b_1 \equiv 0$ (mod. 2),

$$\varphi\left(\frac{b_0 - a_0\tau}{a_1\tau - b_1}\right) = \frac{\psi(\tau)}{\varphi(\tau)}\, e^{\frac{i\pi}{8} a_0 b_0}.$$

V. $a_0 \equiv 1,\ a_1 \equiv 0,\ b_0 \equiv 1,\ b_1 \equiv 1$ (mod. 2),

$$\varphi\left(\frac{b_0 - a_0\tau}{a_1\tau - b_1}\right) = \frac{\varphi(\tau)}{\psi(\tau)}\, e^{-\frac{i\pi}{8} a_0 b_0}.$$

VI. $a_0 \equiv 0,\ a_1 \equiv 1,\ b_0 \equiv 1,\ b_1 \equiv 1$ (mod. 2),

$$\varphi\left(\frac{b_0 - a_0\tau}{a_1\tau - b_1}\right) = \frac{1}{\psi(\tau)}\, e^{\frac{i\pi}{8}[-b_0(a_0+b_0)+1]} = \frac{1}{\psi(\tau)}\, e^{-\frac{i\pi}{8} a_0 b_0}\left(\frac{2}{b_0}\right).$$

Fünfter Abschnitt.

Eintheilung der rationalen Transformationen desselben Grades.

§ 12. Zusammenstellung der Transformationszahlen nach Klassen.

Bevor wir zum Beweise des schon oben erwähnten Satzes übergehen, dass für jedes ganzzahlige positive n auch wirklich eine rationale Transformation von der Art existirt, dass sich das Produkt aus einer in n quadratischen Exponentialgrösse und dem transformirten ϑ ganz und homogen durch die ϑ-Funktionen des vorgelegten elliptischen Integrales ausdrücken lasse, wollen wir erst die unendlich vielen*) Transformationszahlen, welche einem bestimmten n entsprechen, nach Klassen ordnen, die jetzt näher definirt werden sollen.

Denkt man sich ein bestimmtes System von Transformationszahlen

$$a_0,\ a_1,\ b_0,\ b_1$$

zum Grade n gehörig und die daraus resultirenden neuen Perioden des transformirten elliptischen Integrales wieder durch ein System von Zahlen

$$\alpha_0,\ \alpha_1,\ \beta_0,\ \beta_1,$$

---

*) Dass zu einem gegebenen n in der That unendlich viele Transformationszahlen gehören, geht daraus hervor, dass man für a_0 und a_1 nur Zahlen zu nehmen braucht, deren grösster gemeinsamer Theiler ein Divisor von n ist, und dann die Gleichung

$$a_0\, b_1 - a_1\, b_0 = n$$

nach b_0 und b_1 auflöst.

welches zum Grade ν gehört, transformirt, so bestehen, wenn wir die Perioden des ursprünglichen Integrales mit ω, ω', die des ersten transformirten mit ω_1, ω_1', die des zweiten transformirten mit ω_2, ω_2' bezeichnen, die folgenden Beziehungen:

$$\omega = a_0\,\omega_1 + a_1\,\omega_1' \qquad \omega_1 = \alpha_0\,\omega_2 + \alpha_1\,\omega_2'$$
$$\omega' = b_0\,\omega_1 + b_1\,\omega_1' \qquad \omega_1' = \beta_0\,\omega_2 + \beta_1\,\omega_2',$$

während die Transformationszahlen den Gleichungen genügen:

$$a_0\,b_1 - a_1\,b_0 = n, \qquad \alpha_0\,\beta_1 - \alpha_1\,\beta_0 = \nu.$$

Aus den beiden Gleichungssystemen folgt:

$$\omega = (a_0\,\alpha_0 + a_1\,\beta_0)\,\omega_2 + (a_0\,\alpha_1 + a_1\,\beta_1)\,\omega_2'$$
$$\omega' = (b_0\,\alpha_0 + b_1\,\beta_0)\,\omega_2 + (b_0\,\alpha_1 + b_1\,\beta_1)\,\omega_2',$$

eine Periodenrelation, für welche die Determinante der Transformationszahlen

$$(a_0\,\alpha_0 + a_1\,\beta_0)\,(b_0\,\alpha_1 + b_1\,\beta_1) - (a_0\,\alpha_1 + a_1\,\beta_1)\,(b_0\,\alpha_0 + b_1\,\beta_0)$$
$$= (a_0\,b_1 - a_1\,b_0)\,(\alpha_0\,\beta_1 - \alpha_1\,\beta_0) = n\,.\,\nu$$

ist; wir können uns somit das neue Periodensystem unmittelbar aus dem vorgelegten durch eine Transformation des $n\nu^{\text{ten}}$ Grades entstanden denken und schliessen hieraus, dass, wenn man zuerst eine Transformation des n^{ten} Grades auf ein vorgelegtes Periodensystem anwendet und sodann auf dieses neue eine Transformation des ersten Grades, die aus der Zusammensetzung beider resultirende Transformation wiederum vom n^{ten} Grade ist.

Sei nun ein bestimmtes System von Transformationszahlen gegeben, welches zum n^{ten} Grade gehört, so sollen alle diejenigen Systeme, welche durch Anwendung sämmtlicher linearen Transformationen aus diesem entstehen, mit dem ersten zu einer Klasse gehören; die Anzahl der in einer Klasse liegenden Zahlensysteme ist offenbar unendlich gross. Fasst man eine nicht in dieser Klasse liegende Transformation n^{ten} Grades auf, so bildet diese mit den durch alle linearen Transformationen aus dieser hergeleiteten eine zweite Klasse, u. s. w. Es sind somit sämmtliche zu einer bestimmten Zahl n gehörige Transformationszahlen in Klassen eingetheilt, deren Anzahl, wie wir sehen werden, eine endliche ist.

§ 13. Repräsentanten der einzelnen Klassen.

Es ist bekannt*), dass in jeder Klasse solcher Zahlensysteme stets ein und nur ein System existirt, für welches $a_1 = 0$ und $0 \leq b_0 < b_1$ ist, welches somit die Form hat:

$$a_0 = t,\ a_1 = 0,\ b_0 = \xi,\ b_1 = t',$$

wenn t ein positiver Theiler von n, $t' = \frac{n}{t}$, ξ eine ganze Zahl aus der Reihe

$$0,\ 1,\ 2,\ \ldots\ t' - 1$$

ist.

Nennt man nunmehr alle Systeme von Transformationszahlen, welche zu einer Klasse gehören, sowie alle zu eben diesen Systemen gehörigen Transformationen selbst, einander äquivalent, so wird man zum Repräsentanten einer jeden Klasse unter einander äquivalenter Transformationen, wenn man das System der zugehörigen Zahlen in das Schema

$$\begin{vmatrix} a_0 & a_1 \\ b_0 & b_1 \end{vmatrix}$$

bringt, eine Transformation von der Form

$$(\alpha) \quad \ldots\ldots\ldots \quad \begin{vmatrix} t & 0 \\ \xi & t' \end{vmatrix}$$

wählen können, worin t ein Divisor von n, $t' = \frac{n}{t}$ und ξ eine der Zahlen $0,\ 1,\ 2, \ldots\ t' - 1$ bedeutet. Da nun offenbar grade so viel Klassen existiren, als (α) mögliche Formen annehmen kann, weil

$$t \,.\, t' - \xi \,.\, 0 = n,$$

und nur ein solches System in einer Klasse liegt, so giebt es so viel nicht äquivalente Transformationsklassen vom Grade n, als die Summe der Divisoren von n beträgt, 1 und n mit eingerechnet. Setzt man also

$$n = a^{\alpha}\, b^{\beta}\, c^{\gamma} \ldots.,$$

worin $a,\ b,\ c, \ldots$ verschiedene Primzahlen bedeuten, so ist die Anzahl der nicht äquivalenten Klassen für die Transformation n^{ten} Grades

*) Eisenstein, über Formen dritten Grades mit drei Variablen, Crelle Band 28.

$$\frac{a^{\alpha+1}-1}{a-1}\cdot\frac{b^{\beta+1}-1}{b-1}\cdot\frac{c^{\gamma+1}-1}{c-1}\cdots,$$

daher, wenn n keine quadratischen Faktoren enthält:

$$(a+1)(b+1)(c+1)\ldots,$$

oder wenn $n = p$ eine Primzahl ist:

$$p+1.$$

Wir wollen nun diese durch (α) dargestellten Repräsentanten der nicht äquivalenten Klassen für gradzahlige n beibehalten, führen jedoch für ungradzahlige n andere mit Hülfe linearer Transformationen aus den obigen hergeleitete Repräsentanten ein, die sich für die Darstellung der allgemeinen Transformationsausdrücke sowie in der Theorie der Modulargleichungen als besonders brauchbar erweisen werden.

Sei nämlich

$$\begin{vmatrix} t & 0 \\ \xi & t' \end{vmatrix}$$

der frühere Repräsentant einer zum unpaaren Grade n gehörigen Klasse, so wenden wir auf diesen die lineare Substitution

$$\begin{vmatrix} 1 & 0 \\ m & 1 \end{vmatrix}$$

an, worin m eine noch näher zu bestimmende ganze Zahl bedeutet, und erhalten für die aus diesen beiden zusammengesetzte Transformation die folgende:

$$\begin{vmatrix} t & 0 \\ \xi + mt' & t' \end{vmatrix}.$$

Da sich nun die Grösse m stets so bestimmen lässt, dass

$$\xi + mt'$$

eine durch 16 theilbare Zahl wird, weil t' als Divisor der unpaaren Zahl n mit 16 keinen gemeinsamen Theiler hat*), und sich ausserdem, wenn

$$\xi + mt' = 16\,\xi'$$

gesetzt wird, nur ein ganzzahliges positives und ein ganzzah-

*) Dass diese Bestimmung für ein gradzahliges n nicht immer möglich ist, geht daraus hervor, dass auch t' für gewisse Repräsentanten eine grade Zahl sein wird, während ξ ungrade sein kann.

liges negatives ξ' finden lässt, dessen absoluter Werth kleiner als t' ist, so entspricht somit jedem der früheren Repräsentanten, je nachdem man für ξ' nur positive oder nur negative Zahlen wählt, in jeder Klasse nur **ein** neues System von Transformationszahlen. Statt jedes der früheren Repräsentanten finden wir also jetzt für ungradzahlige n einen neuen von der Form

$$\begin{vmatrix} t & 0 \\ 16\,\xi' & t' \end{vmatrix},$$

worin t wie früher einen jeden positiven Theiler von n vorstellt, $t' = \frac{n}{t}$ ist, und dem ξ' der Reihe nach die Werthe

$$0, 1, 2, \ldots t' - 1$$

oder

$$0, -1, -2, \ldots -(t' - 1)$$

beizulegen sind. *)

Ist also n eine ungrade Primzahl, so werden die von mir gewählten $n + 1$ Repräsentanten jetzt folgendermassen lauten:

$$\begin{vmatrix} 1 & 0 \\ 0 & n \end{vmatrix} \begin{vmatrix} 1 & 0 \\ 1.16. & n \end{vmatrix} \begin{vmatrix} 1 & 0 \\ 2.16 & n \end{vmatrix} \ldots \begin{vmatrix} 1 & 0 \\ (n-1).16 & n \end{vmatrix} \begin{vmatrix} n & 0 \\ 0 & 1 \end{vmatrix}$$

oder

$$\begin{vmatrix} 1 & 0 \\ 0 & n \end{vmatrix} \begin{vmatrix} 1 & 0 \\ -1.16 & n \end{vmatrix} \begin{vmatrix} 1 & 0 \\ -2.16 & n \end{vmatrix} \ldots \begin{vmatrix} 1 & 0 \\ -(n-1).16 & n \end{vmatrix} \begin{vmatrix} n & 0 \\ 0 & 1 \end{vmatrix}.$$

Für die Lösung des allgemeinen Transformationsproblems wird es nur nöthig sein, diejenigen Transformationen zu entwickeln, deren Transformationszahlen durch die Repräsentanten der nicht äquivalenten Klassen bestimmt sind, indem jede andere zu demselben Grade gehörige durch eine lineare Transformation aus einem dieser Repräsentanten, also mit Hülfe der oben im § 10 entwickelten Formeln hergeleitet werden kann.

Ich will noch schliesslich bemerken, dass, wenn der Grad n der Transformation quadratische Theiler hat, unter den Repräsentanten der nicht äquivalenten Klassen Transformationen niedrigeren Grades mit der Multiplication der elliptischen Funktionen

---

*) Es ist hierbei zu beachten, dass bei der Wahl der neuen Repräsentanten für dasselbe t und t' die Reihenfolge der Klassen, wenn dem ξ' die Werthe $0, \pm 1, \pm 2, \cdots \pm (t' - 1)$ beigelegt werden, eine andere geworden als vorher, wo dem ξ dieselben Werthe gegeben wurden.

verbunden vorkommen. Denn sei $n = p^2 . r$, so wird man sich die durch das Schema

$$\begin{vmatrix} p & 0 \\ 0 & pr \end{vmatrix}$$

dargestellte Transformation aus der successiven Anwendung der beiden Transformationen:

$$\begin{vmatrix} 1 & 0 \\ 0 & r \end{vmatrix} \begin{vmatrix} p & 0 \\ 0 & p \end{vmatrix}$$

entstanden denken können; gebe nun die Transformation r^{ten} Grades den Modul τ' und das Argument v', dann wird die zweite hierauf angewandte Transformation

$$\begin{vmatrix} p & 0 \\ 0 & p \end{vmatrix}$$

nach den Formeln (5) und (7) des § 5, wenn τ_1 und v_1 die neuen transformirten Werthe des Moduls und des Argumentes bedeuten, die Ausdrücke liefern

$$\tau_1 = \tau', \quad v_1 = pv',$$

d. h. die zweite Transformation wird eine ϑ-Funktion mit $p$fachem Argument und demselben Modul, wie die erste, also die noch später zu betrachtende Multiplication ergeben, von welcher wir sehen werden, dass die ϑ-Funktion mit $p$fachem Argument eine homogene ganze Funktion vom $p^{2\text{ten}}$ Grade der ursprünglichen ϑ-Funktionen ist. — Ist der Grad der Transformation ein Quadrat $= p^2$, dann liefert einer der Repräsentanten der nicht äquivalenten Klassen, nämlich:

$$\begin{matrix} p & 0 \\ 0 & p \end{matrix}$$

die Multiplication selbst.

Sechster Abschnitt.

Die transformirte ϑ-Funktion als ganze homogene Funktion der ursprünglichen ϑ-Funktionen.

---

§ 14. Transformationsformel der Π-Funktion für die Vermehrung des Argumentes um halbe Perioden.

Zur Darstellung der im § 7 definirten Π-Funktion als einer ganzen homogenen Funktion der ϑ-Reihen des vorgelegten Integrales schicke ich eine Hülfsformel voraus, die Veränderungen betreffend, welche die Π-Funktion bei der Vermehrung des Argumentes um halbe Perioden erleidet.

Die durch die Gleichung

$$\Pi(v)_\lambda = e^{i\pi(a_0+a_1\tau')a_1 v^2}\,\vartheta(v', \tau')_\lambda \quad \ldots\ldots \quad (1)$$

definirte Π-Funktion, in der:

$$v' = \frac{nv}{b_1 - a_1\tau} = (a_0 + a_1\tau')\,v,\quad \tau' = \frac{b_0 - a_0\tau}{a_1\tau - b_1} \quad \ldots \quad (2)$$

war, genügte, wenn

$$\left.\begin{aligned} \mathfrak{m} &= a_0 n_\lambda + a_1 m_\lambda + a_0 a_1 \\ \mathfrak{q} &= b_0 n_\lambda + b_1 m_\lambda + b_0 b_1 \end{aligned}\right\} \quad \ldots\ldots \quad (3)$$

gesetzt wurde, den beiden charakteristischen Bedingungen:

$$\left.\begin{aligned} \Pi(v+1)_\lambda &= (-1)^{\mathfrak{m}}\,\Pi(v)_\lambda \\ \Pi(v+\tau)_\lambda &= (-1)^{\mathfrak{q}}\,e^{-ni\pi(2v+\tau)}\,\Pi(v)_\lambda \end{aligned}\right\} \quad \ldots \quad (4).$$

Aus den letzten beiden Gleichungen folgt leicht:

$$\Pi(v + r + s\tau)_\lambda = (-1)^{r\mathfrak{m}+s\mathfrak{q}} \,.\, e^{-ni\pi(2sv+s^2\tau)}\,\Pi(v)_\lambda \quad (5).$$

Da sich nun ferner bei einer Zunahme des v um

$$\frac{r}{2} + \frac{s}{2}\tau$$

das Argument v' nach Gleichung (2) um

$$(a_0 + a_1 \tau')\left(\frac{r}{2} + \frac{s}{2}\tau\right) = \frac{1}{2}(a_0 r + b_0 s) + \frac{\tau'}{2}(a_1 r + b_1 s)$$

oder um

$$\frac{\varrho}{2} + \frac{\sigma}{2}\tau'$$

vermehrt, wenn

$$\varrho = r a_0 + s b_0 \qquad \sigma = r a_1 + s b_1 \quad . \;\; . \;\; . \quad (6)$$

gesetzt wird, so erhält man, wenn die in dem Ausdrucke der Π-Funktion vorkommende Exponentialgrösse mit

$$e^{f(v)}$$

bezeichnet wird, die Gleichung:

$$\Pi\left(v + \frac{r}{2} + \frac{s}{2}\tau\right)_\lambda = e^{f(v)}\,\vartheta\left(v' + \frac{\varrho}{2} + \frac{\sigma}{2}\tau', \tau'\right)_\lambda e^{i\pi(Av+B)} \quad (7),$$

in welcher A und B noch zu bestimmende Constanten bedeuten.

Wendet man auf v nochmals die Substitution

$$\frac{r}{2} + \frac{s}{2}\tau$$

an, so ergiebt sich aus (7):

$$\Pi(v+r+s\tau)_\lambda = e^{f(v)}\,\vartheta(v'+\varrho+\sigma\tau', \tau')_\lambda\, e^{i\pi\left[A\left(2v+\frac{r}{2}+\frac{s}{2}\tau\right)+2B\right]} \quad (8),$$

woraus sich durch Vergleichung mit (5) die Constanten A und B bestimmen lassen.

Führt man die auf diese Weise für A und B gefundenen Werthe in Gleichung (7) ein, so ergiebt sich leicht, wenn

$$\varrho = 2\varrho' + \varrho'' \qquad \sigma = 2\sigma' + \sigma''$$

gesetzt wird, worin ϱ'', σ'' die Zahlen 0 oder 1 bedeuten, für die transformirte Π-Funktion der Ausdruck:

$$\Pi\left(v+\frac{r}{2}+\frac{s}{2}\tau\right)_\lambda = e^{-\frac{ns}{2}\left(2v+\frac{s\tau}{2}\right)i\pi} \,.\, e^{c\,i\pi} \,.\, e^{i\pi(a_0+a_1\tau')a_1 v^2}\,\vartheta(v', \tau')_\nu \quad (9),$$

wenn der Index ν der ϑ-Funktion durch die Congruenzen:

$$m_\nu \equiv m_\lambda + \varrho'' \qquad n_\nu \equiv n_\lambda + \sigma'' \quad (\mathrm{mod.}\ 2) \;\; . \;\; . \quad (10),$$

und die Constante c durch den folgenden Werth bestimmt wird:

$$\left.\begin{aligned} c = &-\tfrac{1}{2}(\varrho\, n_\lambda + \sigma\, m_\lambda) + \tfrac{1}{4} n \,.\, r \,.\, s + \tfrac{1}{2}(r\,\mathfrak{m} + s\,\mathfrak{q}) \\ &+ \tfrac{1}{2} n_\nu (m_\lambda + \varrho'' - m_\nu) - \tfrac{1}{2}\sigma''(m_\lambda + \varrho'') - \tfrac{1}{4}\varrho\,\sigma \\ &+ \varrho' n_\lambda + \sigma' m_\lambda \end{aligned}\right\} (11).$$

§ 15. Zerlegung der Π-Funktion in eine endliche Anzahl von unendlichen Reihen.

Um nun die unendliche Anzahl der in der oben aufgestellten Reihenentwickelung für die Π-Funktion vorkommenden Coefficienten auf die geringste Zahl von im Allgemeinen unter einander unabhängigen Grössen zu reduciren, gehen wir dazu über, diese Funktion in eine endliche Anzahl von unendlichen Reihen zu zerlegen nach einer Methode, deren Urheber Hermite ist.

Da die Π-Funktion eine periodische Funktion ist, welche den Charakter einer ganzen hat, so lässt sie sich auf die Form bringen

$$\Pi(v)_\lambda = \sum_{m=-\infty \dots +\infty} (-1)^{\mathfrak{q}m} A_m \, e^{i\pi(2m+\mathfrak{m})\,v + \frac{i\pi}{4n}(2m+\mathfrak{m})^2\tau} \qquad (12),$$

woraus zu ersehen, dass die erste der Bedingungen (4) durch die Form, in welche diese Funktion gesetzt ist, von selbst erfüllt wird, während die zweite dieser Bedingungen die Relation liefert

$$A_{m-n} = (-1)^{\mathfrak{q}(n+1)} A_m \quad . \; . \; . \; . \; . \quad (13).$$

Da nämlich

$$\Pi(v+\tau)_\lambda = \sum_m (-1)^{\mathfrak{q}m} A_m \, e^{i\pi(2m+\mathfrak{m})\,v + i\pi\tau(2m+\mathfrak{m}) + \frac{i\pi}{4n}(2m+\mathfrak{m})^2\tau}$$

$$= \sum_m (-1)^{\mathfrak{q}m} A_m \, e^{i\pi(2m+\mathfrak{m}+2n)\,v + \frac{i\pi}{4n}(2m+\mathfrak{m}+2n)^2\tau} \, e^{-2nvi\pi - n\tau i\pi}$$

oder, wenn man statt des Summationsindex m den Index $m-n$ einführt:

$$\Pi(v+\tau)_\lambda = \sum_m (-1)^{\mathfrak{q}(m-n)} A_{m-n} \, e^{i\pi(2m+\mathfrak{m})\,v + \frac{i\pi}{4n}(2m+\mathfrak{m})^2\tau} \, . \, e^{-n(2v+\tau)i\pi},$$

so ergiebt sich, weil nach der zweiten der Gleichungen (4):

$$\Pi(v+\tau)_\lambda = (-1)^{\mathfrak{q}} \sum_m (-1)^{\mathfrak{q}m} A_m \, e^{i\pi(2m+\mathfrak{m})\,v + \frac{i\pi}{4n}(2m+\mathfrak{m})^2\tau} \, . \, e^{-n(2v+\tau)i\pi},$$

die Relation

$$A_{m-n} = (-1)^{\mathfrak{q}(n+1)} A_m.$$

Somit bleiben nur noch die n Coefficienten der Reihe (12)

$$A_0, \; A_1, \; A_2, \; \dots\dots \; A_{n-1}$$

zu bestimmen, indem die andern durch die Gleichung:

$$A_{rn+\alpha} = (-1)^{r\mathfrak{q}(n+1)} A_\alpha \quad . \; . \; . \; . \; . \quad (14)$$

auf die ersteren zurückgeführt sind, und es wird daher die für die Π-Funktion angenommene Reihenentwickelung die Form haben:

$$\Pi(v)_\lambda = A_0\,R_0 + A_1\,R_1 + A_2\,R_2 + \cdots + A_{n-1}\,R_{n-1} \quad (15),$$

in welcher die unendlichen Reihen R_α durch die Gleichung:

$$R_\alpha = \sum_{\substack{m = rn+\alpha \\ r = 0,\,\pm 1,\,\pm 2,\,\ldots\,\pm\infty}}^{m} (-1)^{\mathfrak{q}m + r\mathfrak{q}(n+1)} \,.\, e^{i\pi(2m+\mathfrak{m})v + \frac{i\pi}{4n}(2m+\mathfrak{m})^2\tau}$$

gegeben sind.

Da diese Zerlegung der Π-Funktion einzig und allein aus den beiden Bedingungsgleichungen (4) hergeleitet worden und die Reihen R nur von den in diesen beiden Gleichungen vorkommenden Zahlen n, $\mathfrak{m}$, $\mathfrak{q}$, τ abhängen, so werden offenbar alle Funktionen von v, welche den Charakter von ganzen Funktionen haben und jenen beiden Gleichungen (4) genügen, sich in eine eben solche Form setzen lassen, in der die Reihen R dieselben sind, während die Verschiedenheit der Funktionen nur durch andere Werthe der Constanten A bedingt wird. Bevor jedoch von dieser für die anzuwendende Methode wichtigen Bemerkung Gebrauch gemacht wird, wollen wir mit Hülfe einer dritten Eigenschaft der Π-Funktion die Anzahl der Constanten A noch weiter beschränken. Setzt man nämlich in die Gleichung

$$\Pi(-v)_\lambda = (-1)^{m_\lambda\, n_\lambda}\, \Pi(v)_\lambda \quad . \quad . \quad . \quad . \quad (16)$$

welche aus der Gleichung (8) des § 4 hervorgeht *), die durch (12) gegebene Reihenentwicklung für die Π-Funktion ein, so ergiebt sich:

---

*) Es ist leicht zu sehen, dass, wenn n eine ungrade Zahl ist, dieser Gleichung noch eine andere Form gegeben werden kann. Da nämlich aus den Gleichungen

$$\mathfrak{m} = a_0\,n_\lambda + a_1\,m_\lambda + a_0\,a_1$$
$$\mathfrak{q} = b_0\,n_\lambda + b_1\,m_\lambda + b_0\,b_1$$

unmittelbar hervorgeht, dass, weil

$$a_0\,b_1 - a_1\,b_0 = n$$

eine ungrade Zahl ist, die Grössen $\mathfrak{m}$ und $\mathfrak{q}$ stets und nur dann beide ungrade sind, wenn $m_\lambda = n_\lambda = 1$ ist, so folgt, dass

$$(-1)^{m_\lambda\, n} = (-1)^{\mathfrak{m}\mathfrak{q}},$$

und man erhält somit für ungrade n die Gleichung:

$$\Pi(-v)_\lambda = (-1)^{\mathfrak{m}\mathfrak{q}}\, \Pi(v)_\lambda$$

$$\sum_m (-1)^{\mathfrak{q}m} A_m \, e^{-i\pi(2m+\mathfrak{m})v + \frac{i\pi}{4n}(2m+\mathfrak{m})^2\tau}$$
$$= \sum_m (-1)^{m_\lambda n_\lambda + \mathfrak{q}m} A_m \, e^{i\pi(2m+\mathfrak{m})v + \frac{i\pi}{4n}(2m+\mathfrak{m})^2\tau}.$$

Indem man nun statt des Index m einen andern m' durch die Gleichung

$$m = -m' - \mathfrak{m}$$

einführt, erhält man

$$\sum_{m'} (-1)^{\mathfrak{q}(m'+\mathfrak{m})} A_{-m'-\mathfrak{m}} \, e^{i\pi(2m'+\mathfrak{m})v + \frac{i\pi}{4n}(2m'+\mathfrak{m})^2\tau}$$
$$= \sum_m (-1)^{m_\lambda n_\lambda + \mathfrak{q}m} A_m \, e^{i\pi(2m+\mathfrak{m})v + \frac{i\pi}{4n}(2m+\mathfrak{m})^2\tau},$$

woraus

$$A_m = (-1)^{\mathfrak{q}\mathfrak{m} + m_\lambda n_\lambda} A_{-m-\mathfrak{m}} \quad . \quad . \quad . \quad . \quad (17)$$

folgt.

Um mit Hülfe dieser Relation die Anzahl der in der obigen Form (15) der Π-Funktion enthaltenen n Constanten A noch weiter zu reduciren, müssen wir den Fall der ungradzahligen und gradzahligen Transformation besonders behandeln.

I. n sei ungrade.

Für diesen Fall gehen die Gleichungen (14) und (17) über in:

$$A_{rn+\alpha} = A_\alpha \quad (18) \quad \text{und} \quad A_m = A_{-m-\mathfrak{m}} \quad . \quad . \quad . \quad (19).$$

Bedeutet nun in (19) die Grösse m eine positive ganze Zahl, die kleiner als n ist, und sucht man die zu $-m-\mathfrak{m}$ nach dem Modul n congruente Zahl, die nach Gleichung (18) einen gleichen Werth des A liefert, so wird man zu jedem in der Reihe

$$A_0, \; A_1, \; A_2, \; \ldots . \; A_{n-1}$$

liegenden Coefficienten einen in derselben Reihe befindlichen gleichen Coefficienten erhalten; nur in dem einen Falle wird dies nicht stattfinden, in welchem

$$m \equiv -m - \mathfrak{m} \pmod{n}$$

oder

$$2m \equiv -\mathfrak{m} \pmod{n}$$

ist. Da nun n der Voraussetzung nach eine ungrade Zahl ist, so wird diese Congruenz immer lösbar sein, und es wird also stets einen Coefficienten geben, der im Allgemeinen in der obigen Reihe nur in sich selbst einen gleichen findet. Die übrigen

$n-1$ Constanten werden sich zu je zweien zusammenfassen lassen, und es wird daher für eine ungradzahlige Transformation die Anzahl der übrig bleibenden Constanten

$$\frac{n-1}{2}+1=\frac{n+1}{2}$$

sein, so dass die Π-Funktion in die folgende Form übergeht:

$$\Pi(v)_\lambda = A_0\, S_0 + A_1\, S_1 + \cdots + A_{\frac{n-1}{2}}\, S_{\frac{n-1}{2}} \quad . \; . \quad (20),$$

worin S_0, S_1, ... $S_{\frac{n-1}{2}}$ wieder unendliche Reihen bedeuten von ähnlicher Gestalt, wie die oben definirten R_α.

II. n sei grade.

Die beiden Relationen (14) und (17) zwischen den Coefficienten A lauten in diesem Falle:

$$A_m = (-1)^{\mathfrak{q}\mathfrak{m}+m_\lambda n_\lambda} A_{-m-\mathfrak{m}} \quad (21), \qquad A_{rn+\alpha} = (-1)^{r\mathfrak{q}} A_\alpha \quad (22).$$

Wir werden nun für die nachfolgende Untersuchung die drei Fälle, in denen

$\mathfrak{m}$ ungrade	$\mathfrak{q}$ beliebig
$\mathfrak{m}$ grade	$\mathfrak{q}$ grade
$\mathfrak{m}$ grade	$\mathfrak{q}$ ungrade

sind, auseinander zu halten, im schliesslichen Resultate jedoch nur zwei Hauptfälle zu unterscheiden haben. Ist $\mathfrak{m}$ ungrade, so werden sich offenbar wieder die n Constanten nach Gleichung (21) zu je zweien zusammenfassen lassen mit Ausnahme derjenigen, deren Indices die Congruenz

$$2m \equiv -\mathfrak{m} \pmod{n}$$

befriedigen; da jedoch diese Congruenz für ungrade $\mathfrak{m}$ und grade n nicht auflösbar ist, so wird sich die Anzahl der n Coefficienten A auf

$$\frac{n}{2}$$

reduciren.

Was ferner den Fall betrifft, in dem $\mathfrak{m}$ und $\mathfrak{q}$ grade Zahlen sind, für den also die beiden Gleichungen (21) und (22) in:

$$A_m = (-1)^{m_\lambda n_\lambda} A_{-m-\mathfrak{m}} \quad (23), \qquad A_{rn+\alpha} = A_\alpha \quad . \; . \quad (24)$$

übergehen, so wird für diese Annahme die Congruenz

$$2m + \mathfrak{m} \equiv 0 \pmod{n}$$

offenbar zwei Auflösungen haben, da, wenn $\mathfrak{m} = 2\mu$ gesetzt und mit m_1 die Auflösung der Congruenz

$$m + \mu \equiv 0 \left(\text{mod.} \frac{n}{2}\right)$$

bezeichnet wird, ihr die beiden Werthe

$$m_1 \text{ und } \frac{n}{2} + m_1,$$

die beide kleiner als n sind, genügen, und es werden sich daher nur $n - 2$ Constanten zu je zweien zusammenfassen lassen, so dass die Zahl der jetzt übrig bleibenden Coefficienten

$$\frac{n-2}{2} + 2 = \frac{n}{2} + 1$$

beträgt. Nur in einem Falle bedarf das eben Gesagte einer Ergänzung, wenn nämlich

$$m_\lambda n_\lambda = 1$$

ist, da sich alsdann für die beiden Indices

$$m_1 \text{ und } \frac{n}{2} + m_1$$

die Gleichungen ergeben:

$$A_{m_1} = - A_{m_1}, \quad A_{\frac{n}{2}+m_1} = - A_{\frac{n}{2}+m_1}$$

oder

$$A_{m_1} = 0, \quad A_{\frac{n}{2}+m_1} = 0,$$

und es werden somit in diesem Falle nur

$$\frac{n}{2} + 1 - 2 = \frac{n}{2} - 1$$

Coefficienten A übrig bleiben.*)

Sei nun endlich $\mathfrak{m}$ grade und $\mathfrak{q}$ ungrade, so gehen die Gleichungen zwischen den Coefficienten A über in:

---

*) Es ist wichtig zu bemerken (und wir werden später von dieser Bemerkung Gebrauch machen), dass dieser Fall, der sich offenbar nur für die ungrade Π-Funktion mit dem Index 1 ergiebt, vermöge der Gleichungen:

$$\mathfrak{m} = a_0 + a_1 + a_0 a_1$$
$$\mathfrak{q} = b_0 + b_1 + b_0 b_1$$

die nothwendige Bedingung nach sich zieht, dass die Transformationszahlen

$$a_0, \; a_1, \; b_0, \; b_1$$

sämmtlich grade Zahlen sind, ein Fall, der nur für einen durch 4 theilbaren Transformationsgrad eintreten kann.

$$A_m = (-1)^{m\lambda n\lambda} A_{-m-\mathfrak{m}} \quad . \quad . \quad . \quad . \quad . \quad (25)$$

$$A_{rn+\alpha} = (-1)^r A_\alpha \,, \quad . \quad . \quad . \quad . \quad . \quad (26)$$

und es wird sich daher wie oben für die Anzahl der übrig bleibenden Constanten

$$\frac{n}{2} + 1$$

ergeben. Was nun die beiden den Werthen

$$m_1 \text{ und } m_1 + \frac{n}{2}$$

entsprechenden Coefficienten angeht, so wird, wenn wir

$$2m_1 + \mathfrak{m} = sn$$

setzen, aus den Gleichungen (25) und (26) leicht folgen:

$$A_{m_1} = (-1)^{m\lambda n\lambda} A_{-m_1-\mathfrak{m}} = (-1)^{m\lambda n\lambda + s} A_{m_1}$$

und

$$A_{m_1+\frac{n}{2}} = (-1)^{m\lambda n\lambda} A_{-m_1-\frac{n}{2}-\mathfrak{m}} = (-1)^{m\lambda n\lambda} A_{m_1-\frac{n}{2}-sn}$$

$$= (-1)^{m\lambda n\lambda} A_{m_1+\frac{n}{2}-(s+1)n} = (-1)^{m\lambda n\lambda+(s+1)} A_{m_1+\frac{n}{2}} \,,$$

woraus unmittelbar hervorgeht, dass in jedem Falle entweder A_{m_1} oder $A_{m_1+\frac{n}{2}}$ Null wird, mit andern Worten, dass nur $\frac{n}{2}$ Constanten übrig bleiben.

Wir erhalten somit für eine Transformation von paarem Grade das folgende Resultat:

Sind die für die Transformation charakteristischen Zahlen $\mathfrak{m}$ und $\mathfrak{q}$ grade, dann lässt sich für die graden Π-Funktionen die Anzahl der als Coefficienten der oben definirten Reihen S auftretenden Constanten auf $\frac{n}{2} + 1$, für die ungrade Π-Funktion auf $\frac{n}{2} - 1$ reduciren, sind dagegen nicht beide Zahlen $\mathfrak{m}$ und $\mathfrak{q}$ grade, dann ist $\frac{n}{2}$ die Zahl der übrigbleibenden Constanten.

§ 16. Darstellung der Π-Funktion als eine ganze homogene Funktion der ursprünglichen ϑ-Funktionen für einen unpaaren Transformationsgrad.

Für die wirkliche Darstellung der Π-Funktion oder der Reihen S, welche den Ausdruck jener Π-Funktion zusammensetzten, ist es nöthig, die Fälle der Transformation von paarem und unpaarem Grade, die wir schon zum Zwecke der Constantenreduction trennen mussten, gesondert zu behandeln.

Aus den im Vorhergehenden gemachten Auseinandersetzungen folgt, dass sich für einen unpaaren Transformationsgrad die Π-Funktion, welche den Bedingungen

$$\Pi(-v)_\lambda = (-1)^{mq}\, \Pi(v)_\lambda$$
$$\Pi(v+1)_\lambda = (-1)^{m}\, \Pi(v)_\lambda$$
$$\Pi(v+\tau)_\lambda = (-1)^{q}\, e^{-ni\pi(2v+\tau)}\, \Pi(v)_\lambda$$

genügt, in die Form setzen lässt:

$$(\alpha) \quad . \quad . \; \Pi(v)_\lambda = A_0 S_0 + A_1 S_1 + \cdots + A_{\frac{n-1}{2}} S_{\frac{n-1}{2}},$$

und dass jede andere in eine stets convergirende Reihe entwickelbare Funktion, welche ebenfalls diese drei Bedingungen befriedigt, in eine ähnliche Form gebracht werden kann, worin die Reihen

$$S_0, \; S_1, \; \cdots S_{\frac{n-1}{2}}$$

dieselben, und nur die Coefficienten

$$A_0, \; A_1, \; \ldots A_{\frac{n-1}{2}},$$

die von den weiteren speciellen Eigenschaften dieser Funktion abhängen, andere geworden sind. Ist es somit möglich, $\frac{n+1}{2}$ von einander unabhängige Funktionen anzugeben, die sämmtlich den obigen Bedingungen genügen, so wird man nur zwischen den $\frac{n+1}{2}$ der Gleichung (α) ähnlichen Gleichungen und (α) selbst die $\frac{n+1}{2}$ Reihen S zu eliminiren und die Constanten durch Specialwerthe der Argumente zu bestimmen brauchen, um einen Ausdruck für die Π-Funktion durch bekannte Funktionen zu erhalten.

Nun sieht man aber leicht aus der im § 4 aufgestellten Substitutionstabelle der ϑ-Funktionen, dass die durch unbedingt convergirende Reihen darstellbaren Ausdrücke:

$$\vartheta(v,\tau)^n_{qm}, \; \vartheta(v,\tau)^{n-2}_{qm}\, \vartheta(v,\tau)^2_\alpha, \; \vartheta(v,\tau)^{n-4}_{qm}\, \vartheta(v,\tau)^4_\alpha,$$
$$\ldots \vartheta(v,\tau)^1_{qm}\, \vartheta(v,\tau)^{n-1}_\alpha,$$

in denen α einen der Indices 0, 1, 2, 3, mit Ausnahme des Index qm, bedeutet, den drei oben aufgestellten Bedingungsgleichungen genügen und dass somit aus dem Früheren das folgende System von $\frac{n+1}{2}$ Gleichungen resultirt:

$$\vartheta(v,\tau)^n_{qm} = A'_0\, S_0 + A'_1\, S_1 + \cdots + A'_{\frac{n-1}{2}}\, S_{\frac{n-1}{2}}$$

$$\vartheta(v,\tau)^{n-2}_{qm}\, \vartheta(v,\tau)^2_\alpha = A''_0\, S_0 + A''_1\, S_1 + \cdots + A''_{\frac{n-1}{2}}\, S_{\frac{n-1}{2}}$$

$$\cdot\ \cdot\ \cdot\ \cdot\ \cdot\ \cdot\ \cdot\ \cdot\ \cdot$$

$$\vartheta(v,\tau)^1_{qm}\, \vartheta(v,\tau)^{n-1}_\alpha = A_0^{\left(\frac{n+1}{2}\right)} S_0 + A_1^{\left(\frac{n+1}{2}\right)} S_1 + \cdots + A_{\frac{n-1}{2}}^{\left(\frac{n+1}{2}\right)} S_{\frac{n-1}{2}},$$

mit Hülfe deren sich die $\frac{n+1}{2}$ Reihen S durch die auf den linken Seiten dieser Gleichungen stehenden Potenzen der ursprünglichen ϑ-Funktionen linear ausdrücken lassen.*)

Setzt man nun diese Werthe für S in die oben aufgestellte Gleichung für $\Pi(v)_\lambda$ ein, so ergiebt sich für diese Funktion der folgende Ausdruck:

$$\Pi(v)_\lambda = e^{i\pi(a_0+a_1\tau')a_1 v^2}\, \vartheta(v',\tau')_\lambda = \alpha_0\, \vartheta(v,\tau)^n_{qm} + \alpha_2 \vartheta(v,\tau)^{n-2}_{qm}\, \vartheta(v,\tau)^2_\alpha + \cdots$$
$$+ \alpha_{n-1}\, \vartheta(v,\tau)^1_{qm}\, \vartheta(v,\tau)^{n-1}_\alpha, \quad . \ . \ . \ . \quad (25)$$

also eine homogene ganze Funktion des n^{ten} Grades von zwei ϑ-Funktionen des ursprünglichen Integrales, in der $\alpha_0, \alpha_2 \ldots \alpha_{n-1}$ noch zu bestimmende Constanten bedeuten.

Ich bemerke zuerst, dass man nur den Transformationsausdruck für e i n s der ϑ des neuen Integrales zu entwickeln nöthig hat. Denn vermehrt man das v auf der rechten Seite der Gleichung (25) um

$$\frac{r}{2} + \frac{s}{2}\tau,$$

worin von den Zahlen r und s entweder eine oder beide ungrade sind, so geht aus den Gleichungen (6) des § 14 hervor, dass auch von den Zahlen ϱ und σ eine oder beide ungrade sein müssen (da $a_0\, b_1 - a_1\, b_0$ ungrade ist), das heisst nichts anderes, als dass von den Zahlen ϱ'', σ'' eine oder beide den Werth 1 annehmen, also m_ν und n_ν nicht zu gleicher Zeit mit m_λ und n_λ

*) Die Möglichkeit der Auflösung dieses Systemes von $\frac{n+1}{2}$ in den Reihen S linearen Gleichungen beruht darauf, dass sie sämmtlich von einander unabhängig sind, und dass dies in der That der Fall ist, geht daraus hervor, dass sonst bekanntlich eine homogene lineare Relation zwischen den linken Seiten dieser Gleichungen, d. h. eine homogene algebraische Gleichung zwischen zwei zu e i n e m Integrale gehörigen ϑ-Funktionen bestehen müsste, was im Allgemeinen nicht stattfindet.

zusammenfallen können, und man überzeugt sich ausserdem mit Hülfe der aus (6) hervorgehenden Beziehungen

$$r = \frac{b_1 \varrho - b_0 \sigma}{n}, \quad s = \frac{a_0 \sigma - a_1 \varrho}{n}$$

sehr leicht, dass, wenn n ungrade, nach dem Modul 2 incongruenten Werthepaaren der Grössen r und s nicht nach demselben Modul congruente Werthepaare von ϱ und σ entsprechen können, oder dass den drei verschiedenen in der Form

$$\frac{r}{2} + \frac{s}{2} \tau$$

enthaltenen Substitutionen auch drei verschiedene Werthepaare von ϱ'' und σ'' zugehören. Wir sind somit im Stande, aus der Gleichung (25) durch Substitution von halben Perioden auf der rechten Seite derselben die Ausdrücke für die 4 ϑ-Funktionen des transformirten Integrales herzuleiten,*) indem die durch die Substitution eintretenden Exponentialgrössen, wie man unmittelbar aus Gleichung (9) des § 14 ersieht, auf beiden Seiten herausfallen.

Wendet man auf Gleichung (25) für v die durch den Index

$$(\mathfrak{q}\,\mathfrak{m})\,\alpha$$

bestimmte Substitution an, so bleiben, da der Index $\mathfrak{q}\mathfrak{m}$ in α und α in $\mathfrak{q}\mathfrak{m}$ übergeht, die ϑ-Funktionen auf der rechten Seite der Gleichung dieselben, und es folgt somit der Satz, dass es zwei transformirte ϑ giebt, welche durch dieselben zwei ϑ-Funktionen des ursprünglichen Integrales darstellbar sind und für welche die Coefficienten α in den beiden Transformationsausdrücken sich nur durch achte Einheitswurzeln unterscheiden.

Was ferner die Beziehung zwischen dem Index der transformirten und dem Index $\mathfrak{q}\mathfrak{m}$ der ursprünglichen ϑ-Funktion in Gleichung (25) angeht, so werden offenbar für die Repräsentanten der nicht äquivalenten Klassen, die durch das Schema

$$\begin{vmatrix} t & 0 \\ 16\xi & t' \end{vmatrix}$$

dargestellt sind, wenn

$$m_\lambda = 0 \quad n_\lambda = 0$$

---

*) Es wird sich später grade in diesem Punkte ein wesentlicher Unterschied zwischen den Transformationen paaren und unpaaren Grades ergeben.

gesetzt werden, die Zahlen $\mathfrak{m}$ und $\mathfrak{q}$ durch die Ausdrücke bestimmt sein:

$$\mathfrak{m} = a_0\, a_1 = 0,$$
$$\mathfrak{q} = b_0\, b_1 = 16\,\xi \cdot t' = 0 \pmod{2},$$

d. h. dem Index $\lambda = 3$ wird wieder der Index $\mathfrak{q}\,\mathfrak{m} = 3$ entsprechen, und es wird somit für die Repräsentanten der nicht äquivalenten Klassen das transformirte Fundamentaltheta in der folgenden Form darstellbar sein:

$$\Pi(v,\tau)_3 = \vartheta(v',\tau')_3 = \alpha_0\,\vartheta(v,\tau)_3^n + \alpha_2\,\vartheta(v,\tau)_3^{n-2}\,\vartheta(v,\tau)_\alpha^2 + \cdots$$
$$+ \alpha_{n-1}\,\vartheta(v,\tau)_3\,\vartheta(v,\tau)_\alpha^{n-1}. \quad . \quad . \quad . \quad . \quad . \quad (26).$$

Da sich endlich für diese Repräsentanten aus den Formeln (6) des § 17 die Gleichungen ergeben

$$\varrho = tr + 16\,\xi s, \qquad \sigma = t's,$$

so werden, da t und t' als Divisoren einer ungraden Zahl n selbst ungrade sind, ϱ und r, s und σ nach dem Modul 2 congruente Zahlen sein, d. h. wenn der Index 3 auf der rechten Seite der Gleichung (26) in β übergeht, so geht auch der Index 3 der transformirten ϑ-Funktion auf der linken Seite dieser Gleichung in β über.

§ 17. Darstellung der Π-Funktion als eine ganze homogene Funktion der ursprünglichen ϑ-Funktionen für einen paaren Transformationsgrad.

Aus den Resultaten des § 15 folgt ferner, wenn man genau die im vorigen § auseinandergesetzte Methode anwendet, dass sich die transformirte Π-Funktion, welche den Bedingungen

$$\Pi\,(-v)_\lambda = (-1)^{\mathfrak{m}\lambda\mathfrak{n}\lambda}\,\Pi\,(v)_\lambda$$
$$\Pi\,(v+1)_\lambda = (-1)^{\mathfrak{m}}\,\Pi\,(v)_\lambda$$
$$\Pi\,(v+\tau)_\lambda = (-1)^{\mathfrak{q}}\,e^{-n i\pi(2v+\tau)}\,\Pi\,(v)_\lambda$$

genügt, für einen paaren Transformationsgrad, je nachdem $\mathfrak{m}$ und $\mathfrak{q}$ grade oder ungrade sind, in folgende Form setzen lässt:

S i n d $\mathfrak{m}$ u n d $\mathfrak{q}$ g r a d e, so wird für $\lambda = 0, 2, 3$:

$$\Pi(v)_\lambda = e^{i\pi(\alpha_0+\alpha_1\tau')\alpha_1 v^2}\,\vartheta(v',\tau')_\lambda = \alpha_0\vartheta(v,\tau)_\alpha^n + \alpha_2\vartheta(v,\tau)_\alpha^{n-2}\,\vartheta(v,\tau)_\beta^2 + \cdots$$
$$+ \alpha_{n-2}\,\vartheta(v,\tau)_\alpha^2\,\vartheta(v,\tau)_\beta^{n-2} + \alpha_n\,\vartheta(v,\tau)_\beta^n, \quad . \quad . \quad (27)$$

worin α und β beliebige, aber verschiedene Indices vorstellen, für $\lambda = 1$:

$$e^{i\pi(a_0+a_1\tau')a_1v^2}\vartheta(v',\tau')_\lambda = \alpha_1\vartheta(v,\tau)_1\,\vartheta(v,\tau)_0\,\vartheta(v,\tau)_2\,\vartheta(v,\tau)_3^{n-3} + \alpha_3\vartheta(v,\tau)_1^3\,\vartheta(v,\tau)_0\,\vartheta(v,\tau)_2\,\vartheta(v,\tau)_3^{n-5} + \cdots + \alpha_{n-3}\vartheta(v,\tau)_1^{n-3}\,\vartheta(v,\tau)_0\,\vartheta(v,\tau)_2\,\vartheta(v,\tau)_3 \quad . \quad (28).$$

Sind m grade und q ungrade, so wird für $\lambda = 0, 2, 3$:

$$e^{i\pi(a_0+a_1\tau')a_1v^2}\vartheta(v',\tau')_\lambda = \alpha_1\vartheta(v,\tau)_0\vartheta(v,\tau)_3^{n-1} + \alpha_3\vartheta(v,\tau)_0^3\vartheta(v,\tau)_3^{n-3} + \cdots + \alpha_{n-1}\vartheta(v,\tau)_0^{n-1}\vartheta(v,\tau)_3, \quad (29)$$

für $\lambda = 1$:

$$e^{i\pi(a_0+a_1\tau')a_1v^2}\vartheta(v',\tau')_\lambda = \alpha_1\vartheta(v,\tau)_1\vartheta(v,\tau)_2^{n-1} + \alpha_3\vartheta(v,\tau)_1^3\vartheta(v,\tau)_2^{n-3} + \cdots + \alpha_{n-1}\vartheta(v,\tau)_1^{n-1}\vartheta(v,\tau)_2 \quad . \quad (30).$$

Sind m ungrade und q grade, so wird für $\lambda = 0, 2, 3$:

$$e^{i\pi(a_0+a_1\tau')a_1v^2}\vartheta(v',\tau')_\lambda = \alpha_1\vartheta(v,\tau)_2\vartheta(v,\tau)_3^{n-1} + \alpha_3\vartheta(v,\tau)_2^3\vartheta(v,\tau)_3^{n-3} + \cdots + \alpha_{n-1}\vartheta(v,\tau)_2^{n-1}\vartheta(v,\tau)_3, \quad (31)$$

für $\lambda = 1$:

$$e^{i\pi(a_0+a_1\tau')a_1v^2}\vartheta(v',\tau')_\lambda = \alpha_1\vartheta(v,\tau)_1\vartheta(v,\tau)_0^{n-1} + \alpha_3\vartheta(v,\tau)_1^3\vartheta(v,\tau)_0^{n-3} + \cdots + \alpha_{n-1}\vartheta(v,\tau)_1^{n-1}\vartheta(v,\tau)_0 \quad . \quad (32).$$

Sind m und q ungrade, so wird für $\lambda = 0, 2, 3$:

$$e^{i\pi(a_0+a_1\tau')a_1v^2}\vartheta(v',\tau')_\lambda = \alpha_1\vartheta(v,\tau)_0\vartheta(v,\tau)_2^{n-1} + \alpha_3\vartheta(v,\tau)_0^3\vartheta(v,\tau)_2^{n-3} + \cdots + \alpha_{n-1}\vartheta(v,\tau)_0^{n-1}\vartheta(v,\tau)_2, \quad (33)$$

für $\lambda = 1$:

$$e^{i\pi(a_0+a_1\tau')a_1v^2}\vartheta(v',\tau')_\lambda = \alpha_1\vartheta(v,\tau)_1\vartheta(v,\tau)_3^{n-1} + \alpha_3\vartheta(v,\tau)_1^3\vartheta(v,\tau)_3^{n-3} + \cdots + \alpha_{n-1}\vartheta(v,\tau)_1^{n-1}\vartheta(v,\tau)_3 \quad . \quad (34).$$

Nun einige charakteristische Unterschiede zwischen der Transformation paaren und unpaaren Grades.

Während sich für die Transformation von unpaarem Grade aus dem Ausdrucke einer transformirten ϑ-Funktion alle andern ϑ-Ausdrücke dadurch herleiten liessen, dass man auf v die drei verschiedenen Substitutionen von halben Perioden anwandte, ist dies für die Transformation paaren Grades nicht mehr möglich. Man sieht nämlich leicht aus den Formeln (6) des § 14, dass es stets, wie auch die Grössen a_0, a_1, b_0, b_1 gewählt sein mögen, wenn nur $a_0 b_1 - a_1 b_0$ eine grade Zahl ist, nur eine Substitution in halben Perioden giebt, welche die Indices der ϑ-Funktionen auf der rechten und linken Seite des Transformationsausdrucks zu gleicher Zeit ändert, während zwei andere Substitutionen den Index der tranformirten ϑ-Funktion unverändert lassen. Ja sogar in dem Falle, in welchem die Transformationszahlen a_0, a_1, b_0, b_1 sämmtlich grade sind, bringt keine Substitution von halben Perioden, auf das Argument v ausgeübt, eine Veränderung des Index der transformirten ϑ-Funktion hervor.

Was endlich die Repräsentanten der nicht äquivalenten Klassen betrifft, die durch das Schema

$$\begin{vmatrix} t & 0 \\ \xi & t' \end{vmatrix}$$

dargestellt werden, so ist klar, dass sich aus den Formeln

$$\mathfrak{m} = t n_\lambda, \qquad \mathfrak{q} = \xi n_\lambda + t' m_\lambda + \xi t'$$

für die Π-Funktion mit dem Index 3 $\mathfrak{m}$ als grade Zahl, $\mathfrak{q}$ jedoch als grade oder ungrade Zahl ergiebt, und dass somit für das Fundamentaltheta der Repräsentanten der nicht äquivalenten Klassen einer gradzahligen Transformation einer der beiden Ausdrücke statthat:

$$\vartheta(v', \tau')_3 = \alpha_0 \, \vartheta(v, \tau)_\alpha^n + \alpha_2 \, \vartheta(v, \tau)_\alpha^{n-2} \, \vartheta(v, \tau)_\beta^2 + \cdots$$
$$+ \alpha_{n-2} \, \vartheta(v, \tau)_\alpha^2 \, \vartheta(v, \tau)_\beta^{n-2} + \alpha_n \, \vartheta(v, \tau)_\beta^n,$$

worin α und β beliebige aber verschiedene Indices bedeuten, oder

$$\vartheta(v', \tau')_3 = \alpha_1 \, \vartheta(v, \tau)_0 \, \vartheta(v, \tau)_3^{n-1} + \alpha_3 \, \vartheta(v, \tau)_0^3 \, \vartheta(v, \tau)_3^{n-3} + \cdots$$
$$+ \alpha_{n-1} \, \vartheta(v, \tau)_0^{n-1} \, \vartheta(v, \tau)_3.$$

§ 18. Darstellung des transformirten Integralmoduls als Funktion des ursprünglichen ϑ-Moduls.

Nachdem wir gezeigt haben, dass sich in der That für jedes System von Transformationszahlen das Π des zugehörigen transformirten Integrales als homogene ganze Funktion der ϑ-Reihen des vorgelegten Integrales ausdrücken lässt, wird uns nur übrig bleiben, die in diesen Ausdrücken noch unbestimmt gebliebenen Constanten α mit Hülfe der ursprünglichen ϑ-Funktionen für Specialwerthe ihrer Argumente zu ermitteln. Es wird dies die Aufgabe eines der nächsten Paragraphen sein.

Ich will hier noch am Schlusse dieses Abschnittes eine Bemerkung über den Ausdruck des transformirten Integralmoduls hinzufügen, für den wir zwar später noch eine andere Form finden werden, der aber auch in der jetzt mitzutheilenden Gestalt als Funktion des ursprünglichen ϑ-Moduls häufige Anwendung gestattet.

Da nämlich

$$(a) \quad . \quad . \quad . \quad . \quad \sqrt{c} = \frac{\vartheta_2}{\vartheta_3} = \frac{2(q^{\frac{1}{4}} + q^{\frac{9}{4}} + q^{\frac{25}{4}} + \cdots)}{1 + 2q + 2q^4 + 2q^9 + \cdots},$$

und das q' des transformirten ϑ durch die Gleichung bestimmt ist

$$q' = e^{\pi i \tau'},$$

worin

$$\tau' = \frac{b_0 - a_0 \tau}{a_1 \tau - b_1}$$

ist, so wird sich $\sqrt{k}$ aus der rechten Seite der Gleichung (a) ergeben, wenn man darin für q die Grösse

$$q' = e^{\pi i \cdot \frac{b_0 - a_0 \tau}{a_1 \tau - b_1}}$$

setzt. Nun ist für die Repräsentanten der nicht äquivalenten Klassen, wenn n eine grade Zahl ist,

$$a_0 = t, \quad a_1 = 0, \quad b_0 = \xi, \quad b_1 = t',$$

und es wird somit für q' der Ausdruck:

$$e^{\pi i \cdot \frac{\xi - t\tau}{-t'}} = e^{-\frac{\pi i \xi}{t'}} \cdot q^{\frac{t}{t'}}$$

zu setzen sein, während die Repräsentanten der nicht äquivalenten Klassen einer ungradzahligen Transformation, für welche

$$a_0 = t, \quad a_1 = 0, \quad b_0 = 16\xi, \quad b_1 = t'$$

ist, für q' den Werth

$$e^{\pi i \cdot \frac{16\xi - t\tau}{-t'}} = e^{-\frac{16\pi i \xi}{t'}} \cdot q^{\frac{t}{t'}}$$

liefern.

Ist daher der Grad der Transformation n eine Primzahl, für welchen die Repräsentanten der nicht äquivalenten Klassen durch

$$t = 1, \quad t' = n, \quad \xi = 0, 1, 2, \ldots n - 1,$$
$$t = n, \quad t' = 1, \quad \xi = 0,$$

dargestellt werden, so erhält man, wenn α eine n^{te} Einheitswurzel bezeichnet, als transformirte Werthe des q die folgenden:

$$q^{\frac{1}{n}},\ \alpha q^{\frac{1}{n}},\ \alpha^2 q^{\frac{1}{n}},\ \ldots\ \alpha^{n-1} q^{\frac{1}{n}},\ q^{n},$$

und es ergeben sich somit für einen primzahligen Transformationsgrad alle den Repräsentanten der nicht äquivalenten Klassen entsprechenden Werthe der transformirten Integralmoduln, wenn man in den Ausdruck

$$\frac{2\,(q^{\frac{1}{4}} + q^{9/4} + q^{25/4} + \cdots)}{1 + 2q + 2q^4 + 2q^9 + \cdots}$$

für q die Werthe

$$q^{\frac{1}{n}},\ \alpha q^{\frac{1}{n}},\ \alpha^2 q^{\frac{1}{n}},\ \ldots\ \alpha^{n-1} q^{\frac{1}{n}},\ q^{n}$$

setzt, worin α eine n^{te} Einheitswurzel bedeutet.

Siebenter Abschnitt.

Die rationale Transformation zweiten Grades.

---

§ 19.

Bevor ich zur Constantenbestimmung in den Ausdrücken für die transformirte ϑ-Funktion, also zur vollständigen Lösung des allgemeinen Transformationsproblems übergehe, will ich die Behandlung des Falles der Transformation zweiten Grades, die wir bereits mit Hülfe der früheren Methoden vollständig entwickeln können, an dieser Stelle einfügen, da die sich ergebenden Formeln häufig vorkommen und besonders in zahlentheoretischen und algebraischen Problemen vielfache Anwendung finden.

Für die Transformation zweiten Grades genügt die durch die Gleichung:

$$\Pi(v)_\lambda = e^{i\pi(a_0 + a_1 \tau')a_1 v^2}\, \vartheta(v', \tau')_\lambda$$

definirte Π-Funktion den Bedingungen:

$$\Pi(v+1)_\lambda = (-1)^{\mathfrak{m}}\, \Pi(v)_\lambda$$
$$\Pi(v+\tau)_\lambda = (-1)^{\mathfrak{q}}\, e^{-2i\pi(2v+\tau)}\, \Pi(v)_\lambda,$$

worin

$$\mathfrak{m} = a_0 n_\lambda + a_1 m_\lambda + a_0 a_1, \quad \mathfrak{q} = b_0 n_\lambda + b_1 m_\lambda + b_0 b_1,$$

und das transformirte Argument sowie der ϑ-Modul durch die Gleichungen bestimmt sind:

$$v' = \frac{2v}{b_1 - a_1\tau} = (a_0 + a_1\tau')\, v, \quad \tau' = \frac{b_0 - a_0\tau}{a_1\tau - b_1}.$$

Wenden wir nunmehr auf die durch die drei folgenden Schemata

$$\begin{array}{ccc} \text{I} & \text{II} & \text{III} \\ \left|\begin{matrix} 1 & 0 \\ 0 & 2 \end{matrix}\right| & \left|\begin{matrix} 1 & 0 \\ 1 & 2 \end{matrix}\right| & \left|\begin{matrix} 2 & 0 \\ 0 & 1 \end{matrix}\right| \end{array}$$

definirten Repräsentanten der nicht äquivalenten Klassen die im § 17 für eine grade Transformation entwickelten Formeln an, so erhalten wir die folgenden Resultate:

I. $a_0 = 1, \quad a_1 = 0, \quad b_0 = 0, \quad b_1 = 2.$

Es ist in diesem Falle:

$$v' = v, \quad \tau' = \frac{\tau}{2},$$

und wenn

$$m_\lambda = 0, \quad n_\lambda = 0$$

gesetzt wird,

$$\mathfrak{m} = 0, \quad \mathfrak{q} = 0.$$

Daher:

$$\vartheta(v', \tau')_3 = \alpha_0 \vartheta(v, \tau)_3^2 + \alpha_2 \vartheta(v, \tau)_1^2,$$

und durch Substitution von

$$v + \frac{\tau}{2} \text{ für } v$$

also

$$v' + \tau' \text{ für } v':$$

$$\vartheta(v', \tau')_3 = \alpha_0 \vartheta(v, \tau)_2^2 - \alpha_2 \vartheta(v, \tau)_0^2,$$

woraus für α_0 und α_2 die Bestimmungsgleichungen hervorgehen:

$$\alpha_0 = \frac{\vartheta_3'}{\vartheta_3^2}, \quad \alpha_2 = \frac{\vartheta_3'(\vartheta_2^2 - \vartheta_3^2)}{\vartheta_3^2 \vartheta_0^2} {}^{*)},$$

und daher:

$$\frac{\vartheta(v', \tau')_3}{\vartheta_3'} = \frac{\vartheta(v, \tau)_3^2}{\vartheta_3^2} + \frac{\vartheta_2^2 - \vartheta_3^2}{\vartheta_3^2 \vartheta_0^2} \vartheta(v, \tau)_1^2 = \frac{\vartheta(v)_0^2 - \vartheta(v)_1^2}{\vartheta_0^2} {}^{**)}.$$

Macht man hierauf die Substitution

$$v - \tfrac{1}{2}, \; v' - \tfrac{1}{2}$$

so erhält man:

$$\frac{\vartheta(v', \tau')_0}{\vartheta_3'} = \frac{\vartheta(v)_3^2 - \vartheta(v)_2^2}{\vartheta_0^2}.$$

---

*) Wenn das ϑ ohne Argument die ϑ-Funktion für den Nullwerth desselben und das gestrichene ϑ die transformirte ϑ-Funktion vorstellt.

**) Die zwischen den vier ϑ-Funktionen $\vartheta(v)_0^2$, $\vartheta(v)_1^2$, $\vartheta(v)_2^2$, $\vartheta(v)_3^2$ im Obigen zur Anwendung kommenden homogenen linearen Relationen lauten:

$$\vartheta_0^2 \vartheta(v)_2^2 = \vartheta_2^2 \vartheta(v)_0^2 - \vartheta_3^2 \vartheta(v)_1^2$$
$$\vartheta_0^2 \vartheta(v)_3^2 = \vartheta_3^2 \vartheta(v)_0^2 - \vartheta_2^2 \vartheta(v)_1^2.$$

Setzt man ferner $m_\lambda = 1$, $n_\lambda = 1$, also $m = 1$, $q = 2$, so ergiebt sich nach (32) § 17:

$$\vartheta(v', \tau')_1 = \alpha_1\, \vartheta(v, \tau)_1\, \vartheta(v, \tau)_0,$$

und durch Substitution von $v - \frac{1}{2}$, $v' - \frac{1}{2}$:

$$\vartheta(v', \tau')_2 = \alpha_1\, \vartheta(v, \tau)_2\, \vartheta(v, \tau)_3,$$

daher

$$\alpha_1 = \frac{\vartheta_2'}{\vartheta_2 \,.\, \vartheta_3};$$

es folgt somit:

$$\frac{\vartheta(v', \tau')_1}{\vartheta_2'} = \frac{\vartheta(v, \tau)_1\, \vartheta(v, \tau)_0}{\vartheta_2\, \vartheta_3}$$

$$\frac{\vartheta(v', \tau')_2}{\vartheta_2'} = \frac{\vartheta(v, \tau)_2\, \vartheta(v, \tau)_3}{\vartheta_2\, \vartheta_3},$$

und durch Division der transformirten Funktionen mit Benutzung der in der Anmerkung aufgeführten ϑ-Relationen

$$\frac{\vartheta_3'}{\vartheta_2'} \cdot \frac{\vartheta(v', \tau')_1}{\vartheta(v', \tau')_0} = \frac{\vartheta_0\, \vartheta_0}{\vartheta_2\, \vartheta_3}\, \frac{\vartheta(v, \tau)_1\, \vartheta(v, \tau)_0}{\vartheta(v, \tau)_3^2 - \vartheta(v, \tau)_2^2}$$

$$\frac{\vartheta_3'}{\vartheta_2'} \cdot \frac{\vartheta(v', \tau')_2}{\vartheta(v', \tau')_0} = \frac{\vartheta_0\, \vartheta_0}{\vartheta_2\, \vartheta_3} \cdot \frac{\vartheta(v, \tau)_2\, \vartheta(v, \tau)_3}{\vartheta(v, \tau)_3^2 - \vartheta(v, \tau)_2^2}$$

$$\frac{\vartheta(v', \tau')_3}{\vartheta(v', \tau')_0} = \frac{\vartheta(v, \tau)_0^2 - \vartheta(v, \tau)_1^2}{\vartheta(v, \tau)_3^2 - \vartheta(v, \tau)_2^2}.$$

Aus der letzten Gleichung ergiebt sich, indem man die Argumente verschwinden lässt,

$$\frac{\vartheta_0'}{\vartheta_3'} = \frac{\vartheta_3^2 - \vartheta_2^2}{\vartheta_0^2}$$

oder

$$k_1 = \frac{(1 - c)^2}{1 - c^2} \text{ und } k = \frac{2\sqrt{c}}{1 + c}.$$

Die erste der obigen drei Relationen liefert nun mit Beziehung auf die Gleichung:

$$\frac{dx}{\sqrt{(1 - x^2)(1 - c^2 x^2)}} = \frac{a\, dy}{\sqrt{(1 - y^2)(1 - k^2 y^2)}}$$

die algebraische Transformation:

$$y = \frac{(1 + c)\, x}{1 + c x^2};$$

ebenso folgen aus den beiden andern Gleichungen:

$$\sqrt{1 - y^2} = \frac{\sqrt{1 - x^2} \,.\, \sqrt{1 - c^2 x^2}}{1 + c x^2}, \quad \sqrt{1 - k^2 y^2} = \frac{1 - c x^2}{1 + c x^2}.$$

und endlich mit Einführung der drei elliptischen Funktionen die Beziehungen:

$$sn\left((1+c)\,u,\ \frac{2\sqrt{c}}{1+c}\right) = \frac{(1+c)\,sn\,(u,c)}{1+c\,.\,sn^2\,(u,c)}$$

$$cn\left((1+c)\,u,\ \frac{2\sqrt{c}}{1+c}\right) = \frac{cn\,(u,c)\,.\,dn\,(u,c)}{1+c\,.\,sn^2\,(u,c)}$$

$$dn\left((1+c)\,u,\ \frac{2\sqrt{c}}{1+c}\right) = \frac{1-c\,.\,sn^2\,(u,c)}{1+c\,.\,sn^2\,(u,c)}.$$

Entwickelt man für die beiden andern Repräsentanten der nicht äquivalenten Klassen die transformirten ϑ-Funktionen nach derselben Methode, so ergeben sich die folgenden Formeln:

II. $a_0 = 1,\ a_1 = 0,\ b_0 = 1,\ b_1 = 2$:

$$v' = v,\quad \tau' = \frac{\tau - 1}{2}$$

$$\frac{\vartheta\,(v', \tau')_3}{\vartheta_3'} = \frac{\vartheta\,(v, \tau)_3{}^2 + i\,\vartheta\,(v, \tau)_1{}^2}{\vartheta_3{}^2}$$

$$\frac{\vartheta\,(v', \tau')_0}{\vartheta_3'} = \frac{\vartheta\,(v, \tau)_0{}^2 + i\,\vartheta\,(v, \tau)_2{}^2}{\vartheta_3{}^2},$$

daher:

$$k_1 = (c_1 + ic)^2,\quad k = \frac{2\sqrt{cc_1 i}}{c + c_1 i};$$

ferner

$$\frac{\vartheta\,(v', \tau')_1}{\vartheta_2'} = \frac{\vartheta\,(v, \tau)_1\,\vartheta\,(v, \tau)_3}{\vartheta_0\,\vartheta_2}$$

$$\frac{\vartheta\,(v', \tau')_2}{\vartheta_2'} = \frac{\vartheta\,(v, \tau)_2\,\vartheta\,(v; \tau)_0}{\vartheta_0\,\vartheta_2},$$

woraus:

$$y = \frac{(c_1 - ic)\,x\sqrt{1 - c^2x^2}}{1 - c\,(c + ic_1)\,x^2}$$

$$\sqrt{1 - y^2} = \frac{\sqrt{1 - x^2}}{1 - c\,(c + ic_1)\,x^2}$$

$$\sqrt{1 - k^2y^2} = \frac{1 - c\,(c - ic_1)\,x^2}{1 - c\,(c + ic_1)\,x^2}$$

oder mit Einführung der elliptischen Funktionen:

$$sn\left((c_1 - ic)\,u,\ \frac{2\sqrt{cc_1 i}}{c + c_1 i}\right) = \frac{(c_1 - ic)\,sn\,(u,c)\,dn\,(u,c)}{1 - c\,(c + ic_1)\,sn^2\,(u,c)}$$

$$cn\left((c_1 - ic)\,u,\ \frac{2\sqrt{cc_1 i}}{c + c_1 i}\right) = \frac{cn\,(u,c)}{1 - c\,(c + ic_1)\,sn^2\,(u,c)}$$

$$dn\left((c_1 - ic)\,u,\ \frac{2\sqrt{cc_1 i}}{c + c_1 i}\right) = \frac{1 - c\,(c - ic_1)\,sn^2\,(u,c)}{1 - c\,(c + ic_1)\,sn^2\,(u,c)}.\ ^{*)}$$

---

*) Ich bemerke, dass die von Hermite (comptes rendus 1863) gegebenen Ausdrücke dem durch das Schema

III. $a_0 = 2,\ a_1 = 0,\ b_0 = 0,\ b_1 = 1:$

$$v' = 2v,\quad \tau' = 2\tau,$$

$$\frac{\vartheta(v', \tau')_3}{\vartheta_3'} = \frac{\vartheta(v, \tau)_1^2 + \vartheta(v, \tau)_2^2}{\vartheta_2^2}$$

$$\frac{\vartheta(v', \tau')_2}{\vartheta_3'} = \frac{\vartheta(v, \tau)_3^2 - \vartheta(v, \tau)_0^2}{\vartheta_2^2},$$

daher

$$k = \frac{1 - c_1}{1 + c_1};$$

ferner

$$\frac{\vartheta(v', \tau')_1}{\vartheta_0'} = \frac{\vartheta(v, \tau)_1\, \vartheta(v, \tau)_2}{\vartheta_0\, \vartheta_3}$$

$$\frac{\vartheta(v', \tau')_0}{\vartheta_0'} = \frac{\vartheta(v, \tau)_0\, \vartheta(v, \tau)_3}{\vartheta_0\, \vartheta_3},$$

also:

$$y = \frac{(1 + c_1)\, x \sqrt{1 - x^2}}{\sqrt{1 - c^2 x^2}}$$

$$\sqrt{1 - y^2} = \frac{1 - (1 + c_1)\, x^2}{\sqrt{1 - c^2 x^2}}$$

$$\sqrt{1 - k^2 y^2} = \frac{1 - (1 - c_1)\, x^2}{\sqrt{1 - c^2 x^2}}$$

und mit Einführung der elliptischen Funktionen:

$$sn\left((1 + c_1)\, u, \frac{1 - c_1}{1 + c_1}\right) = (1 + c_1)\, \frac{sn\,(u, c)\; cn\,(u, c)}{dn\,(u, c)}$$

$$cn\left((1 + c_1)\, u, \frac{1 - c_1}{1 + c_1}\right) = \frac{1 - (1 + c_1)\, sn^2(u, c)}{dn\,(u, c)}$$

$$dn\left((1 + c_1)\, u, \frac{1 - c_1}{1 + c_1}\right) = \frac{1 - (1 - c_1)\, sn^2(u, c)}{dn\,(u, c)}.\ *)$$

$$\begin{vmatrix} 1 & 0 \\ -1 & 2 \end{vmatrix}$$

dargestellten Repräsentanten entsprechen, oder aus unsern Formeln durch Anwendung der linearen Substitution

$$\begin{vmatrix} 1 & 0 \\ -1 & 1 \end{vmatrix}$$

erhalten werden. Sie lauten:

$$sn\left((c_1 + ic)\, u, \frac{2\sqrt{icc_1}}{c_1 + ic}\right) = \frac{(c_1 + ic)\, sn\,(u, c)\, dn\,(u, c)}{1 - c\,(c - ic_1)\, sn^2(u, c)}.$$

$$cn\left((c_1 + ic)\, u, \frac{2\sqrt{icc_1}}{c_1 + ic}\right) = \frac{cn\,(u, c)}{1 - c\,(c - ic_1)\, sn^2(u, c)}$$

$$dn\left((c_1 + ic)\, u, \frac{2\sqrt{icc_1}}{c_1 + ic}\right) = \frac{1 - c\,(c + ic_1)\, sn^2(u, c)}{1 - c\,(c - ic_1)\, sn^2(u, c)}.$$

*) Es ist dies die Landensche Transformation zweiten Grades.

Um die sämmtlichen verschiedenen analytischen Formen der Transformationen zweiten Grades herzuleiten, würde man die sechs linearen Transformationen, die in § 10 behandelt sind, auf jeden dieser Repräsentanten anzuwenden haben; man darf sich jedoch darauf beschränken, die drei Formen anzugeben, die durch Anwendung des zweiten der sechs linearen Transformationsfälle, welcher als Modul das Complement des ursprünglichen Moduls lieferte, hervorgehen, indem oben gezeigt wurde, dass die sechs linearen Transformationen aus dem eben bezeichneten und demjenigen Normalfalle sich herleiten lassen, der den Integralmodul in den reciproken verwandelt, der jedoch neue analytische Formen der Transformation zweiten Grades nicht liefert, da, wie aus § 10 ersichtlich, sich *sn* wieder in dieselbe Funktion, *cn* in *dn* und *dn* in *cn* verwandelt.

Die durch Anwendung jener linearen Transformation sich ergebenden Formeln lauten:

$$sn\left((1+c)\,iu, \frac{1-c}{1+c}\right) = \frac{i\,(1+c)\,sn\,(u,c)}{cn\,(u,c)\,dn\,(u,c)}$$

$$cn\left((1+c)\,iu, \frac{1-c}{1+c}\right) = \frac{1+c\,.\,sn^2\,(u,c)}{cn\,(u,c)\,dn\,(u,c)}$$

$$dn\left((1+c)\,iu, \frac{1-c}{1+c}\right) = \frac{1-c\,.\,sn^2\,(u,c)}{cn\,(u,c)\,dn\,(u,c)}$$

$$sn\left((c-ic_1)\,u, \frac{c+ic_1}{c-ic_1}\right) = \frac{(c-ic_1)\,sn\,(u,c)\,dn\,(u,c)}{cn\,(u,c)}$$

$$cn\left((c-ic_1)\,u, \frac{c+ic_1}{c-ic_1}\right) = \frac{1-(c-ic_1)c\,.\,sn^2\,(u,c)}{cn\,(u,c)}$$

$$dn\left((c-ic_1)\,u, \frac{c+ic_1}{c-ic_1}\right) = \frac{1-(c+ic_1)c\,.\,sn^2\,(u,c)}{cn\,(u,c)}$$

$$sn\left((1+c_1)\,iu, \frac{2\sqrt{c_1}}{1+c_1}\right) = \frac{i\,(1+c_1)\,sn\,(u,c)\,cn\,(u,c)}{1-(1+c_1)\,sn^2\,(u,c)}$$

$$cn\left((1+c_1)\,iu, \frac{2\sqrt{c_1}}{1+c_1}\right) = \frac{dn\,(u,c)}{1-(1+c_1)\,sn^2\,(u,c)}$$

$$dn\left((1+c_1)\,iu, \frac{2\sqrt{c_1}}{1+c_1}\right) = \frac{1-(1-c_1)\,sn^2\,(u,c)}{1-(1+c_1)\,sn^2\,(u,c)}.$$

Achter Abschnitt.

Hülfssätze zur Constantenbestimmung in den Transformationsformeln.

§ 20. Ausschliessung des Falles, in dem die vier Transformationszahlen einen gemeinsamen Theiler haben.

Ich will von vornherein von unserer Behandlung des allgemeinen Transformationsproblems den Fall ausschliessen, in dem die vier Transformationszahlen

$$a_0, \quad a_1, \quad b_0, \quad b_1$$

einen gemeinsamen Theiler haben, der wegen

$$a_0\, b_1 - a_1\, b_0 = n$$

ein quadratischer Theiler des Transformationsgrades n sein muss, und will zeigen, dass sich dieser Fall stets auf einen, für den diese Annahme nicht statthat, zurückführen lässt.

Denn sei d der grösste gemeinsame Theiler der 4 Transformationszahlen, so setze man:

$$a_0 = d\,\alpha_0, \quad a_1 = d\,\alpha_1, \quad b_0 = d\,\beta_0, \quad b_1 = d\,\beta_1,$$

also:

$$\alpha_0\,\beta_1 - \alpha_1\,\beta_0 = \frac{n}{d^2};$$

dann ergeben die Transformationsformeln des § 5, wenn man auf das ursprüngliche Integral die durch die vier Zahlen

$$\alpha_0, \quad \alpha_1, \quad \beta_0, \quad \beta_1$$

definirte Transformation anwendet, für die Argumente und ϑ-Moduln die Beziehungen:

$$\tau_1 = \frac{\beta_0 - \alpha_0\,\tau}{\alpha_1\,\tau - \beta_1} \text{ und } v_1 = \frac{\frac{n}{d^2} \cdot v}{\beta_1 - \alpha_1\,\tau},$$

und es ist ferner gezeigt, dass sich

$$e^{i\pi(a_0+a_1\tau_1)a_1 v^2}\,\vartheta(v_1, \tau_1)_\alpha$$

als homogene ganze Funktion der ϑ-Funktionen des gegebenen elliptischen Integrales vom $\frac{n}{d^2}$ ten Grade ausdrücken lässt.

Nennt man nun v' und τ' das Argument und den ϑ-Modul des durch die Transformationszahlen a_0, a_1, b_0, b_1 hergeleiteten neuen Integrales, so stehen v', τ', v, τ in der nachfolgenden Beziehung:

$$\tau' = \frac{b_0 - a_0\tau}{a_1\tau - b_1}, \quad v' = \frac{nv}{b_1 - a_1\tau},$$

und es ergeben sich daher die Gleichungen:

$$\tau' = \tau_1, \quad v' = d \, . \, v_1.$$

Nun wird aber in einem der folgenden Paragraphen *) gezeigt, dass

$$\vartheta(d\,v_1, \tau_1)_\alpha$$

als ganze homogene Funktion des d^2 ten Grades durch die ϑ-Funktionen von der Form

$$\vartheta(v_1, \tau_1)_\beta$$

darstellbar ist, und es wird somit die transformirte Π-Funktion

$$e^{i\pi(a_0+a_1\tau')a_1 v^2}\,\vartheta(v', \tau')_\alpha$$

als ganze homogene Funktion des n^{ten} Grades durch die ϑ-Funktionen des vorgelegten Integrales ausdrückbar, also die Behandlung dieses Falles nach Durchführung des Transformationsproblems, für welches die obige Annahme nicht statthat, und Lösung des Multiplicationsproblems ermöglicht sein.

§ 21. Beweis eines arithmetischen Hülfssatzes.

Zur Bestimmung der Coefficienten in der allgemeinen Transformationsgleichung (25) des § 16 schicke ich folgenden Hülfssatz voraus.

Es seien vier Zahlen gegeben:

$$a_0, \; a_1, \; b_0, \; b_1,$$

von denen vorausgesetzt wird, dass nicht alle vier zugleich einen gemeinsamen Theiler besitzen und dass

$$a_0\,b_1 - a_1\,b_0 = n$$

*) In der Lehre von der Multiplication der elliptischen Funktionen.

von Null verschieden ist; es soll gezeigt werden, dass zwei ganze Zahlen p und q existiren, so beschaffen, dass

$$p\, b_1 - q\, b_0 \text{ und } p\, a_1 - q\, a_0$$

relative Primzahlen sind.

Ich will nachweisen, dass, wenn $q = 1$ gesetzt wird, sich stets ein p so bestimmen lässt, dass

$$p\, b_1 - b_0,\ p\, a_1 - a_0$$

unter einander relativ prim sind.

Denn nehmen wir an, dass, diese beiden Zahlenformen für irgend ein p einen gemeinsamen Theiler δ haben, so dass:

$$p\, a_1 - a_0 = \mu\, \delta$$
$$p\, b_1 - b_0 = \nu\, \delta,$$

so folgt aus diesen beiden Gleichungen

$$a_0\, b_1 - a_1\, b_0 = \delta\, (\nu\, a_1 - \mu\, b_1) = n,$$

d. h. δ muss ein Theiler von n sein. Sollten also alle die Zahlen von der Form

$$p\, a_1 - a_0,\ p\, b_1 - b_0$$

einen gemeinsamen Theiler haben, so muss jedenfalls die Anzahl dieser Theiler eine endliche sein; es müssen alle jene Zahlenformen durch eine der in n enthaltenen Primzahlen, welche

$$\delta_1,\ \delta_2,\ \delta_3,\ \ldots\ \delta_k$$

sein mögen, theilbar sein.

Ordnet man nun die unendlich vielen Zahlenformen

$$pa_1 - a_0,\ p\, b_1 - b_0$$

nach Klassen, je nachdem sie durch $\delta_1,\ \delta_2,\ \ldots\ \delta_k$ theilbar sind (wobei eine Form, die durch mehrere dieser Primzahlen theilbar ist, in irgend eine der zugehörigen Klassen gesetzt werden darf), so sieht man leicht, dass nicht a_1 und b_1 zugleich durch δ_α theilbar sein können, wenn überhaupt in der Klasse α *) Zahlenformen liegen; denn wäre a_1 durch δ_α theilbar und $p\, a_1 - a_0$ ebenfalls, so hätte auch a_0 den Divisor δ_α, ebenso b_0 und b_1, und dann würden die vier Transformationszahlen durch δ_α theilbar sein, was gegen die Annahme ist; in keiner Klasse ist also a_1 und b_1 zugleich durch das zugehörige δ theilbar.

---

*) Die zu δ_α gehörige Klasse soll die Klasse α genannt werden.

Werden nun zwei der Grössen p, welche in derselben Klasse α liegen, mit p' und p'' bezeichnet*), so ist:

$$p' a_1 - a_0 = \mu\, \delta_\alpha$$
$$p'' a_1 - a_0 = \nu\, \delta_\alpha,$$

also:

$$(p' - p'')\, a_1 = (\mu - \nu)\, \delta_\alpha,$$

und, wenn a_1 durch δ_α nicht theilbar ist**), $p' - p''$ ein Multiplum von δ_α, so dass, wenn ein zu dieser Klasse gehöriges p mit π_α bezeichnet wird, alle andern in der Form

$$p \equiv \pi_\alpha \pmod{\delta_\alpha}$$

enthalten sind. Mit andern Worten, alle p, welche die beiden Zahlenformen

$$p\, a_1 - a_0,\quad p\, b_1 - b_0$$

nicht relativ prim machen, gehören zu den Lösungen der Congruenzen

$$p \equiv \pi_1 \pmod{\delta_1}$$
$$p \equiv \pi_2 \pmod{\delta_2}$$
$$\cdots\cdots\cdots\cdots$$
$$p \equiv \pi_k \pmod{\delta_k},$$

wenn $\pi_1, \pi_2 \ldots \pi_k$ je einen in den Klassen $1, 2, \ldots k$ liegenden Werth des p bezeichnen.

Hiermit sind jedoch nicht alle ganzen Zahlen p erschöpft. Denn bestimmt man z. B. p als Lösung der gleichzeitigen Congruenzen

$$p \equiv \pi_1 + 1 \pmod{\delta_1}$$
$$\equiv \pi_2 + 1 \pmod{\delta_2}$$
$$\cdots\cdots\cdots\cdots$$
$$\equiv \pi_k + 1 \pmod{\delta_k},$$

welche bekanntlich zusammen bestehen können, so kann dieser

---

*) Es kann nicht in jeder Klasse nur eine Zahlenform liegen, wenn nicht zwei relativ prime Formen existiren sollen, da die Anzahl der Zahlenformen eine unendliche, die der Klassen dagegen eine endliche ist.

**) Ist dies der Fall, so ist b_1 nicht durch δ_α theilbar, und man wendet sodann das obige Raisonnement genau in derselben Weise auf die Zahlenform

$$p\, b_1 - b_0$$

an.

Werth keiner der obigen sein und er wird daher für die beiden Zahlenformen

$$p\,a_1 - a_0, \quad p\,b_1 - b_0$$

relativ prime Werthe liefern.

Es ist somit nachgewiesen, dass sich stets Werthe von p finden lassen, welche die Zahlenformen

$$p\,a_1 - a_0, \quad p\,b_1 - b_0$$

zu relativ primen Zahlen machen, und es ergiebt sich zugleich aus den obigen Betrachtungen eine Methode zur Bestimmung eines solchen p.

Um nämlich all' die Zahlenformen

$$p\,a_1 - a_0, \quad p\,b_1 - b_0$$

herzuleiten, welche durch δ_α theilbar sind, stelle man für die Annahme, dass a_1 nicht durch δ_α theilbar ist (ist a_1 theilbar, b_1 dagegen nicht, dann gilt dasselbe; a_1 und b_1 zugleich können aber nicht durch δ_α theilbar sein, wenn jene Zahlenformen den Divisor δ_α haben sollen), die Congruenz auf:

$$p\,a_1 - a_0 \equiv 0 \pmod{\delta_\alpha},$$

deren Lösung wir mit π_α bezeichnen wollen; verfahren wir ebenso mit allen Primtheilern von n, so wird offenbar die Lösung der gleichzeitigen Congruenzen

$$\begin{aligned} p &\equiv \pi_1 + 1 \pmod{\delta_1} \\ &\equiv \pi_2 + 1 \pmod{\delta_2} \\ &\;\;\vdots \\ &\equiv \pi_k + 1 \pmod{\delta_k} \end{aligned}$$

ein p liefern, welches die beiden Formen

$$p\,a_1 - a_0, \quad p\,b_1 - b_0$$

zu relativ primen Zahlen macht.

§ 22. Anwendung dieses Hülfssatzes auf die Transformation.

Aus dem Ausdrucke des transformirten Argumentes in der Gleichung (7) des § 5:

$$v' = \frac{nv}{b_1 - a_1 \tau}$$

folgt, dass, wenn man

$$v = m \cdot \frac{b_1 - a_1 \tau}{n}$$

setzt, v' den Werth m annimmt, und wenn

$$v = l \cdot \frac{a_0 \tau - b_0}{n}$$

wird, v' in

$$\frac{l\,(a_0 \tau - b_0)}{b_1 - a_1 \tau} = l \,.\, \tau'$$

übergeht.

Wir werden nun zur Anwendung der im nächsten § auseinanderzusetzenden Methode der Constantenbestimmung $n - 1$ Werthe des v brauchen, welche sich nicht bloss um ganze Zahlen oder ganze Vielfache des τ unterscheiden, und für welche die zugehörigen Werthe des v' ganze Zahlen oder ganze Vielfache des τ' werden.

Sind b_1 und a_1 zu einander relativ prim, dann liefert der Ausdruck

$$m \cdot \frac{b_1 - a_1 \tau}{n},$$

wenn m die Werthe $1, 2, 3, \ldots n - 1$ annimmt, die verlangten Werthe des v. Haben b_1 und a_1 einen gemeinsamen Theiler, sind aber b_0 und a_0 zu einander relativ prim, so wird

$$m \cdot \frac{a_0 \tau - b_0}{n}$$

für v gesetzt, worin dem m wieder die Werthe $1, 2, \ldots n - 1$ beigelegt werden, der Bedingung genügen. Sind jedoch weder a_1 und b_1 noch a_0 und b_0 zu einander relativ prim *), so mögen nach der im vorigen § angegebenen Methode zwei Zahlen p und q gewählt werden, so beschaffen, dass

$$p\, a_1 - q\, a_0, \quad p\, b_1 - q\, b_0$$

relativ prime Zahlen sind; dann wird, wenn für v die Grössen

$$(\alpha) \quad . \quad . \quad . \quad . \quad m \cdot \frac{(p\, b_1 - q\, b_0) - (p\, a_1 - q\, a_0)\, \tau}{n}$$

gesetzt werden, worin dem m wieder die Werthe $1, 2, \ldots n - 1$ beizulegen sind, v' die Werthe

$$m\,(p + q\, \tau')$$

annehmen. Die in dem Ausdrucke (α) enthaltenen Grössen unterscheiden sich aber auch unter einander nicht bloss um ganze Zahlen

---

*) Alle 4 Zahlen a_0, a_1, b_0, b_1 haben der Annahme nach keinen gemeinsamen Theiler.

oder ganze Vielfache des τ; denn wäre dies für zwei Werthe des m : m_1 und m_2 der Fall, bestände also die Gleichung

$$m_1 \frac{(p b_1 - q b_0) - (p a_1 - q a_0)\tau}{n} = m_2 \frac{(p b_1 - q b_0) - (p a_1 - q a_0)\tau}{n} + \mu + \nu\tau,$$

so folgte hieraus:

$$(p b_1 - q b_0)(m_1 - m_2) = \mu \, . \, n, \; (p a_1 - q a_0)(m_1 - m_2) = - \nu \, . \, n,$$

so dass n sowohl in $(p b_1 - q b_0)(m_1 - m_2)$ als auch in $(p a_1 - q a_0)(m_1 - m_2)$ aufgehen müsste.

Habe nun n mit $m_1 - m_2$ den grössten gemeinschaftlichen Theiler d, der kleiner als n sein muss, da $m_1 - m_2 < n$, so müsste $\frac{n}{d}$ sowohl in $p b_1 - q b_0$ als auch in $p a_1 - q a_0$ aufgehen, d. h. es müssten $p b_1 - q b_0$ und $pa_1 - qa_0$ einen gemeinsamen Theiler haben, was gegen die Annahme ist.

Wir erhalten also in dem Ausdrucke (α) $n - 1$ wesentlich verschiedene Werthe des v, für welche die Werthe des v' ganze Zahlen oder ganze Vielfache des τ' werden.

§ 23. Bestimmung der Anzahl der Repräsentanten der nicht äquivalenten Klassen, wenn die vier Transformationszahlen keinen gemeinsamen Theiler haben sollen.

Bevor wir nun zur weiteren Ausführung der Transformationsformeln selbst übergehen, wollen wir noch die Anzahl der Repräsentanten der nicht äquivalenten Klassen feststellen unter der Annahme, dass die vier Transformationszahlen keinen gemeinsamen Divisor haben, oder angeben, wie viele Transformationsschemata durch die Form

$$\begin{vmatrix} t & 0 \\ \xi & t' \end{vmatrix}$$

dargestellt werden, wenn t ein Theiler von n, $t' = \frac{n}{t}$, ξ kleiner als t' aber ohne gemeinsamen Theiler mit t und t' zugleich ist.

Sei

$$n = a^\alpha \, b^\beta \, c^\gamma \ldots . \, d^\delta,$$

worin $a, b, c, \ldots d$ verschiedene Primzahlen bedeuten, so wird, wenn fürs Erste der Divisor t' keine der Primzahlen $a, b, c, \ldots d$ in einer Potenz in sich schliesst, zu der erhoben sie in n vorkommt, ξ so beschaffen sein müssen, dass es $< t'$ und relativ prim zu t' ist; kommen jedoch die Primzahlen $a, b, c, \ldots$ zur

Potenz α, β, γ, ... erhoben in t' vor, so werden ausser den zu t' relativ primen Zahlen, die $< t'$ sind, noch Werthe für ξ genommen werden dürfen, welche diese resp. Primzahlen zu Faktoren haben, da dieselben dann nicht mehr in $t = \frac{n}{t'}$ enthalten sein können, also die drei Grössen ξ, t, t' noch zu einander relativ prim sind. Von diesen letzten Transformationen abgesehen wird nunmehr die Zahl der Repräsentanten, wenn φ das in der Zahlentheorie gebräuchliche Zeichen und Σ die über alle Divisoren der Zahl n ausgedehnte Summation bedeutet, durch den Ausdruck:

$$\Sigma \varphi(t') = n = a^\alpha b^\beta c^\gamma \dots . d^\delta \quad . \quad . \quad . \quad . \quad . \quad (1)$$

dargestellt sein, und es wird nur noch darauf ankommen, die Anzahl der Transformationen zweiter Art zu finden. Ich betrachte zu dem Zwecke zuerst die Divisoren t', in denen a zur α^{ten} Potenz erhoben vorkommt, die übrigen Primzahlen jedoch in niedrigeren oder denselben Potenzen als in n selbst, also

$$(\alpha) \quad . \quad . \quad . \quad . \quad . \quad . \quad . \quad . \quad t' = a^\alpha b^{\mathfrak{b}} c^{\mathfrak{c}} \dots d^{\mathfrak{d}}$$

worin $\mathfrak{b} \leqq \beta$, $\mathfrak{c} \leqq \gamma$, ... $\mathfrak{d} \leqq \delta$, und all' die ξ, welche nur durch Potenzen von a, nicht durch die der übrigen Primzahlen theilbar sind. Will man die Anzahl all' der ξ bestimmen, welche durch die erste und keine höhere Potenz von a theilbar sind und zu allen in der Form (α) enthaltenen t' gehören, so ist leicht zu sehen, dass diese durch

$$\Sigma \varphi\left(a^{\alpha-1} b^{\mathfrak{b}} c^{\mathfrak{c}} \dots d^{\mathfrak{d}}\right)$$

dargestellt wird, wenn das Σ sich auf alle Werthverbindungen des $\mathfrak{b}$ von 0, 1, ... β, des $\mathfrak{c}$ von 0, 1, ... γ, des $\mathfrak{d}$ von 0, 1, ... δ erstreckt. Da nun aber

$$\Sigma\varphi\left(a^{\alpha-1}b^{\mathfrak{b}}c^{\mathfrak{c}}\dots d^{\mathfrak{d}}\right) = \Sigma\varphi\left(a^{\alpha-1}\right).\varphi\left(b^{\mathfrak{b}}c^{\mathfrak{c}}\dots d^{\mathfrak{d}}\right) = \varphi\left(a^{\alpha-1}\right)\Sigma\varphi\left(b^{\mathfrak{b}}c^{\mathfrak{c}}\dots . d^{\mathfrak{d}}\right)$$

und

$$\Sigma \varphi\left(b^{\mathfrak{b}} c^{\mathfrak{c}} \dots d^{\mathfrak{d}}\right) = b^\beta c^\gamma \dots d^\delta$$

ist, so wird die Zahl der nur durch die erste Potenz von a theilbaren ξ, welche zu allen diesen Formen des t' gehören, offenbar

$$b^\beta c^\gamma \dots d^\delta \varphi\left(a^{\alpha-1}\right)$$

sein.

Ebenso ist die Anzahl der nur durch die zweite Potenz von a theilbaren ξ, welche eben diesen t' zugehören,

$$\Sigma \varphi\left(a^{\alpha-2} b^{\mathfrak{b}} c^{\mathfrak{c}} \dots d^{\mathfrak{d}}\right) = b^\beta c^\gamma \dots d^\delta \varphi\left(a^{\alpha-2}\right),$$

u. s. w., endlich die Anzahl der durch die α^{te} und höhere Potenzen von a theilbaren ξ

$$\Sigma\,\varphi\left(b^{\mathfrak{b}}\,c^{\mathfrak{c}}\ldots d^{\mathfrak{d}}\right)=b^{\beta}\,c^{\gamma}\ldots d^{\delta},$$

so dass die Gesammtzahl all' der ξ, welche diesen Formen des t' entsprechen und unter den zur ersten Art gehörigen nicht vorkommen,

$$b^{\beta}\,c^{\gamma}\ldots d^{\delta}\left\{\varphi\left(a^{\alpha-1}\right)+\varphi\left(a^{\alpha-2}\right)+\cdots+\varphi(a)+1\right\}$$
$$=a^{\alpha-1}\,b^{\beta}\,c^{\gamma}\ldots d^{\delta}$$

ist.

Betrachten wir jetzt die t', in denen b zur β^{ten} Potenz, die übrigen Primzahlen jedoch zu niedrigeren oder zu denselben Potenzen als in n selbst erhoben vorkommen, also die t' von der Form

$$a^{\mathfrak{a}}\,b^{\beta}\,c^{\mathfrak{c}}\ldots d^{\mathfrak{d}},$$

worin $\mathfrak{a}\leqq\alpha$, $\mathfrak{c}\leqq\gamma$, … $\mathfrak{d}\leqq\delta$ ist und die ξ, welche nur durch Potenzen von b, nicht durch die der übrigen Primzahlen theilbar sind, so ist ebenso deren Anzahl:

$$a^{\alpha}\,b^{\beta-1}\,c^{\gamma}\ldots d^{\delta},$$

u. s. w., bis man zu einer Reihe von ξ gelangt, deren Anzahl durch

$$a^{\alpha}\,b^{\beta}\,c^{\gamma}\ldots d^{\delta-1}$$

dargestellt wird.

Zieht man ferner die ξ in Betracht, die nur durch die p^{te} Potenz des a und die q^{te} Potenz des b theilbar sind, so wird ihre Anzahl genau wie oben durch den Ausdruck repräsentirt werden:

$$\Sigma\,\varphi\left(a^{\alpha-p}\,b^{\beta-q}\,c^{\mathfrak{c}}\ldots d^{\mathfrak{d}}\right)=c^{\gamma}\ldots d^{\delta}\,\varphi\left(a^{\alpha-p}\,b^{\beta-q}\right),$$

und wenn diese Ausdrücke für alle Combinationen der p und q von resp. 1 bis α und 1 bis β hergestellt werden, so wird sich für die Gesammtzahl dieser früher noch nicht gezählten ξ der Ausdruck ergeben

$$c^{\gamma}\ldots d^{\delta}\,\Sigma\,\varphi\left(a^{\alpha-p}\,b^{\beta-q}\right)=a^{\alpha-1}\,b^{\beta-1}\,c^{\gamma}\ldots d^{\delta}.$$

In ähnlicher Weise erhält man die Zahlen

$$a^{\alpha-1}\,b^{\beta}\,c^{\gamma-1}\ldots d^{\delta},\ldots\ldots a^{\alpha}\,b^{\beta}\,c^{\gamma-1}\ldots d^{\delta-1},$$
$$\ldots.\ a^{\alpha-1}\,b^{\beta-1}\,c^{\gamma-1}\ldots d^{\delta-1}$$

und es resultirt somit für die Gesammtzahl der zu den obigen n noch hinzukommenden ξ der Werth:

$$a^{\alpha-1}\, b^{\beta}\, c^{\gamma} \ldots\ldots d^{\delta} + \cdots + a^{\alpha-1}\, b^{\beta-1}\, c^{\gamma} \ldots d^{\delta} + \cdots$$
$$+ a^{\alpha-1}\, b^{\beta-1}\, c^{\gamma-1} \ldots d^{\delta-1},$$

welcher mit

$$n = a^{\alpha}\, b^{\beta}\, c^{\gamma} \ldots d^{\delta}$$

vereinigt, für die Anzahl der Repräsentanten der nicht äquivalenten Klassen einer Transformation von dem Grade

$$n = a^{\alpha}\, b^{\beta}\, c^{\gamma} \ldots\ldots d^{\delta},$$

wenn die Fälle ausgeschlossen werden, in denen die vier Transformationszahlen einen gemeinsamen Divisor haben, den Ausdruck liefert:

$$(a^{\alpha} + a^{\alpha-1})(b^{\beta} + b^{\beta-1})(c^{\gamma} + c^{\gamma-1}) \ldots\ldots (d^{\delta} + d^{\delta-1})$$
$$= a^{\alpha-1}\, b^{\beta-1}\, c^{\gamma-1} \ldots d^{\delta-1}\, (a+1)\,(b+1)\,(c+1) \ldots (d+1).$$

Hat n keine quadratischen Faktoren, so ist jene Zahl der Repräsentanten

$$(a+1)\,(b+1)\,(c+1) \ldots\ldots (d+1),$$

und für den Fall einer einfachen Primzahl

$$n = p$$

ist dieselbe

$$p + 1.$$

Neunter Abschnitt.

Vollständige Entwickelung der Transformationsformeln der elliptischen Funktionen.

---

§ 24. Ausführung der Transformationsformeln für einen unpaaren Transformationsgrad.

Nachdem wir in § 16 für den unpaaren Transformationsgrad die Beziehung gefunden:

$$e^{i\pi(a_0+a_1\tau')a_1v^2}\,\vartheta(v',\tau')_\lambda = \alpha_0\,\vartheta(v,\tau)^n_{\mathfrak{q}\mathfrak{m}} + \alpha_2\,\vartheta(v,\tau)^{n-2}_{\mathfrak{q}\mathfrak{m}}\,\vartheta(v,\tau)_\alpha^2 + \cdots + \alpha_{n-1}\,\vartheta(v,\tau)_{\mathfrak{q}\mathfrak{m}}\,\vartheta(v,\tau)_\alpha^{n-1},$$

nehmen wir, da es in diesem Falle gleichgültig ist, welches transformirte ϑ man durch die ursprünglichen ϑ-Funktionen ausdrückt, indem man nach § 16 durch Substitution von halben Perioden aus einem ϑ-Ausdrucke alle andern ϑ-Funktionen herleiten kann, für λ den Index 1 und erhalten:

$$e^{i\pi(a_0+a_1\tau')a_1v^2}\,\vartheta(v',\tau')_1 = \alpha_0\,\vartheta(v,\tau)_1^{\,n} + \alpha_2\,\vartheta(v,\tau)_1^{\,n-2}\,\vartheta(v,\tau)_\alpha^2 + \cdots\cdots + \alpha_{n-1}\,\vartheta(v,\tau)_1\,\vartheta(v,\tau)_\alpha^{n-1}, \quad . \; . \; . \quad (1)\,^*)$$

worin man dem Index α die Werthe 0, 2, 3 beilegen darf.

Die rechte Seite dieser Gleichung ist nun eine homogene ganze Funktion n^{ten} Grades der beiden Grössen

$$\vartheta(v,\tau)_1 \text{ und } \vartheta(v,\tau)_\alpha,$$

---

*) Wenn $m_\lambda = -1$, $n_\lambda = 1$, so ist:

$$\mathfrak{m} = a_0 - a_1 + a_0\,a_1$$
$$\mathfrak{q} = b_0 - b_1 + b_0\,b_1,$$

woraus, da $a_0\,b_1 - a_1\,b_0$ ungrade ist, sich $\mathfrak{m}$ und $\mathfrak{q}$ stets als ungrade Zahlen ergeben.

von der leicht ersichtlich ist, dass sie, wenn

$$p\,b_1 - q\,b_0 - (p\,a_1 - q\,a_0)\,\tau = \omega \quad . \quad . \quad . \quad (2)$$

gesetzt wird, und m eine zu n relativ prime Zahl bedeutet, für die folgenden $n-1$ wesentlich von einander verschiedenen Werthcombinationen:

$$\vartheta\left(\frac{m\omega}{n}\right)_1 \; \vartheta\left(\frac{m\omega}{n}\right)_\alpha \qquad \vartheta\left(-\frac{m\omega}{n}\right)_1 \; \vartheta\left(-\frac{m\omega}{n}\right)_\alpha,$$

$$\vartheta\left(\frac{2m\omega}{n}\right)_1 \; \vartheta\left(\frac{2m\omega}{n}\right)_\alpha \qquad \vartheta\left(-\frac{2m\omega}{n}\right)_1 \; \vartheta\left(-\frac{2m\omega}{n}\right)_\alpha;$$

. . . .

$$\vartheta\left(\frac{n-1}{2}\cdot\frac{m\omega}{n}\right)_1 \vartheta\left(\frac{n-1}{2}\cdot\frac{m\omega}{n}\right)_\alpha \; \vartheta\left(-\frac{n-1}{2}\cdot\frac{m\omega}{n}\right)_1 \vartheta\left(-\frac{n-1}{2}\cdot\frac{m\omega}{n}\right)_\alpha$$

verschwindet. Denn erstlich geht v', wenn v die oben bezeichneten Werthe annimmt, in ganze Zahlen oder ganze Vielfache von τ' über *), und ferner liefern jene Combinationen wesentlich verschiedene Werthe des v, indem genau wie in § 22 gezeigt wird, dass, wenn m_1 und m_2 zwei ganze positive oder negative Zahlen bedeuten, die $\leqq \frac{n-1}{2}$ sind, die Gleichung:

$$m_1\cdot m\cdot\frac{pb_1-qb_0-(pa_1-qa_0)\tau}{n} = m_2\cdot m\cdot\frac{pb_1-qb_0-(pa_1-qa_0)\tau}{n} + \mu + \nu\tau$$

nicht statthaben kann.

Man erhält somit, wenn man beachtet, dass die rechte Seite der Gleichung (1) den Faktor $\vartheta\,(v,\,\tau)_1$ und im Uebrigen nur grade Potenzen der beiden ϑ-Funktionen enthält, die folgende Gleichung:

$$e^{i\pi(a_0+a_1\tau')a_1v^2}\,\vartheta\,(v',\,\tau')_1$$

$$= C\,\vartheta\,(v,\tau)_1\left[\vartheta\,(v,\tau)_1\,\vartheta\left(\frac{m\omega}{n},\tau\right)_\alpha - \vartheta\,(v,\tau)_\alpha\,\vartheta\left(\frac{m\omega}{n},\tau\right)_1\right]\cdots\cdots$$

$$\cdots\left[\vartheta\,(v,\tau)_1\,\vartheta\left(\frac{n-1}{2}\cdot\frac{m\omega}{n},\tau\right)_\alpha - \vartheta\,(v,\tau)_\alpha\,\vartheta\left(\frac{n-1}{2}\cdot\frac{m\omega}{n},\tau\right)_1\right]\times$$

$$\times\left[\vartheta\,(v,\tau)_1\,\vartheta\left(-\frac{m\omega}{n},\tau\right)_\alpha - \vartheta\,(v,\tau)_\alpha\,\vartheta\left(-\frac{m\omega}{n},\tau\right)_1\right]\cdots\cdots$$

$$\cdots\left[\vartheta(v,\tau)_1\,\vartheta\left(-\frac{n-1}{2}\cdot\frac{m\omega}{n},\tau\right)_\alpha - \vartheta(v,\tau)_\alpha\,\vartheta\left(-\frac{n-1}{2}\cdot\frac{m\omega}{n},\tau\right)_1\right]$$

---

*) wofür die ungrade transformirte ϑ-Funktion verschwindet.

oder:

$$e^{i\pi(a_0+a_1\tau')a_1 v^2}\,\vartheta(v',\tau')_1$$

$$= C\,.\,\vartheta(v)_1\left[\vartheta(v)_1^{\,2}\,\vartheta\left(\frac{m\omega}{n}\right)_\alpha^2 - \vartheta(v)_\alpha^{\,2}\,\vartheta\left(\frac{m\omega}{n}\right)_1^2\right]$$

$$\left[\vartheta(v)_1^{\,2}\,\vartheta\left(\frac{2m\omega}{n}\right)_\alpha^2 - \vartheta(v)_\alpha^{\,2}\,\vartheta\left(\frac{2m\omega}{n}\right)_1^2\right]\cdots$$

$$\cdots\cdots\left[\vartheta(v)_1^{\,2}\,\vartheta\left(\frac{n-1}{2}\cdot\frac{m\omega}{n}\right)_\alpha^2 - \vartheta(v)_\alpha^{\,2}\,\vartheta\left(\frac{n-1}{2}\cdot\frac{m\omega}{n}\right)_1^2,\right. \quad (3)$$

worin C eine Constante bedeutet, die wir später bestimmen werden.

Nach den Auseinandersetzungen des § 22, worin gezeigt wurde, dass man durch Substitution von halben Perioden für das Argument v auf der rechten Seite der Gleichung (3) von einer hinzutretenden Exponentialgrösse abgesehen auf der linken Seite derselben die transformirte ϑ-Funktion mit den andern drei Indices erhält, ergeben sich, indem man der Reihe nach für v die Werthe:

$$v-\frac{1}{2},\quad v-\frac{1}{2}+\frac{\tau}{2},\quad v+\frac{\tau}{2}$$

substituirt, die zugehörigen Indices der transformirten ϑ-Funktion mit α_2, α_3, α_0 und die nach § 14 hinzutretenden Exponentialgrössen mit

$$e^{c_{\alpha_2} i\pi},\quad e^{c_{\alpha_3} i\pi},\quad e^{c_{\alpha_0} i\pi}$$

bezeichnet, die folgenden Beziehungen:

$$e^{c_{\alpha_2} i\pi}\,.\,e^{i\pi(a_0+a_1\tau')a_1 v^2}\,\vartheta(v',\tau')_{\alpha_2}$$

$$= -\,C\,\vartheta(v)_2\left[\vartheta(v)_2^{\,2}\,\vartheta\left(\frac{m\omega}{n}\right)_\alpha^2 - \vartheta(v)_{\alpha 0}^{\,2}\,\vartheta\left(\frac{m\omega}{n}\right)_1^2\right]$$

$$\left[\vartheta(v)_2^{\,2}\,\vartheta\left(\frac{2m\omega}{n}\right)_\alpha^2 - \vartheta(v)_{\alpha 0}^{\,2}\,\vartheta\left(\frac{2m\omega}{n}\right)_1^2\right]\cdots$$

$$\cdots\cdot\left[\vartheta(v)_2^{\,2}\,\vartheta\left(\frac{n-1}{2}\cdot\frac{m\omega}{n}\right)_\alpha^2 - \vartheta(v)_{\alpha 0}^{\,2}\,\vartheta\left(\frac{n-1}{2}\cdot\frac{m\omega}{n}\right)_1^2\right], \quad (4)$$

$$e^{c_{\alpha_3} i\pi}\;e^{i\pi(a_0+a_1\tau')a_1 v^2}\,\vartheta(v',\tau')_{\alpha_3}$$

$$= -\,C\,\vartheta(v)_3\left[\vartheta(v)_3^{\,2}\,\vartheta\left(\frac{m\omega}{n}\right)_\alpha^2 \mp \vartheta(v)_{\alpha 1}^{\,2}\,\vartheta\left(\frac{m\omega}{n}\right)_1^2\right]$$

$$\left[\vartheta(v)_3^{\,2}\,\vartheta\left(\frac{2m\omega}{n}\right)_\alpha^2 \mp \vartheta(v)_{\alpha 1}^{\,2}\,\vartheta\left(\frac{2m\omega}{n}\right)_1^2\right]\cdots$$

$$\cdots\cdots\left[\vartheta(v)_3^{\,2}\,\vartheta\left(\frac{n-1}{2}\cdot\frac{m\omega}{n}\right)_\alpha^2 \mp \vartheta(v)_{\alpha 1}^{\,2}\,\vartheta\left(\frac{n-1}{2}\cdot\frac{m\omega}{n}\right)_1^2\right], \quad (5)$$

$$e^{c_{\alpha_0} i\pi} \; e^{i\pi(a_0+a_1\tau')a_1 v^2} \vartheta(v', \tau')_{\alpha_0}$$
$$= (-1)^{\frac{n-1}{2}} i\, C\, \vartheta(v)_0 \left[\vartheta(v)_0^2\, \vartheta\left(\frac{m\omega}{n}\right)_\alpha^2 \pm \vartheta(v)_{\alpha 2}^2\, \vartheta\left(\frac{m\omega}{n}\right)_1^2\right]$$
$$\left[\vartheta(v)_0^2\, \vartheta\left(\frac{2m\omega}{n}\right)_\alpha^2 \pm \vartheta(v)_{\alpha 2}^2\, \vartheta\left(\frac{2m\omega}{n}\right)_1^2\right] \cdots$$
$$\cdots\cdots \left[\vartheta(v)_0^2\, \vartheta\left(\frac{n-1}{2} \cdot \frac{m\omega}{n}\right)_\alpha^2 \pm \vartheta(v)_{\alpha 2}^2\, \vartheta\left(\frac{n-1}{2} \cdot \frac{m\omega}{n}\right)_1^2\right], \quad (6)$$

worin das negative Zeichen gültig ist, wenn $\alpha = 0$, das positive, wenn $\alpha = 2$ oder 3 ist.

Die Constante C erhält man, indem man die Argumente v und v' verschwinden lässt, also z. B. aus (5) in der Form:

$$C = \frac{-e^{c_{\alpha_3} i\pi} \,.\, \vartheta(0, \tau')_{\alpha_3}}{\vartheta(0)_3 \cdot \prod\limits_{p=1,\ldots\frac{n-1}{2}} \left\{\vartheta(0)_3^2\, \vartheta\left(p \cdot \frac{m\omega}{n}\right)_\alpha^2 \mp \vartheta(0)_{\alpha 1}^2\, \vartheta\left(p \cdot \frac{m\omega}{n}\right)_1^2\right\}}.$$

Durch Division der Gleichungen (3), (4), (5), (6), bei welcher die Constante C sowie die Exponentialgrösse herausfällt, ergeben sich die Quotienten der transformirten ϑ-Funktionen, also die elliptischen Funktionen des transformirten Integrales als rationale Funktionen der elliptischen Transcendenten des vorgelegten Integrales, in welche als constante Grössen die elliptischen Funktionen von den durch n getheilten Perioden eintreten. Setzt man ferner in diesen Formeln die Argumente gleich Null, so erhält man die Quadratwurzeln aus dem Modul des transformirten Integrales und dessen Complement als Funktionen des Moduls des vorgelegten Integrales und der eben bezeichneten constanten Grössen. Es hat jedoch kein Interesse, diese Formeln in ihrer Allgemeinheit für jede zum Grade n gehörige Transformation zu entwickeln, und man darf sich darauf beschränken, dieselben für den Fall des ungraden n für die Repräsentanten der nicht äquivalenten Klassen aufzustellen, aus deren Ausdrücken, wie oben gezeigt wurde, mit Hinzuziehung der linearen Transformationsformeln des § 10 die Beziehungen für alle Transformationen desselben Grades unmittelbar abgeleitet werden können.

Da die Repräsentanten der nicht äquivalenten Klassen durch das Schema:

$$\begin{vmatrix} t & 0 \\ 16\,\xi & t' \end{vmatrix}$$

dargestellt werden, worin ξ einen der Werthe 0, 1, 2, ... $t'-1$ bedeutet, während t und t' der Gleichung

$$t \,.\, t' = n$$

genügen, so geht die Gleichung (3), wenn der Index $\alpha = 0$ gesetzt wird, in die folgende über:

$$\vartheta(v', \tau')_1 = C \,.\, \vartheta(v)_1 \left[\vartheta(v)_1^2\, \vartheta\left(\frac{m\omega}{n}\right)_0^2 - \vartheta(v)_0^2\, \vartheta\left(\frac{m\omega}{n}\right)_1^2\right]$$
$$\left[\vartheta(v)_1^2\, \vartheta\left(\frac{2m\omega}{n}\right)_0^2 - \vartheta(v)_0^2\, \vartheta\left(\frac{2m\omega}{n}\right)_1^2\right] \cdots\cdot$$
$$\cdots \left[\vartheta(v)_1^2\, \vartheta\left(\frac{n-1}{2}\cdot\frac{m\omega}{n}\right)_0^2 - \vartheta(v)_0^2\, \vartheta\left(\frac{n-1}{2}\cdot\frac{m\omega}{n}\right)_1^2\right] \quad (7).$$

Wendet man nun auf diese Gleichung der Reihe nach für v die Substitutionen

$$v + \frac{\tau}{2},\quad v - \frac{1}{2},\quad v - \frac{1}{2} + \frac{\tau}{2}$$

an, so ergiebt sich:

$$(-1)^{\frac{t-1}{2}}\, \vartheta(v', \tau')_0 = C \,.\, \vartheta(v)_0 \left[\vartheta(v)_0^2\, \vartheta\left(\frac{m\omega}{n}\right)_0^2 - \vartheta(v)_1^2\, \vartheta\left(\frac{m\omega}{n}\right)_1^2\right]$$
$$\left[\vartheta(v)_0^2\, \vartheta\left(\frac{2m\omega}{n}\right)_0^2 - \vartheta(v)_1^2\, \vartheta\left(\frac{2m\omega}{n}\right)_1^2\right] \cdots\cdot$$
$$\cdots\cdot \left[\vartheta(v)_0^2\, \vartheta\left(\frac{n-1}{2}\cdot\frac{m\omega}{n}\right)_0^2 - \vartheta(v)_1^2\, \vartheta\left(\frac{n-1}{2}\cdot\frac{m\omega}{n}\right)_1^2\right], \quad (8)$$

$$(-1)^{\frac{t-1}{2}}\, \vartheta(v', \tau')_2 = C \,.\, \vartheta(v)_2 \left[\vartheta(v)_2^2\, \vartheta\left(\frac{m\omega}{n}\right)_0^2 - \vartheta(v)_3^2\, \vartheta\left(\frac{m\omega}{n}\right)_1^2\right]$$
$$\left[\vartheta(v)_2^2\, \vartheta\left(\frac{2m\omega}{n}\right)_0^2 - \vartheta(v)_3^2\, \vartheta\left(\frac{2m\omega}{n}\right)_1^2\right] \cdots\cdot$$
$$\cdots \left[\vartheta(v)_2^2\, \vartheta\left(\frac{n-1}{2}\cdot\frac{m\omega}{n}\right)_0^2 - \vartheta(v)_3^2\, \vartheta\left(\frac{n-1}{2}\cdot\frac{m\omega}{n}\right)_1^2\right], \quad (9)$$

$$(-1)^{\frac{t-1}{2}}\, \vartheta(v', \tau')_3 = C \,.\, \vartheta(v)_3 \left[\vartheta(v)_3^2\, \vartheta\left(\frac{m\omega}{n}\right)_0^2 - \vartheta(v)_2^2\, \vartheta\left(\frac{m\omega}{n}\right)_1^2\right]$$
$$\left[\vartheta(v)_3^2\, \vartheta\left(\frac{2m\omega}{n}\right)_0^2 - \vartheta(v)_2^2\, \vartheta\left(\frac{2m\omega}{n}\right)_1^2\right] \cdots\cdot$$
$$\cdots\cdot \left[\vartheta(v)_3^2\, \vartheta\left(\frac{n-1}{2}\cdot\frac{m\omega}{n}\right)_0^2 - \vartheta(v)_2^2\, \vartheta\left(\frac{n-1}{2}\cdot\frac{m\omega}{n}\right)_1^2\right] \quad (10).$$

Da ferner nach (11) des § 4:

$$\vartheta(v)_2^2\,\vartheta\left(p\cdot\frac{m\omega}{n}\right)_0^2 - \vartheta(v)_3^2\,\vartheta\left(p\cdot\frac{m\omega}{n}\right)_1^2 = \vartheta_0^2 \,.\, \vartheta\left(v+p\cdot\frac{m\omega}{n}\right)_2 \vartheta\left(v-p\cdot\frac{m\omega}{n}\right)_2$$

$$\vartheta(v)_3{}^2\vartheta\left(p\cdot\frac{m\omega}{n}\right)_0^2-\vartheta(v)_2{}^2\vartheta\left(p\cdot\frac{m\omega}{n}\right)_1^2=\vartheta_0{}^2\cdot\vartheta\left(v+p\cdot\frac{m\omega}{n}\right)_3\vartheta\left(v-p\cdot\frac{m\omega}{n}\right)_3,$$

so erhält man, wenn in (9) und (10) die Argumente v und v' gleich Null gesetzt, und die beiden Gleichungen durch einander dividirt werden, mit Benutzung der Gleichungen (13) des § 4:

$$\sqrt{k}=\sqrt{c}\cdot\frac{\vartheta\left(\frac{m\omega}{n}\right)_2^2\cdot\vartheta\left(\frac{2m\omega}{n}\right)_2^2\cdots\cdot\vartheta\left(\frac{n-1}{2}\cdot\frac{m\omega}{n}\right)_2^2}{\vartheta\left(\frac{m\omega}{n}\right)_3^2\cdot\vartheta\left(\frac{2m\omega}{n}\right)_3^2\cdots\cdot\vartheta\left(\frac{n-1}{2}\cdot\frac{m\omega}{n}\right)_3^2}\quad\cdot\cdot\ (11)$$

oder, wenn man die elliptischen Funktionen der getheilten Perioden einführt und

$$2\,C\,\omega=\bar{\omega}$$

setzt:

$$\sqrt{k}=(\sqrt{c})^n\cdot\left\{\frac{cn\left(\frac{m\bar{\omega}}{n}\right)\ cn\left(\frac{2m\bar{\omega}}{n}\right)\cdots\cdot cn\left(\frac{n-1}{2}\cdot\frac{m\bar{\omega}}{n}\right)}{dn\left(\frac{m\bar{\omega}}{n}\right)\ dn\left(\frac{2m\bar{\omega}}{n}\right)\cdots\cdot dn\left(\frac{n-1}{2}\cdot\frac{m\bar{\omega}}{n}\right)}\right\}^2,\ (12)$$

und daher, da

$$\text{am}\,(C-u)=\text{coam}\,u,$$

die Beziehung:

$$\sqrt{k}=(\sqrt{c})^n\left\{snc\left(\frac{m\bar{\omega}}{n}\right)\ snc\left(\frac{2m\bar{\omega}}{n}\right)\cdots\cdot sn\left(\frac{n-1}{2}\cdot\frac{m\bar{\omega}}{n}\right)\right\}^2\qquad(13)$$

oder

$$k=c^n\cdot\left\{snc\left(\frac{m\bar{\omega}}{n}\right)\cdot snc\left(\frac{2m\bar{\omega}}{n}\right)\cdots\cdot snc\left(\frac{n-1}{2}\cdot\frac{m\bar{\omega}}{n}\right)\right\}^4\qquad(14).$$

Es ergiebt sich ebenso durch Division der Gleichungen (8) und (10), wenn man in ihnen die Argumente v und v' verschwinden lässt:

$$\sqrt{k_1}=\sqrt{c_1}\cdot\frac{\vartheta\left(\frac{m\omega}{n}\right)_0^2\vartheta\left(\frac{2m\omega}{n}\right)_0^2\cdots\cdot\vartheta\left(\frac{n-1}{2}\cdot\frac{m\omega}{n}\right)_0^2}{\vartheta\left(\frac{m\omega}{n}\right)_3^2\vartheta\left(\frac{2m\omega}{n}\right)_3^2\cdots\cdot\vartheta\left(\frac{n-1}{2}\cdot\frac{m\omega}{n}\right)_3^2}$$

oder

$$\sqrt{k_1}=\frac{(\sqrt{c_1})^n}{dn^2\left(\frac{m\bar{\omega}}{n}\right)\ dn^2\left(\frac{2m\bar{\omega}}{n}\right)\cdots\cdot dn^2\left(\frac{n-1}{2}\cdot\frac{m\bar{\omega}}{n}\right)}\quad\cdot\cdot\ (15).$$

Die Division der Gleichungen (7) und (8) liefert ferner die nachfolgende Beziehung zwischen den elliptischen Funktionen der beiden in einander transformirten Integrale:

$$(-1)^{\frac{t-1}{2}} \cdot \sqrt{k} \cdot sn\left(\frac{u}{a}, k\right) =$$

$$c^{\frac{n}{2}} \cdot sn(u,c) \frac{\left\{sn^2(u,c) - sn^2\left(\frac{m\bar{\omega}}{n}, c\right)\right\} \left\{sn^2(u,c) - sn^2\left(\frac{2m\bar{\omega}}{n}, c\right)\right\} \cdots}{\left\{1 - c^2 sn^2(u,c) sn^2\left(\frac{m\bar{\omega}}{n}, c\right)\right\} \left\{1 - c^2 sn^2(u,c) sn^2\left(\frac{2m\bar{\omega}}{n}, c\right)\right\} \cdots}$$

$$\frac{\cdots \left\{sn^2(u,c) - sn^2\left(\frac{n-1}{2} \cdot \frac{m\bar{\omega}}{n}, c\right)\right\}}{\cdots \left\{1 - c^2 sn^2(u,c) sn^2\left(\frac{n-1}{2} \cdot \frac{m\bar{\omega}}{n}, c\right)\right\}} \quad \ldots \quad (16)$$

oder mit Benutzung von (13):

$$sn\left(\frac{u}{a}, k\right) = (-1)^{\frac{t-1}{2}} \cdot \frac{sn^2\left(\frac{m\bar{\omega}}{n}\right) . sn^2\left(\frac{2m\bar{\omega}}{n}\right) \cdots sn^2\left(\frac{n-1}{2} \cdot \frac{m\bar{\omega}}{n}\right)}{snc^2\left(\frac{m\bar{\omega}}{n}\right) . snc^2\left(\frac{2m\bar{\omega}}{n}\right) \cdots snc^2\left(\frac{n-1}{2} \cdot \frac{m\bar{\omega}}{n}\right)} \times$$

$$sn(u) \frac{\left\{1 - \frac{sn^2 u}{sn^2\left(\frac{m\bar{\omega}}{n}\right)}\right\} \left\{1 - \frac{sn^2 u}{sn^2\left(\frac{2m\bar{\omega}}{n}\right)}\right\} \cdots}{\left\{1 - c^2 sn^2(u) sn^2\left(\frac{m\bar{\omega}}{n}\right)\right\} \left\{1 - c^2 sn^2 u \, sn^2\left(\frac{2m\bar{\omega}}{n}\right)\right\} \cdots}$$

$$\frac{\cdots \left\{1 - \frac{sn^2 u}{sn^2\left(\frac{n-1}{2} \cdot \frac{m\bar{\omega}}{n}\right)}\right\}}{\cdots \left\{1 - c^2 sn^2 u \, sn^2\left(\frac{n-1}{2} \cdot \frac{m\bar{\omega}}{n}\right)\right\}} \quad \ldots \ldots \quad (17).$$

Setzt man nun auf beiden Seiten dieser Gleichung $u = 0$, so folgt, da

$$sn(u, c)_{u=0} = 0, \quad sn\left(\frac{u}{a}, k\right)_{u=0} = 0, \quad \left\{\frac{sn\left(\frac{u}{a}, k\right)}{sn(u, c)}\right\}_{u=0} = \frac{1}{a}$$

ist,

$$a = (-1)^{\frac{t-1}{2}} \left\{\frac{snc\left(\frac{m\bar{\omega}}{n}\right) snc\left(\frac{2m\bar{\omega}}{n}\right) \cdots sn\left(\frac{n-1}{2} \cdot \frac{m\bar{\omega}}{n}\right)}{sn\left(\frac{m\bar{\omega}}{n}\right) sn\left(\frac{2m\bar{\omega}}{n}\right) \cdots sn\left(\frac{n-1}{2} \cdot \frac{m\bar{\omega}}{n}\right)}\right\}^2 \quad \ldots \quad (18),$$

wonach man Gleichung (17) auch in die Form setzen kann:

$$sn\left(\frac{u}{a}, k\right) = \frac{sn(u)}{a} \frac{\left\{1 - \frac{sn^2 u}{sn^2\left(\frac{m\bar{\omega}}{n}\right)}\right\}\left\{1 - \frac{sn^2 u}{sn^2\left(\frac{2m\bar{\omega}}{n}\right)}\right\}\cdots}{\left\{1 - c^2 sn^2 u\, sn^2\left(\frac{m\bar{\omega}}{n}\right)\right\}\left\{1 - c^2 sn^2 u\, sn^2\left(\frac{2m\bar{\omega}}{n}\right)\right\}\cdots}$$

$$\frac{\cdots\left\{1 - \frac{sn^2 u}{sn^2\left(\frac{n-1}{2}\cdot\frac{m\bar{\omega}}{n}\right)}\right\}}{\cdots\left\{1 - c^2 sn^2 u\, sn^2\left(\frac{n-1}{2}\cdot\frac{m\bar{\omega}}{n}\right)\right\}} \quad \cdots\cdots \quad (19)$$

und mit Einführung der Integralgrenzen der beiden in einander transformirten Integrale die algebraische Transformationsgleichung erhält:

$$y = \frac{x}{a} \frac{\left\{1 - \frac{x^2}{sn^2\left(\frac{m\bar{\omega}}{n}\right)}\right\}\left\{1 - \frac{x^2}{sn^2\left(\frac{2m\bar{\omega}}{n}\right)}\right\}\cdots}{\left\{1 - c^2 x^2 sn^2\left(\frac{m\bar{\omega}}{n}\right)\right\}\left\{1 - c^2 x^2 sn^2\left(\frac{2m\bar{\omega}}{n}\right)\right\}\cdots}$$

$$\frac{\cdots\left\{1 - \frac{x^2}{sn^2\left(\frac{n-1}{2}\cdot\frac{m\bar{\omega}}{n}\right)}\right\}}{\cdots\left\{1 - c^2 x^2 . sn^2\left(\frac{n-1}{2}\cdot\frac{m\bar{\omega}}{n}\right)\right\}} \quad \cdots\cdots\cdots \quad (20);$$

es ergiebt sich somit y für die Repräsentanten der nicht äquivalenten Klassen als rationale Funktion von x, deren Zähler vom Grade n und deren Nenner vom Grade $n-1$ ist; ausserdem ist der Zähler eine ungrade, der Nenner eine grade Funktion von x.

Ferner liefern die Gleichungen (8) und (9) die Beziehung:

$$\sqrt{\frac{k}{k_1}}\cdot cn\left(\frac{u}{a}, k\right) = \left(\frac{c}{c_1}\right)^{\frac{n}{2}}\cdot cn^2\left(\frac{m\bar{\omega}}{n}\right)\cdot cn^2\left(\frac{2m\bar{\omega}}{n}\right)\cdots cn^2\left(\frac{n-1}{2}\cdot\frac{m\bar{\omega}}{n}\right)\times$$

$$cn(u) \frac{\left\{1 - \frac{sn^2 u}{snc^2\left(\frac{m\bar{\omega}}{n}\right)}\right\}\left\{1 - \frac{sn^2 u}{snc^2\left(\frac{2m\bar{\omega}}{n}\right)}\right\}\cdots}{\left\{1 - c^2 sn^2 u\, sn^2\left(\frac{m\bar{\omega}}{n}\right)\right\}\left\{1 - c^2 sn^2 u\, sn^2\left(\frac{2m\bar{\omega}}{n}\right)\right\}\cdots}$$

$$\frac{\cdots\left\{1 - \frac{sn^2 u}{snc^2\left(\frac{n-1}{2}\cdot\frac{m\bar{\omega}}{n}\right)}\right\}}{\cdots\left\{1 - c^2 sn^2 u\, sn^2\left(\frac{n-1}{2}\cdot\frac{m\bar{\omega}}{n}\right)\right\}}, \quad \cdots\cdots\cdots \quad (21)$$

woraus, da nach (13) und (15):

$$\sqrt{\frac{k}{k_1}} = \left(\frac{c}{c_1}\right)^{\frac{n}{2}} cn^2\left(\frac{m\bar{\omega}}{n}\right) cn^2\left(\frac{2m\bar{\omega}}{n}\right) \cdots\cdots cn^2\left(\frac{n-1}{2}\cdot\frac{m\bar{\omega}}{n}\right),$$

folgt:

$$cn\left(\frac{u}{a},k\right) = cn(u)\frac{\left\{1-\frac{sn^2 u}{snc^2\left(\frac{m\bar{\omega}}{n}\right)}\right\}\left\{1-\frac{sn^2 u}{snc^2\left(\frac{2m\bar{\omega}}{n}\right)}\right\}\cdots\cdots}{\left\{1-c^2 sn^2 u\, sn^2\left(\frac{m\bar{\omega}}{n}\right)\right\}\left\{1-c^2 sn^2 u\, sn^2\left(\frac{2m\bar{\omega}}{n}\right)\right\}\cdots\cdots}$$

$$\frac{\cdots\cdots\left\{1-\frac{sn^2 u}{snc^2\left(\frac{n-1}{2}\cdot\frac{m\bar{\omega}}{n}\right)}\right\}}{\cdots\cdots\left\{1-c^2\, sn^2 u\, sn^2\left(\frac{n-1}{2}\cdot\frac{m\bar{\omega}}{n}\right)\right\}} \quad . \; . \; . \quad (22)$$

oder

$$\sqrt{1-y^2} = \sqrt{1-x^2}\frac{\left\{1-\frac{x^2}{snc^2\left(\frac{m\bar{\omega}}{n}\right)}\right\}\left\{1-\frac{x^2}{snc^2\left(\frac{2m\bar{\omega}}{n}\right)}\right\}\cdots\cdots}{\left\{1-c^2x^2 sn^2\left(\frac{m\bar{\omega}}{n}\right)\right\}\left\{1-c^2x^2 sn^2\left(\frac{2m\bar{\omega}}{n}\right)\right\}\cdots\cdots}$$

$$\frac{\cdots\cdots\left\{1-\frac{x^2}{snc^2\left(\frac{n-1}{2}\cdot\frac{m\bar{\omega}}{n}\right)}\right\}}{\cdots\cdots\left\{1-c^2x^2 sn^2\left(\frac{n-1}{2}\cdot\frac{m\bar{\omega}}{n}\right)\right\}}, \quad . \; . \; . \; . \; . \quad (23)$$

also $\sqrt{1-y^2}$ bis auf den Faktor $\sqrt{1-x^2}$ eine rationale Funktion von x^2.

Dividirt man endlich die Gleichung (10) durch Gleichung (8), so erhält man:

$$\frac{1}{\sqrt{k_1}} dn\left(\frac{u}{a},k\right) = \frac{1}{c_1^{\frac{n}{2}}}\cdot dn^2\left(\frac{m\bar{\omega}}{n}\right) dn^2\left(\frac{2m\bar{\omega}}{n}\right) \ldots dn^2\left(\frac{n-1}{2}\cdot\frac{m\bar{\omega}}{n}\right) \times$$

$$dn(u)\frac{\left\{1-c^2 sn^2 u\, snc^2\left(\frac{m\bar{\omega}}{n}\right)\right\}\left\{1-c^2 sn^2 u\, snc^2\left(\frac{2m\bar{\omega}}{n}\right)\right\}\cdots\cdots}{\left\{1-c^2 sn^2 u\, sn^2\left(\frac{m\bar{\omega}}{n}\right)\right\}\left\{1-c^2 sn^2 u\, sn^2\left(\frac{2m\bar{\omega}}{n}\right)\right\}\cdots\cdots}$$

$$\frac{\cdots\cdots\left\{1-c^2 sn^2 u\, snc^2\left(\frac{n-1}{2}\cdot\frac{m\bar{\omega}}{n}\right)\right\}}{\cdots\cdots\left\{1-c^2 sn^2 u\, sn^2\left(\frac{n-1}{2}\cdot\frac{m\bar{\omega}}{n}\right)\right\}},$$

also mit Benutzung von (15):

$$dn\left(\frac{u}{a}, k\right) = dn(u) \frac{\left\{1-c^2 sn^2 u\, snc^2\left(\frac{m\bar{\omega}}{n}\right)\right\}\left\{1-c^2 sn^2 u\, snc^2\left(\frac{2m\bar{\omega}}{n}\right)\right\}\dots}{\left\{1-c^2 sn^2 u\, sn^2\left(\frac{m\bar{\omega}}{n}\right)\right\}\left\{1-c^2 sn^2 u\, sn^2\left(\frac{2m\bar{\omega}}{n}\right)\right\}\dots}$$

$$\frac{\dots\left\{1-c^2 sn^2 u\, snc^2\left(\frac{n-1}{2}\cdot\frac{m\bar{\omega}}{n}\right)\right\}}{\dots\left\{1-c^2 sn^2 u\, sn^2\left(\frac{n-1}{2}\cdot\frac{m\bar{\omega}}{n}\right)\right\}} \quad . \; . \; . \; . \; . \quad (24)$$

oder

$$\sqrt{1-k^2y^2} = \sqrt{1-c^2x^2}\, \frac{\left\{1-c^2x^2 snc^2\left(\frac{m\bar{\omega}}{n}\right)\right\}\left\{1-c^2x^2 snc^2\left(\frac{2m\bar{\omega}}{n}\right)\right\}\dots}{\left\{1-c^2x^2 sn^2\left(\frac{m\bar{\omega}}{n}\right)\right\}\left\{1-c^2x^2 sn^2\left(\frac{2m\bar{\omega}}{n}\right)\right\}\dots}$$

$$\frac{\dots\left\{1-c^2x^2 snc^2\left(\frac{n-1}{2}\cdot\frac{m\bar{\omega}}{n}\right)\right\}}{\dots\left\{1-c^2x^2 sn^2\left(\frac{n-1}{2}\cdot\frac{m\bar{\omega}}{n}\right)\right\}},$$

so dass sich auch $\sqrt{1-k^2y^2}$ bis auf den Faktor $\sqrt{1-c^2x^2}$ als rationale Funktion von x^2 ausdrückt.

Bevor wir zur weiteren Entwickelung dieser Relationen übergehen, soll eine Eigenschaft des oben (20) aufgestellten Ausdruckes für y als Funktion von x hervorgehoben werden. Setzt man nämlich in (20) $\frac{1}{c.x}$ für x, so ergiebt sich, wenn man den resultirenden Werth der rechten Seite mit y' bezeichnet:

$$y' = \frac{1}{c.a.x} \frac{\left\{1-\frac{1}{c^2x^2 sn^2\left(\frac{m\bar{\omega}}{n}\right)}\right\}\left\{1-\frac{1}{c^2x^2 sn^2\left(\frac{2m\bar{\omega}}{n}\right)}\right\}\dots}{\left\{1-\frac{sn^2\left(\frac{m\bar{\omega}}{n}\right)}{x^2}\right\}\left\{1-\frac{sn^2\left(\frac{2m\bar{\omega}}{n}\right)}{x^2}\right\}\dots}$$

$$\frac{\dots\left\{1-\frac{1}{c^2x^2 sn^2\left(\frac{n-1}{2}\cdot\frac{m\bar{\omega}}{n}\right)}\right\}}{\dots\left\{1-\frac{sn^2\left(\frac{n-1}{2}\cdot\frac{m\bar{\omega}}{n}\right)}{x^2}\right\}},$$

welche Gleichung nach einigen leichten Umwandlungen die Form annimmt:

$$y' = \frac{1}{c^n \,.\, sn^4\left(\frac{m\bar{\omega}}{n}\right) .\, sn^4\left(\frac{2m\bar{\omega}}{n}\right)\dots sn^4\left(\frac{n-1}{2}\cdot\frac{m\bar{\omega}}{n}\right)}\cdot\frac{1}{a}\times$$

$$\frac{\left\{1 - c^2 x^2 sn^2\left(\frac{m\bar{\omega}}{n}\right)\right\}\left\{1 - c^2 x^2 sn^2\left(\frac{2m\bar{\omega}}{n}\right)\right\}\cdots}{x\left\{1 - \frac{x^2}{sn^2\left(\frac{m\bar{\omega}}{n}\right)}\right\}\left\{1 - \frac{x^2}{sn^2\left(\frac{2m\bar{\omega}}{n}\right)}\right\}\cdots}$$

$$\frac{\cdots\left\{1 - c^2 x^2 sn^2\left(\frac{n-1}{2}\cdot\frac{m\bar{\omega}}{n}\right)\right\}}{\cdots\left\{1 - \frac{x^2}{sn^2\left(\frac{n-1}{2}\cdot\frac{m\bar{\omega}}{n}\right)}\right\}}$$

oder mit Berücksichtigung von (13), (18), (20):

$$y' = \frac{1}{k.y},$$

woraus also folgt, dass, wenn man in der Transformationsformel x in $\frac{1}{cx}$ verwandelt, y in $\frac{1}{ky}$ übergeht.

Aus den oben aufgestellten Relationen zwischen den transformirten elliptischen Funktionen und Integralmoduln ergeben sich nun noch ferner die nachfolgenden Beziehungen:

Verbindet man die Gleichungen (13), (15), (18) unter einander, so erhält man:

$$\frac{(-1)^{\frac{t'-1}{2}}}{a}\sqrt{\frac{k}{c^n}} = \left\{sn\left(\frac{m\bar{\omega}}{n}\right).\,sn\left(\frac{2m\bar{\omega}}{n}\right)\cdots sn\left(\frac{n-1}{2}\cdot\frac{m\bar{\omega}}{n}\right)\right\}^2$$

$$\sqrt{\frac{k\,.\,c_1^n}{k_1\,.\,c^n}} = \left\{cn\left(\frac{m\bar{\omega}}{n}\right).\,cn\left(\frac{2m\bar{\omega}}{n}\right)\cdots cn\left(\frac{n-1}{2}\cdot\frac{m\bar{\omega}}{n}\right)\right\}^2$$

$$\sqrt{\frac{c_1^n}{k_1}} = \left\{dn\left(\frac{m\bar{\omega}}{n}\right).\,dn\left(\frac{2m\bar{\omega}}{n}\right)\cdots dn\left(\frac{n-1}{2}\cdot\frac{m\bar{\omega}}{n}\right)\right\}^2$$

$$\frac{(-1)^{\frac{t'-1}{2}}}{a}\sqrt{\frac{k_1}{c_1^n}} = \left\{tn\left(\frac{m\bar{\omega}}{n}\right).\,tn\left(\frac{2m\bar{\omega}}{n}\right)\cdots tn\left(\frac{n-1}{2}\cdot\frac{m\bar{\omega}}{n}\right)\right\}^2$$

$$\frac{(-1)^{\frac{t'-1}{2}}\,.}{a}\sqrt{\frac{k.k_1.c_1^n}{c_1.c_1.c^n}} = \left\{cnc\left(\frac{m\bar{\omega}}{n}\right).\,cnc\left(\frac{2m\bar{\omega}}{n}\right)\cdots cnc\left(\frac{n-1}{2}\cdot\frac{m\bar{\omega}}{n}\right)\right\}^2$$

$$\sqrt{k_1\,.\,c_1^{n-2}} = \left\{dnc\left(\frac{m\bar{\omega}}{n}\right).\,dnc\left(\frac{2m\bar{\omega}}{n}\right)\cdots dnc\left(\frac{n-1}{2}\cdot\frac{m\bar{\omega}}{n}\right)\right\}^2$$

$$(-1)^{\frac{t'-1}{2}}\,.\,a\,.\sqrt{\frac{1}{k_1\,.\,c_1^{n-2}}}$$
$$= \left\{tnc\left(\frac{m\bar{\omega}}{n}\right).\,tnc\left(\frac{2m\bar{\omega}}{n}\right)\cdots tnc\left(\frac{n-1}{2}\cdot\frac{m\bar{\omega}}{n}\right)\right\}^2.$$

Aus (16), (22), (24) ergiebt sich, da

$$sn\,(u+\alpha)\,.\,sn\,(u-\alpha) = \frac{sn^2\,u - sn^2\,\alpha}{1 - c^2\,sn^2\,u\,sn^2\,\alpha}$$

$$\frac{cn\,(u+\alpha)\,.\,cn\,(u-\alpha)}{cn^2\,\alpha} = \frac{1 - \dfrac{sn^2\,u}{snc^2\,\alpha}}{1 - c^2\,sn^2\,u\,sn^2\,\alpha}$$

$$\frac{dn\,(u+\alpha)\,.\,dn\,(u-\alpha)}{dn^2\,\alpha} = \frac{1 - c^2\,sn^2\,u\,snc^2\,\alpha}{1 - c^2\,sn^2\,u\,sn^2\,\alpha}$$

ist,

$$sn\left(\frac{u}{a}, k\right) = (-1)^{\frac{l-1}{2}} \sqrt{\frac{c^n}{k}} \cdot sn\,(u)\,sn\left(u + \frac{4m\omega}{n}\right) sn\left(u + \frac{8m\omega}{n}\right) \ldots\ldots sn\left(u + 4\,(n-1)\frac{m\omega}{n}\right) \quad . \quad . \quad (25)$$

$$cn\left(\frac{u}{a}, k\right) = \sqrt{\frac{k_1\,c''}{k\,c_1''}} \cdot cn\,(u)\,cn\left(u + \frac{4m\omega}{n}\right) cn\left(u + \frac{8m\omega}{n}\right) \ldots \ldots\ldots cn\left(u + 4\,(n-1)\frac{m\omega}{n}\right) \quad . \quad . \quad (26)$$

$$dn\left(\frac{u}{a}, k\right) = \sqrt{\frac{k_1}{c_1^n}} \cdot dn\,(u)\,dn\left(u + \frac{4m\omega}{n}\right) dn\left(u + \frac{8m\omega}{n}\right) \ldots\ldots \ldots\ldots dn\left(u + 4\,(n-1)\frac{m\omega}{n}\right) \quad . \quad . \quad (27)$$

$$tn\left(\frac{u}{a}, k\right) = (-1)^{\frac{l-1}{2}} \cdot \sqrt{\frac{c_1^n}{k_1}} \cdot tn\,(u)\,tn\left(u + \frac{4m\omega}{n}\right) tn\left(u + \frac{8m\omega}{n}\right) \ldots\ldots tn\left(u + 4\,(n-1)\frac{m\omega}{n}\right)^{*)} \quad . \quad . \quad (28).$$

Aus Gleichung (16) folgt ferner mit Benutzung der obigen Hülfsformeln:

$$sn\left(\frac{u}{a}, k\right) = \frac{ca}{k} \cdot x \cdot \prod_p \left\{ \frac{x^2 - sn^2\left(\dfrac{pm\omega}{n}\right)}{x^2 - \dfrac{1}{c^2\,sn^2\left(\dfrac{pm\omega}{n}\right)}} \right\},$$

---

*) In den früheren Formeln durfte die Zahl m eine jede zu n relativ prime Zahl bedeuten; für die obige Umwandlung jedoch ist es, wie unmittelbar zu sehen, nothwendig, dass der Faktor von $\frac{\omega}{n}$ ein Multiplum von 4 ist, wenn wir eine Unterscheidung einzelner Fälle vermeiden wollen; wir haben deshalb $4m$ als eine zu n relativ prime Zahl in diesen Formeln gewählt.

wenn $sn(u) = x$ gesetzt und der Zahl p die Werthe $1, 2, 3, \dots \frac{n-1}{2}$ beigelegt werden, oder

$$x \, \Pi_p \left(x^2 - sn^2\left(\frac{pm\bar{\omega}}{n}\right)\right) - \frac{k}{a.c} sn\left(\frac{u}{a}, k\right) \Pi_p \left(x^2 - \frac{1}{c^2 \, sn^2\left(\frac{pm\bar{\omega}}{n}\right)}\right) = 0.$$

Die Lösungen dieser Gleichung n^{ten} Grades sind nun offenbar, wenn man beachtet, dass die Gleichung (25) unverändert bleibt, wenn man statt u

$$u + \frac{4m\bar{\omega}}{n}, \; u + \frac{8m\bar{\omega}}{n}, \; \dots \; u + 4(n-1)\frac{m\bar{\omega}}{n}$$

setzt,

$$x = sn(u), \; sn\left(u + \frac{4m\bar{\omega}}{n}\right), \; sn\left(u + \frac{8m\bar{\omega}}{n}\right), \dots sn\left(u + 4(n-1)\frac{m\bar{\omega}}{n}\right),$$

und man erhält daher die identische Gleichung:

$$x \, \Pi_p \left(x^2 - sn^2\left(\frac{pm\bar{\omega}}{n}\right)\right) - \frac{k}{c.a} . sn\left(\frac{u}{a}, k\right) \Pi_p \left(x^2 - \frac{1}{c^2 . sn^2\left(\frac{pm\bar{\omega}}{n}\right)}\right) =$$

$$[x - sn(u)] \left[x - sn\left(u + \frac{4m\bar{\omega}}{n}\right)\right] \left[x - sn\left(u + \frac{8m\bar{\omega}}{n}\right)\right]$$

$$\dots \left[x - sn\left(u + 4(n-1)\frac{m\bar{\omega}}{n}\right)\right] \quad \dots \quad (29).$$

Daraus ergiebt sich für die Summe der Wurzeln dieser Gleichung die Beziehung:

$$\frac{k}{ac} sn\left(\frac{u}{a}, k\right) = \sum_q sn\left(u + 4q\frac{m\bar{\omega}}{n}\right), \quad \dots \quad (30)$$

und in derselben Weise findet man:

$$\frac{(-1)^{\frac{t'-1}{2}} k}{ac} \cdot cn\left(\frac{u}{a}, k\right) = \sum_q cn\left(u + 4q\frac{m\bar{\omega}}{n}\right) \quad \dots \quad (31)$$

$$\frac{(-1)^{\frac{t'-1}{2}}}{a} \cdot dn\left(\frac{u}{a}, k\right) = \sum_q dn\left(u + 4q\frac{m\bar{\omega}}{n}\right) \quad \dots \quad (32)$$

$$\frac{k_1}{a\,c_1} tn\left(\frac{u}{a}, k\right) = \sum_q tn\left(u + 4q\frac{m\bar{\omega}}{n}\right), \quad \dots \quad (33)$$

worin dem q die Werthe $0, 1, 2, \dots n-1$ beizulegen sind, oder auch:

$$\frac{k}{ac} \cdot sn\left(\frac{u}{a}, k\right) = sn(u) + \sum_q \left\{ sn\left(u + 4q\frac{m\bar{\omega}}{n}\right) + sn\left(u - 4q\frac{m\bar{\omega}}{n}\right) \right\}$$

$$\frac{(-1)^{\frac{t'-1}{2}}k}{ac}\,cn\left(\frac{u}{a},k\right)=cn(u)+\sum_q\left\{cn\left(u+4q\frac{m\bar{\omega}}{n}\right)+cn\left(u-4q\frac{m\bar{\omega}}{n}\right)\right\}$$

$$\frac{(-1)^{\frac{t'-1}{2}}}{a}\,dn\left(\frac{u}{a},k\right)=dn(u)+\sum_q\left\{dn\left(u+4q\frac{m\bar{\omega}}{n}\right)+dn\left(u-4q\frac{m\bar{\omega}}{n}\right)\right\}$$

$$\frac{k_1}{ac_1}\,tn\left(\frac{u}{a},k\right)=tn(u)+\sum_q\left\{tn\left(u+4q\frac{m\bar{\omega}}{n}\right)+tn\left(u-4q\frac{m\bar{\omega}}{n}\right)\right\},$$

wenn q die Werthe $0, 1, 2, \ldots \frac{n-1}{2}$ annimmt.

Aus der Gleichung (29) erhält man ferner für die zweite Potenzsumme ihrer Lösungen, wenn man

$$sn^2\left(\frac{m\bar{\omega}}{n}\right)+sn^2\left(\frac{2m\bar{\omega}}{n}\right)+\cdots\, sn^2\left(\frac{n-1}{2}\cdot\frac{m\bar{\omega}}{n}\right)=\varrho \qquad (34)$$

setzt,

$$sn^2(u)+sn^2\left(u+\frac{4m\bar{\omega}}{n}\right)+sn^2\left(u+\frac{8m\bar{\omega}}{n}\right)+\cdots\cdots$$

$$\cdots+sn^2\left(u+4(n-1)\frac{m\bar{\omega}}{n}\right)=\frac{k^2}{a^2c^2}\,sn^2\left(\frac{u}{a},k\right)+2\varrho$$

oder

$$\frac{k^2}{a^2c^2}\,sn^2\left(\frac{u}{a},k\right)=\sum sn^2(u)-2\varrho \quad . \quad . \quad . \quad (35)$$

wenn der Kürze halber der Ausdruck

$$\varphi(u)+\varphi\left(u+\frac{4m\bar{\omega}}{n}\right)+\varphi\left(u+\frac{8m\bar{\omega}}{n}\right)+\cdots$$

$$\cdots+\varphi\left(u+4(n-1)\frac{m\bar{\omega}}{n}\right)$$

mit

$$\Sigma\,\varphi(u)$$

bezeichnet wird.

Aus (35) folgen unmittelbar, wenn man die Grössen σ und σ_1 durch die Gleichungen definirt:

$$\left.\begin{aligned}\frac{k^2}{a^2c^2}&=n-2\varrho-2\sigma\\ \frac{1}{a^2}&=n-2c^2\varrho+2\sigma_1\end{aligned}\right\}, \quad . \quad . \quad . \quad . \quad (36)$$

die nachstehenden Beziehungen:

$$\frac{k^2}{a^2c^2}\,cn^2\left(\frac{u}{a},k\right)=\sum cn^2(u)-2\sigma \quad . \quad . \quad . \quad (37)$$

$$\frac{1}{a^2}\,dn^2\left(\frac{u}{a},k\right)=\sum dn^2(u)+2\sigma_1; \quad . \quad . \quad (38)$$

setzt man nun in Gleichung (37) $u = C$, so wird nach (26), da

$$cn\,(C,\,c) = 0,\ \text{auch}\ cn\left(\frac{C}{a},\,k\right) = 0,$$

also

$$\sigma = cnc^2\left(\frac{4m\bar{\omega}}{n}\right) + cnc^2\left(\frac{8m\bar{\omega}}{n}\right) + \cdots + cnc^2\left(4\left(\frac{n-1}{2}\right)\frac{m\bar{\omega}}{n}\right)\ ^{*)},$$

und setzt man in Gleichung (38) $u = C + i\,C'$, so wird nach Gleichung (27), da

$$dn\,(C + i\,C',\,c) = 0,\ \text{auch}\ dn\left(\frac{C + i\,C'}{a},\,k\right) = 0,$$

und weil

$$dn\,(u + C + i\,C',\,c) = dnc\,(u + i\,C',\,c) = i\,c_1\,tn\,(u,\,c)$$

ist,

$$\sigma_1 = c_1{}^2\left\{tn^2\left(\frac{4m\bar{\omega}}{n}\right) + tn^2\left(\frac{8m\bar{\omega}}{n}\right) + \cdots + tn^2\left(4\left(\frac{n-1}{2}\right)\frac{m\bar{\omega}}{n}\right)\right..$$

Endlich können wir den obigen Formeln (35), (37), (38) noch die folgende Gestalt geben:

$$\frac{k^2}{a^2\,c^2}\,sn^2\left(\frac{u}{a},\,k\right)$$

$$= sn^2\,(u) + \sum_q\left[sn^2\left(u + 4q\,\frac{m\bar{\omega}}{n}\right) + sn^2\left(u - 4q\,\frac{m\bar{\omega}}{n}\right)\right] - 2\varrho$$

$$\frac{k^2}{a^2\,c^2}\,cn^2\left(\frac{u}{a},\,k\right)$$

$$= cn^2\,(u) + \sum_q\left[cn^2\left(u + 4q\,\frac{m\bar{\omega}}{n}\right) + cn^2\left(u - 4q\,\frac{m\bar{\omega}}{n}\right)\right] - 2\sigma$$

$$\frac{1}{a^2}\,dn^2\left(\frac{u}{a},\,k\right)$$

$$= dn^2\,(u) + \sum_q\left[dn^2\left(u + 4q\,\frac{m\bar{\omega}}{n}\right) + dn^2\left(u - 4q\,\frac{m\bar{\omega}}{n}\right)\right] + 2\sigma_1,$$

worin dem q die Werthe $1, 2, 3, \cdots \frac{n-1}{2}$ beizulegen sind.

Ich will noch am Schlusse dieses Paragraphen für den Fall, dass der Transformationsgrad n eine Primzahl ist, die Bemerkung

---

*) Es ist nämlich $cn\,(C + u) = cn\,(-C - u) = -cn\,(C - u) = -cnc\,u$.

hinzufügen, dass, da nach dem Früheren die Repräsentanten der nicht äquivalenten Klassen in diesem Falle

$$\begin{vmatrix} 1 & 0 \\ 0 & n \end{vmatrix} \begin{vmatrix} 1 & 0 \\ 16 & n \end{vmatrix} \begin{vmatrix} 1 & 0 \\ 2.16 & n \end{vmatrix} \cdots \begin{vmatrix} 1 & 0 \\ (n-1)16 & n \end{vmatrix} \begin{vmatrix} n & 0 \\ 0 & 1 \end{vmatrix},$$

waren, für die ersten n Klassen

$$\omega = a_0 \tau - b_0 = \tau - 16\,\xi,$$

für die letzte Klasse

$$\omega = b_1 - a_1 \tau = 1$$

gewählt werden darf; es ergeben sich sodann die Transformationsausdrücke für einen Primzahlgrad unmittelbar aus den oben entwickelten allgemeinen Transformationsformeln.

§ 25. Ausführung der Transformationsformeln für einen paaren Transformationsgrad.

Da die Behandlung nur derjenigen Transformationen paaren Grades, welche nach der früheren Definition Repräsentanten der nicht äquivalenten Klassen sind, keine wesentlichen Vereinfachungen bietet, so wollen wir mit Ausschluss des schon oben hervorgehobenen Falles, in dem die vier Transformationszahlen einen gemeinsamen Divisor haben, die Transformation eines paaren Grades ganz allgemein entwickeln.

Zuerst ist ersichtlich, dass für $m_\lambda = -1$, $n_\lambda = 1$ der transformirten ϑ-Funktion nicht beide Transformationszahlen m und q grade sein können; denn wenn die Grössen

$$a_0 - a_1 + a_0\, a_1, \quad b_0 - b_1 + b_0\, b_1$$

beide grade wären, so müsste nach einer früheren Bemerkung auch jede der vier Zahlen a_0, a_1, b_0, b_1 grade sein, welcher Fall oben ausgeschlossen worden. Es kommen somit für das ungrade transformirte ϑ nur die Gleichungen (30), (32), (34) des § 17 in Betracht, die sich in die folgende zusammenfassen lassen:

$$e^{i\pi(a_0+a_1\tau')a_1v^2}\, \vartheta\,(v', \tau')_1 = \alpha_1\, \vartheta\,(v)_1\, \vartheta\,(v)_\alpha^{\,n-1}$$
$$+ \alpha_3\, \vartheta\,(v)_1^{\,3}\, \vartheta\,(v)_\alpha^{\,n-3} + \cdots + \alpha_{n-1}\, \vartheta\,(v)_1^{\,n-1}\, \vartheta\,(v)_\alpha \qquad (1)$$

oder:

$$e^{i\pi(a_0+a_1\tau')a_1v^2}\, \vartheta\,(v', \tau')_1 = C\, \vartheta\,(v)_1\, \vartheta\,(v)_\alpha \Big[\vartheta\,(v)_1^{\,n-2}$$
$$+ c_2 \vartheta(v)_1^{\,n-4} \vartheta(v)_\alpha^{\,2} + \cdots + c_{n-4} \vartheta(v)_1^{\,2} \vartheta(v)_\alpha^{\,n-4} + c_{n-2} \vartheta(v)_\alpha^{\,n-2}\Big], \quad (2)$$

worin C, c_2, c_4, ... c_{n-2} Constanten und α die Indices 0, 2, 3 bedeutet, je nachdem m ungrade, q grade, oder m grade, q ungrade, oder m ungrade, q ungrade ist.

Sind nun

$$p b_1 - q b_0, \quad p a_1 - q a_0$$

relativ prime Zahlen und setzt man

$$\omega = p b_1 - q b_0 - (p a_1 - q a_0)\,\tau,$$

so wird der Ausdruck in der Klammer der rechten Seite der Gleichung (2) als eine homogene Funktion vom $n-2^{\text{ten}}$ Grade der Grössen

$$\vartheta(v)_1, \quad \vartheta(v)_\alpha$$

mit nur graden Potenzen derselben verschwinden, wenn dem v die wesentlich von einander verschiedenen Werthe

$$\pm\frac{m\omega}{n}, \pm\frac{2m\omega}{n}, \pm\frac{3m\omega}{n}, \ldots \pm\left(\frac{n}{2}-1\right)\frac{m\omega}{n},$$

worin m eine zu n relativ prime Zahl bedeutet, beigelegt werden, und es wird somit das ungrade transformirte ϑ die folgende Gestalt annehmen:

$$e^{i\pi(a_0+a_1\tau')a_1v^2}\vartheta(v',\tau')_1 = C\vartheta(v)_1\vartheta(v)_\alpha\left[\vartheta(v)_1\vartheta\left(\frac{m\omega}{n}\right)_\alpha - \vartheta(v)_\alpha\vartheta\left(\frac{m\omega}{n}\right)_1\right]$$
$$\left[\vartheta(v)_1\vartheta\left(\frac{2m\omega}{n}\right)_\alpha - \vartheta(v)_\alpha\vartheta\left(\frac{2m\omega}{n}\right)_1\right]$$
$$\ldots\left[\vartheta(v)_1\vartheta\left(\left(\frac{n}{2}-1\right)\frac{m\omega}{n}\right)_\alpha - \vartheta(v)_\alpha\vartheta\left(\left(\frac{n}{2}-1\right)\frac{m\omega}{n}\right)_1\right]\times$$
$$\left[\vartheta(v)_1\vartheta\left(-\frac{m\omega}{n}\right)_\alpha - \vartheta(v)_\alpha\vartheta\left(-\frac{m\omega}{n}\right)_1\right]$$
$$\left[\vartheta(v)_1\vartheta\left(-\frac{2m\omega}{n}\right)_\alpha - \vartheta(v)_\alpha\vartheta\left(-\frac{2m\omega}{n}\right)_1\right]\ldots$$
$$\ldots\left[\vartheta(v)_1\vartheta\left(-\left(\frac{n}{2}-1\right)\frac{m\omega}{n}\right)_\alpha - \vartheta(v)_\alpha\vartheta\left(-\left(\frac{n}{2}-1\right)\frac{m\omega}{n}\right)_1\right]$$

oder

$$e^{i\pi(a_0+a_1\tau')a_1v^2}\vartheta(v',\tau')_1 = C\vartheta(v)_1\vartheta(v)_\alpha\left[\vartheta(v)_1^2\vartheta\left(\frac{m\omega}{n}\right)_\alpha^2 - \vartheta(v)_\alpha^2\vartheta\left(\frac{m\omega}{n}\right)_1^2\right]$$
$$\left[\vartheta(v)_1^2\vartheta\left(\frac{2m\omega}{n}\right)_\alpha^2 - \vartheta(v)_\alpha^2\vartheta\left(\frac{2m\omega}{n}\right)_1^2\right]$$
$$\ldots\left[\vartheta(v)_1^2\vartheta\left(\left(\frac{n}{2}-1\right)\frac{m\omega}{n}\right)_\alpha^2 - \vartheta(v)_\alpha^2\vartheta\left(\left(\frac{n}{2}-1\right)\frac{m\omega}{n}\right)^2\right] \quad (3).$$

Dies ist in **jedem** Falle für einen paaren Transformationsgrad die Form der ungraden transformirten ϑ-Funktion.

Da es nun nach den Auseinandersetzungen des § 17 stets eine, aber auch nur eine Substitution in halben Perioden für v giebt, welche auch eine Aenderung des Index der transformirten ϑ-Funktion auf der linken Seite der Gleichung (3) hervorbringt, so erhält man, wenn man den Index dieser Substitution mit β, den aus den Gleichungen (6) des § 14 resultirenden Index der transformirten ϑ-Funktion mit γ, die durch die Gleichung (11) des § 14 bestimmte Constante c mit c_β, endlich mit ε und η vierte Einheitswurzeln bezeichnet, die nachfolgende Gleichung:

$$c^{c_\beta i\pi} \cdot c^{i\pi(a_0+a_1\tau')a_1 v^2}\, \vartheta(v', \tau')_\gamma$$
$$= C\varepsilon.\eta.\vartheta(v)_{1\beta}\vartheta(v)_{\alpha\beta}\left[\varepsilon^2\vartheta(v)_{1\beta}{}^2\vartheta\left(\frac{m\omega}{n}\right)_\alpha^2 - \eta^2\vartheta(v)_{\alpha\beta}{}^2\vartheta\left(\frac{m\omega}{n}\right)_1^2\right]\times$$
$$\left[\varepsilon^2\vartheta(v)_{1\beta}{}^2\vartheta\left(\frac{2m\omega}{n}\right)_\alpha^2 - \eta^2\vartheta(v)_{\alpha\beta}{}^2\vartheta\left(\frac{2m\omega}{n}\right)_1^2\right]$$
$$\ldots\ldots\left[\varepsilon^2\vartheta(v)_{1\beta}{}^2\vartheta\left(\left(\frac{n}{2}-1\right)\frac{m\omega}{n}\right)_1^2 - \eta^2\vartheta(v)_{\alpha\beta}{}^2\vartheta\left(\left(\frac{n}{2}-1\right)\frac{m\omega}{n}\right)_1^2\right], \quad (4)$$

woraus sich, wenn man $v = v' = 0$ setzt, der Werth der Constanten C in der Form ergiebt:

$$C = \frac{c^{c_\beta i\pi}\,\vartheta_\gamma'}{\varepsilon\eta\vartheta_{1\beta}\vartheta_{\alpha\beta}\prod\limits_{p=1,2,\ldots\left(\frac{n}{2}-1\right).}\left\{\varepsilon^2\vartheta_{1\beta}{}^2\vartheta\left(p\frac{m\omega}{n}\right)_\alpha^2 - \eta^2\vartheta_{\alpha\beta}{}^2\vartheta\left(p\frac{m\omega}{n}\right)_1^2\right\}},$$

worin wieder nach den Formeln des § 4 der Nenner in ein Quadrat von Produkten der ϑ-Funktionen der getheilten Perioden verwandelt werden kann.

Dies sind die Ausdrücke für das ungrade und für ein grades transformirtes ϑ; was die beiden andern graden transformirten ϑ-Funktionen betrifft, so lässt sich über ihre Form Folgendes aussagen:

Erstlich müssen für jede Transformation paaren Grades zwei Indices der transformirten ϑ-Funktion existiren, für welche die Transformationszahlen $\mathfrak{m}$ und $\mathfrak{q}$ grade sind, das ϑ also durch Gleichung (27) des § 17 darstellbar ist. Denn aus den Formeln:

$$\mathfrak{m} = a_0\,n_\lambda + a_1\,m_\lambda + a_0\,a_1$$
$$\mathfrak{q} = b_0\,n_\lambda + b_1\,m_\lambda + b_0\,b_1$$

gehen für die m und q, welche zu den drei graden transformirten ϑ-Funktionen gehören, die Werthe hervor:

$$-a_1 + a_0 a_1, \quad a_0 + a_0 a_1, \quad a_0 a_1$$
$$-b_1 + b_0 b_1, \quad b_0 + b_0 b_1, \quad b_0 b_1;$$

sind nun 1) $a_0 a_1$ und $b_0 b_1$ beide grade, so müssen entweder a_0 und b_0 grade, also auch $a_0 + a_0 a_1$ und $b_0 + b_0 b_1$ grade sein, oder a_0 und b_1 grade, also, da $a_0 b_1 - a_1 b_0$ eine paare Zahl ist, auch a_1 oder b_0, also im ersten Falle $-a_1 + a_0 a_1$, $-b_1 + b_0 b_1$, im zweiten Falle $a_0 + a_0 a_1$, $b_0 + b_0 b_1$ grade sein. Dasselbe gilt, wenn a_1 und b_0 oder a_1 und b_1 grade sind. Sind nun 2) von den beiden Grössen $a_0 a_1$ und $b_0 b_1$ eine oder beide ungrade, dann müssen a_0, a_1 oder b_0, b_1 oder a_0, a_1, b_0, b_1 an sich ungrade, also in beiden Fällen die Zusammenstellungen:

$$-a_1 + a_0 a_1, \quad a_0 + a_0 a_1$$
$$-b_1 + b_0 b_1, \quad b_0 + b_0 b_1$$

grade sein. In jedem Falle existiren also unter den obigen drei Zusammenstellungen zwei grade Paare, d. h. es existiren zwei transformirte ϑ-Funktionen, welche sich in der Form der Gleichung (27) des § 17 darstellen lassen.

Wir erhalten somit das folgende Theorem:

Für die Transformation von paarem Grade lassen sich zwei grade transformirte ϑ-Funktionen in der Form (27) des § 17, ein grades ϑ in einer der Formen (29), (31), (33), und das ungrade transformirte ϑ in einer der Formen (30), (32), (34) darstellen.*)

Es wird sich nun ferner noch um die Bestimmung der in den beiden letzten transformirten ϑ-Funktionen vorkommenden Constanten handeln.

Sei λ einer der Indices dieser transformirten ϑ-Funktionen, so ergiebt sich, wenn α und β nur der Bedingung unterworfen werden, dass sie verschieden sind, die Gleichung:

---

*) Für $n = 2$ lautet der Satz:

Für die Transformation zweiten Grades sind zwei grade transformirte ϑ-Funktionen als Summe von zwei Quadraten der ursprünglichen ϑ, die beiden andern ϑ als ein Produkt von zwei ϑ-Funktionen des gegebenen Integrales ausdrückbar.

$$e^{i\pi(a_0+a_1\tau')a_1v^2}\,\vartheta(v',\tau')_\lambda = \alpha_0\,\vartheta(v)_\alpha^n + \alpha_2\,\vartheta(v)_\alpha^{n-2}\,\vartheta(v)_\beta^2 + \cdots$$
$$+\,\alpha_{n-2}\,\vartheta(v)_\alpha^2\,\vartheta(v)_\beta^{n-2} + \alpha_n\,\vartheta(v)_\beta^n, \qquad (5)$$

und es wird nur darauf ankommen, die Werthe des v zu bestimmen, für welche die linke Seite dieser Gleichung verschwindet, indem sich dann nach der bereits für die Transformation unpaaren Grades auseinandergesetzten Methode, da die rechte Seite eine homogene ganze Funktion n^{ten} Grades der beiden Grössen

$$\vartheta(v)_\alpha, \quad \vartheta(v)_\beta$$

mit nur graden Potenzen dieser Funktionen darstellt, die Gleichung (5) in die Form eines Produktes quadratischer Faktoren von ϑ-Funktionen wird setzen lassen.

Nun wird aber die transformirte ϑ-Funktion auf der linken Seite von (5) verschwinden, wenn

1) für $\lambda = 0$, $v' = \frac{\tau'}{2} +$ einer ganzen Zahl $+$ einem ganzen Vielfachen von τ'

2) für $\lambda = 2$, $v' = 1/2 + \cdot\;\cdot\;\cdot\;\cdot\;\cdot\;\cdot\;\cdot\;\cdot\;\cdot\;\cdot\;\cdot\;\cdot$

3) für $\lambda = 3$, $v' = \frac{1}{2} + \frac{\tau'}{2} + \cdot\;\cdot\;\cdot\;\cdot\;\cdot\;\cdot\;\cdot\;\cdot\;\cdot\;\cdot$

oder wenn

$$v' = \frac{k}{2} + \frac{l}{2}\tau',$$

worin

für $\lambda = 0$: k grade l ungrade
für $\lambda = 2$: k ungrade l grade
für $\lambda = 3$: k ungrade l ungrade

ist.

Wenn aber v' den Werth $\frac{k}{2} + \frac{l}{2}\tau'$ annehmen soll, so muss v nach der Gleichung:

$$v = \frac{(b_1 - a_1\tau)\,v'}{n}$$

in den Ausdruck:

$$\frac{(b_1 - a_1\tau)\left(\frac{k}{2} + \frac{l}{2}\tau'\right)}{n} = k\cdot\frac{b_1 - a_1\tau}{2n} + l\cdot\frac{a_0\tau - b_0}{2n} = w$$

übergehen. Dann wird offenbar, da mit Beibehaltung der früheren Bezeichnungen v' um ganze Zahlen oder ganze Vielfache des τ' zunimmt, wenn v um $\frac{pm\omega}{n}$ vermehrt wird, worin m zu n relativ prim ist, die rechte Seite der Transformationsgleichung für die Argumente

$$\pm w \pm \frac{pm\omega}{n}$$

verschwinden, so dass das transformirte

$$e^{i\pi(a_0+a_1\tau')a_1v^2}\,\vartheta\,(v', \tau')_\lambda$$

aus n Faktoren von der Form:

$$\left[\vartheta\,(v)_\alpha\,\vartheta\left(w+\frac{pm\omega}{n}\right)_\beta-\vartheta\,(v)_\beta\,\vartheta\left(w+\frac{pm\omega}{n}\right)_\alpha\right]$$

zusammengesetzt ist. Durch eine Substitution in halben Perioden für v wird man die andere transformirte ϑ-Funktion finden, die in ähnlicher Form darstellbar ist.*)

Die Division der eben gefundenen Ausdrücke für die transformirten ϑ-Funktionen liefert die Transformationsformeln für die elliptischen Funktionen und aus denselben Gleichungen für die Nullwerthe der Argumente ergeben sich die Ausdrücke für den transformirten Integralmodul und den Multiplicator des transformirten Integrales. Doch hat es kein besonderes Interesse, diese Beziehungen für alle möglichen Fälle der Transformation paaren Grades zu entwickeln, da die Formen dieser Transformationen sehr verschiedenartige sind, indem sich $sn\left(\frac{u}{a}, k\right)$ als Quotient aus zwei Formen der ersten Gattung ((29) bis (34) des § 17) oder auch als Quotienten aus einer Form der ersten und einer der zweiten Gattung ((27) des § 17) darstellt.**) Die früher durchgeführte Transformation zweiten Grades liefert in ihren drei Repräsentanten der nicht äquivalenten Klassen Beispiele für diese zwei Fälle.

---

*) Es kann bemerkt werden, dass, wenn man in ähnlicher Weise bei der Constantenbestimmung für ein transformirtes ϑ bei der Transformation unpaaren Grades verfahren wäre, die ϑ-Funktionen mit den Argumenten w in ϑ-Funktionen für die Nullwerthe der Argumente übergegangen wären. Denn da k und l, wenn sie grade sein sollen, gleich Null gesetzt und wenn ungrade, gleich n genommen werden können, so wird w nur durch 2 getheilte Perioden liefern und es wird daher der Ausdruck für das transformirte ϑ die in dem vorigen § angegebene Gestalt annehmen.

**) Als Quotient zweier Formen der zweiten Gattung kann sich $sn\left(\frac{u}{a}, k\right)$ nicht darstellen, da das ungrade transformirte ϑ stets einer Form der ersten Gattung angehört.

Ich will nur die Behandlung des einen Falles der Transformation paaren Grades durchführen, in dem sich $\vartheta(v', \tau')_1$ so durch eine Form der ersten Gattung ausdrückt, dass der in Gleichung (3) vorkommende Index $\alpha = 0$ ist, und in dem ausserdem $\vartheta(v', \tau')_0$ durch eine Form zweiter Gattung darstellbar ist, so dass sich somit diese beiden transformirten ϑ-Funktionen, wenn wir in Formel (5) für α den Index 1 und für β den Index 0 wählen, *) nur durch $\vartheta(v)_1$ und $\vartheta(v)_0$ ausdrücken lassen. Damit dies stattfinde, müssen die Transformationszahlen a_0, a_1, b_0, b_1 so beschaffen sein, dass für $m_\lambda = -1$, $n_\lambda = 1$ von den Grössen m und q die erste ungrade, die zweite grade wird, oder dass

$$a_0 - a_1 + a_0 a_1 \text{ eine ungrade}$$
$$b_0 - b_1 + b_0 b_1 \text{ eine grade}$$

Zahl vorstellt, woraus folgt, dass b_0 und b_1 grade, a_0 jedoch und a_1 entweder beide ungrade, oder die eine grade, die andere ungrade sein müssen. Soll nun ausserdem noch das transformirte $\vartheta(v', \tau')_0$ sich in die Form der zweiten Gattung setzen lassen, so müssen m und q also

$$-a_1 + a_0 a_1 \text{ und } -b_1 + b_0 b_1$$

grade sein, woraus ersichtlich, dass entweder a_1 grade, a_0 ungrade oder a_1 ungrade, a_0 ungrade sein müssen, da b_0 und b_1 in Folge der ersten Bedingung grade waren und alle vier Transformationszahlen nach einer früheren Annahme nicht sämmtlich grade sein durften. Den aufgestellten Bedingungen wird somit genügt, wenn von den vier Transformationszahlen

entweder a_0 ungrade, a_1 grade oder a_0 ungrade, a_1 ungrade
b_0 grade, b_1 grade b_0 grade, b_1 grade

sind.

Da die Repräsentanten der nicht äquivalenten Klassen durch das Schema dargestellt werden

$$\begin{vmatrix} t & 0 \\ \xi & t' \end{vmatrix},$$

so werden offenbar unter diesen stets Transformationen existiren, welche sich in der verlangten Form darstellen lassen,

---

*) Die Indices durften beliebig, mussten jedoch verschieden sein.

indem man nur t ungrade und ξ grade zu nehmen braucht; es ist dann $t' = \frac{n}{t}$, da n grade ist, von selbst eine paare Zahl.

Von den beiden oben bezeichneten Fällen führe ich den ersten, da derselbe einzig und allein für die Repräsentanten der nicht äquivalenten Klassen in Betracht kommt, an dieser Stelle durch, für den also allgemein die Transformationszahlen den Bedingungen genügen:

$$a_0 \text{ ungrade}, \quad a_1 \text{ grade}, \quad b_0 \text{ grade}, \quad b_1 \text{ grade}.$$

Der zweite Fall liefert dieselben analytischen Formen.

Die Gleichung (3) geht sodann mit Berücksichtigung der oben gemachten Auseinandersetzungen über in:

$$e^{i\pi(a_0+a_1\tau')a_1v^2}\,\vartheta(v',\tau')_1 = C\,\vartheta(v)_1\,\vartheta(v)_0\left[\vartheta(v)_1{}^2\,\vartheta\left(\frac{m\omega}{n}\right)_0^2 - \vartheta(v)_0{}^2\,\vartheta\left(\frac{m\omega}{n}\right)_1^2\right]$$
$$\left[\vartheta(v)_1{}^2\,\vartheta\left(\frac{2m\omega}{n}\right)_0^2 - \vartheta(v)_0{}^2\,\vartheta\left(\frac{2m\omega}{n}\right)_1^2\right] \cdots\cdots\cdots$$
$$\cdots\cdot\left[\vartheta(v)_1{}^2\,\vartheta\left(\left(\frac{n}{2}-1\right)\frac{m\omega}{n}\right)_0^2 - \vartheta(v)_0{}^2\,\vartheta\left(\left(\frac{n}{2}-1\right)\frac{m\omega}{n}\right)_1^2\right], \quad (7)$$

und wenn man hierin für v die Substitution $v - \frac{1}{2}$ macht, so erhält man, wie man leicht aus der Transformationstabelle der ϑ-Funktionen des § 4 ersieht, wenn man

$$e^{\left(\frac{a_0 a_1}{4} - \frac{a_0}{2} + \frac{1}{2}\right)\pi i} = \varrho$$

setzt, wo ϱ eine 4te Einheitswurzel vorstellt, die folgende Gleichung:

$$\varrho e^{i\pi(a_0+a_1\tau')a_1v^2}\,\vartheta(v',\tau')_2 = C\,\vartheta(v)_2\,\vartheta(v)_3\left[\vartheta(v)_2{}^2\,\vartheta\left(\frac{m\omega}{n}\right)_0^2 - \vartheta(v)_3{}^2\,\vartheta\left(\frac{m\omega}{n}\right)_1^2\right]$$
$$\left[\vartheta(v)_2{}^2\,\vartheta\left(\frac{m\omega}{n}\right)_0^2 - \vartheta(v)_3{}^2\,\vartheta\left(\frac{m\omega}{n}\right)_1^2\right] \cdots\cdots\cdots$$
$$\cdots\cdot\left[\vartheta(v)_2{}^2\,\vartheta\left(\left(\frac{n}{2}-1\right)\frac{m\omega}{n}\right)_0^2 - \vartheta(v)_3{}^2\,\vartheta\left(\left(\frac{n}{2}-1\right)\frac{m\omega}{n}\right)_1^2\right], \quad (8)$$

woraus sich für $v = v' = 0$ der Werth der Constanten

$$C = \frac{\varrho\,.\,\vartheta_2'}{\vartheta_2\,.\,\vartheta_3\,.\,\vartheta_0{}^{n-2}\,\vartheta\left(\frac{m\omega}{n}\right)_2^2\,\vartheta\left(\frac{2m\omega}{n}\right)_2^2 \cdots\cdot\,\vartheta\left(\left(\frac{n}{2}-1\right)\frac{m\omega}{n}\right)_2^2} \quad (9)$$

ergiebt.*)

---

*) Ich will bemerken, dass die Berechnung der Constanten C für den Fall der Transformation eines paaren Grades zur Herstellung der Transformationsformeln der elliptischen Funktionen nothwendig ist, während man sie bei der Transformation eines unpaaren Grades nur

Für die Bildung des graden transformirten ϑ mit dem Index 0 ist zu beachten, dass dasselbe nach den obigen Auseinandersetzungen für

$$v = \frac{a_0 \tau - b_0}{2n}$$

oder auch für

$$v = \frac{a_0\tau - b_0}{2n} + \frac{pb_1 - qb_0 - (pa_1 - qa_0)\tau}{n}$$

verschwindet, da das Argument v' für den zweiten Summanden der rechten Seite nur um ganze Zahlen oder ganze Vielfache von τ' vermehrt wird (p und q sind noch unbestimmte ganze Zahlen), und ebenso wird jedes ungrade ganze Vielfache dieses Werthes von v das transformirte $\vartheta(v', \tau')_0$ zu Null machen.

Bringt man den obigen Werth von v in die folgende Form:

$$\frac{2pb_1 - (2q+1)b_0 - [2pa_1 - (2q+1)a_0]\tau}{2n},$$

so wird man $p = 1$ setzen und $2q + 1 = q'$ so bestimmen können, dass die beiden Ausdrücke:

$$q'b_0 - 2b_1, \quad q'a_0 - 2a_1 \quad . \quad . \quad . \quad . \quad . \quad (\alpha)$$

relativ prime Zahlen sind. Denn erstlich ist

$$2a_0 b_1 - 2a_1 b_0 > 0,$$

und ferner haben die vier Zahlen b_0, $2b_1$, a_0, $2a_1$ keinen gemeinsamen Theiler, da b_0, b_1, a_0, a_1 der Voraussetzung nach keinen solchen haben und, weil a_0 der Annahme nach ungrade, auch der Theiler 2 den vier Zahlen nicht gemein sein kann. Es genügen somit die vier Zahlen b_0, $2b_1$, a_0, $2a_1$ den beiden im § 21 aufgestellten Bedingungen, und die Zahl q' ist daher so bestimmbar, dass die beiden Grössen (α) zu einander relativ prim sind, wobei noch zu bemerken, dass sich q' bei der Bestimmung nothwendig als ungrade Zahl ergeben muss, da im entgegengesetzten Falle die beiden Zahlen (α) den Theiler 2 gemeinsam hätten.

Bildet man nunmehr, wenn

$$\frac{2pb_1 - (2q+1)b_0 - [2pa_1 - (2q+1)a_0]\tau}{2n} = w$$

---

zur vollständigen Entwicklung der Transformationsformeln der ϑ-Funktionen brauchte, für die Berechnung des $sn\left(\frac{u}{a}, k\right)$ sowohl als des transformirten Integralmoduls jedoch unbestimmt lassen konnte, da die Constante in allen vier transformirten ϑ-Funktionen dieselbe war.

gesetzt wird, die folgenden ungraden Vielfachen dieser Grösse:

$$\begin{array}{ll} 1\,.\,w & -1\,.\,w \\ 3\,.\,w & -3\,.\,w \\ 5\,.\,w & -5\,.\,w \quad \ldots\ldots \quad (\beta) \\ \vdots & \vdots \\ (n-1)\,.\,w & -(n-1)\,.\,w, \end{array}$$

deren Anzahl n und die sämmtlich für v gesetzt das transformirte $\vartheta(v', \tau')_0$ zu Null machen, so behaupte ich, dass diese Werthe wesentlich verschieden, d. h. sich nicht bloss um ganze Zahlen oder ganze Vielfache des τ unterscheiden können. Denn wäre dies nicht der Fall, so folgte:

$$r\,.\,w = s\,.\,w + \alpha + \beta\tau,$$

oder wenn man den obigen Werth des w einsetzt:

$$(r-s)\,\frac{2pb_1-(2q+1)b_0-[2pa_1-(2q+1)a_0]\tau}{2n} = \alpha + \beta\tau$$

oder

$$(r-s)\,[2pb_1-(2q+1)\,b_0] = 2n\alpha$$

und

$$(r-s)\,[2pa_1-(2q+1)a_0] = 2n\beta,$$

welche Gleichungen offenbar nicht statthaben können, da $r-s$ nicht durch $2n$ theilbar ist und die beiden Grössen

$$2pb_1-(2q+1)b_0\,, \quad 2pa_1-(2q+1)a_0$$

relative Primzahlen sind.*)

Wir erhalten daher in dem Systeme (β) n wesentlich verschiedene Werthe des v, für welche die transformirte ϑ-Funktion verschwindet, und somit die folgende Gleichung:

$$e^{i\pi(a_0+a_1\tau')a_1v^2}\,\vartheta(v',\tau')_0$$
$$= C'\,[\vartheta(v)_1{}^2\vartheta(w)_0{}^2-\vartheta(v)_0{}^2\vartheta(w)_1{}^2][\vartheta(v)_1{}^2\vartheta(3w)_0{}^2-\vartheta(v)_0{}^2\vartheta(3w)_1{}^2]\ldots$$
$$\ldots[\vartheta(v)_1{}^2\vartheta((n-1)w)_0{}^2-\vartheta(v)_0{}^2\vartheta((n-1)w)_1{}^2] \quad \ldots\ldots \quad (10).$$

Macht man hierin für v die Substitution $v-\frac{1}{2}$ und setzt:

$$e^{\frac{a_0a_1\pi i}{4}} = \sigma,$$

wo σ eine vierte Einheitswurzel bedeutet, so ergiebt sich:

---

*) Genau nach derselben Methode werden für alle Fälle der gradzahligen Transformation die Werthe des v bestimmt, für welche die transformirte ϑ-Funktion verschwindet.

$$\sigma \, . \, e^{i\pi(a_0 + a_1\tau')a_1 v^2} \, \vartheta(v', \tau')_3$$
$$= C' \left[\vartheta(v)_2{}^2 \vartheta(w)_0{}^2 - \vartheta(v)_3{}^2 \vartheta(w)_1{}^2\right] \left[\vartheta(v)_2{}^2 \vartheta(3w)_0{}^2 - \vartheta(v)_3{}^2 \vartheta(3w)_1{}^2\right] \ldots$$
$$\ldots \left[\vartheta(v)_2{}^2 \vartheta((n-1)w)_0{}^2 - \vartheta(v)_3{}^2 \vartheta((n-1)w)_1{}^2\right], \quad . \quad . \quad . \quad (11)$$

woraus für die Constante C' der Werth folgt:

$$C' = \frac{\sigma \, . \, \vartheta_3}{\vartheta_0{}^n \, . \, \vartheta(w)_2{}^2 \, . \, \vartheta(3w)_2{}^2 \, \ldots . \, \vartheta((n-1)w)_2{}^2} \quad . \quad . \quad (12).$$

Durch Division der Gleichungen (10) und (11) ergiebt sich, wenn die Argumente v und v' verschwinden:

$$\sqrt{k_1} = (-1)^{\frac{n}{2}} \, \sigma \cdot \frac{\vartheta(w)_1{}^2 \, \vartheta(3w)_1{}^2 \, \ldots . \, \vartheta((n-1)w)_1{}^2}{\vartheta(w)_2{}^2 \, \vartheta(3w)_2{}^2 \, \ldots . \, \vartheta((n-1)w)_2{}^2} \cdot\cdot, \quad (13)$$

oder wenn

$$2\,C w = \bar{w}$$

gesetzt wird,

$$\sqrt{k_1} = (-1)^{\frac{n}{2}} \, \sigma \, c_1{}^{\frac{n}{2}} \cdot \frac{sn(\bar{w})^2 \, . \, sn(3\bar{w})^2 \, \ldots . \, sn((n-1)\bar{w})^2}{cn(\bar{w})^2 \, . \, cn(3\bar{w})^2 \, \ldots . \, cn((n-1)\bar{w})^2}$$
$$= (-1)^{\frac{n}{2}} \, \sigma \, c_1{}^{\frac{n}{2}} \, . \, \left\{tn(\bar{w}) \, . \, tn(3\bar{w}) \, \ldots . \, tn((n-1)\bar{w})\right\}^2 \cdot\cdot \quad (14).$$

Bildet man ferner den Quotienten der Gleichungen (7) und (10), so erhält man:

$$\frac{\vartheta(v', \tau')_1}{\vartheta(v', \tau')_0} = \sqrt{k} \cdot \frac{\varrho}{\sigma} \frac{\vartheta_0 \, \vartheta_0}{\vartheta_2 \, \vartheta_3} \cdot \frac{\vartheta(w)_2{}^2 \, \vartheta(3w)_2{}^2 \, \ldots . \, \vartheta((n-1)w)_2{}^2}{\vartheta\left(\frac{m\omega}{n}\right)_2^2 \vartheta\left(\frac{2m\omega}{n}\right)_2^2 \ldots . \, \vartheta\left(\left(\frac{n}{2}-1\right)\frac{m\omega}{n}\right)_2^2} \times$$
$$\vartheta(v)_1 \, \vartheta(v)_0 \frac{\left\{\vartheta(v)_1{}^2 \vartheta\left(\frac{m\omega}{n}\right)_0^2 - \vartheta(v)_0{}^2 \vartheta\left(\frac{m\omega}{n}\right)_1^2\right\}\left\{\vartheta(v)_1{}^2 \vartheta\left(\frac{2m\omega}{n}\right)_0^2 - \vartheta(v)_0{}^2 \vartheta\left(\frac{2m\omega}{n}\right)_1^2\right\}}{\left\{\vartheta(v)_1{}^2 \vartheta(w)_0{}^2 - \vartheta(v)_0{}^2 \vartheta(w)_1{}^2\right\}\left\{\vartheta(v)_1{}^2 \vartheta(3w)_0{}^2 - \vartheta(v)_0{}^2 \vartheta(3w)_1{}^2\right\} \ldots .}$$
$$\frac{\ldots . \left\{\vartheta(v)_1{}^2 \, \vartheta\left(\left(\frac{n}{2}-1\right)\frac{m\omega}{n}\right)_0^2 - \vartheta(v)_0{}^2 \, \vartheta\left(\left(\frac{n}{2}-1\right)\frac{m\omega}{n}\right)_1^2\right\}}{\ldots . \left\{\vartheta(v)_1{}^2 \, \vartheta((n-1)w)_0{}^2 - \vartheta(v)_0{}^2 \, \vartheta((n-1)w)_1{}^2\right\}}$$

oder

$$sn\left(\frac{u}{a}, k\right) = \frac{\varrho}{\sigma} \left\{\frac{cn(\bar{w}) \, . \, cn(3\bar{w}) \, \ldots . \, cn((n-1)\bar{w})}{cn\left(\frac{m\bar{\omega}}{n}\right) . \, cn\left(\frac{2m\bar{\omega}}{n}\right) \ldots . \, cn\left(\left(\frac{n}{2}-1\right)\frac{m\bar{\omega}}{n}\right)}\right\}^2 \times$$
$$sn(u) \frac{\left\{sn^2(u) - sn^2\left(\frac{m\bar{\omega}}{n}\right)\right\}\left\{sn^2(u) - sn^2\left(\frac{2m\bar{\omega}}{n}\right)\right\} \ldots .}{\left\{sn^2(u) - sn^2(\bar{w})\right\}\left\{sn^2(u) - sn^2(3\bar{w})\right\} \ldots .}$$
$$\frac{\ldots . \left\{sn^2(u) - sn^2\left(\left(\frac{n}{2}-1\right)\frac{m\bar{\omega}}{n}\right)\right\}}{\ldots . \left\{sn^2(u) - sn^2((n-1)\bar{w})\right\}}, \quad . \quad . \quad . \quad . \quad . \quad (15)$$

oder auch:

$$sn\left(\frac{u}{a}, k\right) = -\frac{\varrho}{\sigma}\left\{\frac{tn\left(\frac{m\bar{\omega}}{n}\right) . tn\left(\frac{2m\bar{\omega}}{n}\right) \dots tn\left(\left(\frac{n}{2}-1\right)\frac{m\bar{\omega}}{n}\right)}{tn(\bar{w}) . tn(3\bar{w}) \dots tn((n-1)\bar{w})}\right\}^2 \times$$

$$sn(u)\frac{\left\{1-\frac{sn^2 u}{sn^2\left(\frac{m\bar{\omega}}{n}\right)}\right\}\left\{1-\frac{sn^2 u}{sn^2\left(\frac{2m\bar{\omega}}{n}\right)}\right\}\dots}{\left\{1-\frac{sn^2 u}{sn^2 \bar{w}}\right\}\left\{1-\frac{sn^2 u}{sn^2 3\bar{w}}\right\}\dots}$$

$$\frac{\dots\left\{1-\frac{sn^2 u}{sn^2\left(\left(\frac{n}{2}-1\right)\frac{m\bar{\omega}}{n}\right)}\right\}}{\dots\left\{1-\frac{sn^2 u}{sn^2((n-1)\bar{w})}\right\}} \quad . \quad . \quad . \quad (16).$$

Setzt man hierin auf beiden Seiten $u = 0$, so ergiebt sich für den Multiplicator a des transformirten Integrales die Gleichung

$$\frac{1}{a} = -\frac{\varrho}{\sigma}\left\{\frac{tn\left(\frac{m\bar{\omega}}{n}\right) . tn\left(\frac{2m\bar{\omega}}{n}\right) \dots tn\left(\left(\frac{n}{2}-1\right)\frac{m\bar{\omega}}{n}\right)}{tn(\bar{w}) . tn(3\bar{w}) \dots tn((n-1)\bar{w})}\right\}^2, \quad (17)$$

und führt man sodann die oberen Gränzen der in einander zu transformirenden Integrale ein, so erhält man:

$$y = \frac{x}{a} \cdot \frac{\left\{1-\frac{x^2}{sn^2\left(\frac{m\bar{\omega}}{n}\right)}\right\}\left\{1-\frac{x^2}{sn^2\left(\frac{2m\bar{\omega}}{n}\right)}\right\}\dots}{\left\{1-\frac{x^2}{sn^2(\bar{w})}\right\}\left\{1-\frac{x^2}{sn^2(3\bar{w})}\right\}\dots}$$

$$\frac{\dots\left\{1-\frac{x^2}{sn^2\left(\left(\frac{n}{2}-1\right)\frac{m\bar{\omega}}{n}\right)}\right\}}{\dots\left\{1-\frac{x^2}{sn^2((n-1)\bar{w})}\right\}}, \quad (18)$$

welcher Ausdruck sich in seiner Form von dem für unpaare Transformationen geltenden dadurch unterscheidet, dass in jenem der Grad des Zählers den des Nenners, in diesem der Grad des Nenners den des Zählers um eine Einheit übersteigt.

Ich will nun zeigen, dass die beiden oben angegebenen Klassen von Transformationen paaren Grades, in denen entweder

$$a_0 \text{ ungrade}, \quad a_1 \text{ grade}, \quad b_0 \text{ grade}, \quad b_1 \text{ grade}$$

oder

$$a_0 \text{ ungrade}, \quad a_1 \text{ grade}, \quad b_0 \text{ grade}, \quad b_1 \text{ grade},$$

die einzigen sind, in denen sich y als rationale Funktion von x ausdrückt, während für die andern nur die drei elliptischen Funktionen des einen Integrales rationale Funktionen der drei elliptischen Funktionen des transformirten Integrales sind.

Da nämlich die ungrade transformirte ϑ-Funktion stets in der Form der Gleichung (3) darstellbar ist, so wird, wenn wir uns den Ausdruck durch $\vartheta\,(v)_0{}''$ dividirt denken, von dem Faktor

$$\frac{\vartheta\,(v)_1\,\vartheta\,(v)_\alpha}{\vartheta\,(v)_0\,\vartheta\,(v)_0}$$

abgesehen, die rechte Seite der Gleichung eine ganze rationale Funktion mit nur graden Potenzen von x bilden. Die grade transformirte ϑ-Funktion mit dem Index 0 dagegen wird sich nun in zwei verschiedenen Formen ergeben können:

1) Es habe diese Funktion die Form der Gleichung (3), d. h. sie gehe aus der ungraden transformirten ϑ-Funktion durch Substitution einer halben Periode für v hervor, dann wird, wenn man auch hier den gesammten Ausdruck durch $\vartheta\,(v)_0{}''$ dividirt, von dem ersten Faktor abgesehen, dieser Quotient eine ganze rationale Funktion mit nur graden Potenzen von x sein, da in allen Klammern nur die Quadrate der ϑ-Funktionen vorkommen. Und wenn man endlich diese transformirten ϑ-Ausdrücke durch einander dividirt, so wird der Ausdruck nur ganze grade Potenzen des x enthalten, von einem Faktor abgesehen, der in den folgenden dreierlei Formen auftreten kann:

$$\frac{\dfrac{\vartheta\,(v)_1\,\vartheta\,(v)_0}{\vartheta\,(v)_0\,\vartheta\,(v)_0}}{\dfrac{\vartheta\,(v)_2\,\vartheta\,(v)_3}{\vartheta\,(v)_0\,\vartheta\,(v)_0}} \quad \text{oder} \quad \frac{\dfrac{\vartheta\,(v)_1\,\vartheta\,(v)_2}{\vartheta\,(v)_0\,\vartheta\,(v)_0}}{\dfrac{\vartheta\,(v)_0\,\vartheta\,(v)_3}{\vartheta\,(v)_0\,\vartheta\,(v)_0}} \quad \text{oder} \quad \frac{\dfrac{\vartheta\,(v)_1\,\vartheta\,(v)_3}{\vartheta\,(v)_0\,\vartheta\,(v)_0}}{\dfrac{\vartheta\,(v)_0\,\vartheta\,(v)_2}{\vartheta\,(v)_0\,\vartheta\,(v)_0}}$$

oder

$$A\,\frac{x}{\sqrt{1-x^2}\,\sqrt{1-c^2x^2}}, \quad B\,\frac{x\sqrt{1-x^2}}{\sqrt{1-c^2x^2}}, \quad C\,\frac{x\sqrt{1-c^2x^2}}{\sqrt{1-x^2}},$$

es kann sich somit y in diesem Falle nicht als eine rationale Funktion von x darstellen lassen.

2) Stellt sich $\vartheta\,(v', \tau')_0$ in der Form der Gleichung (5) dar, so ist, wenn man den Ausdruck durch $\vartheta\,(v)_0{}''$ dividirt, dieser

Quotient in jedem Falle eine ganze Funktion von x mit nur graden Potenzen dieser Grösse, und es wird also der in $\vartheta(v', \tau')_1$ vorkommende Faktor

$$\frac{\vartheta(v)_1 \, \vartheta(v)_\alpha}{\vartheta(v)_0 \, \vartheta(v)_0}$$

darüber entscheiden, ob y sich als rationale Funktion von x darstellen lässt. Da dies aber offenbar nur dann der Fall sein kann, wenn $\alpha = 0$ ist, so muss für die Transformationszahlen nach den oben gemachten Auseinandersetzungen die Bedingung gelten, dass b_0 und b_1 grade Zahlen sind, und wenn noch ausserdem $\vartheta(v', \tau')_0$ in der Form der Gleichung (5) sich darstellen lassen soll, so folgt, dass

a_0 ungrade, a_1 grade oder a_0 ungrade, a_1 ungrade sind,

mithin dieselben Bedingungen, die wir oben gefunden.

Wir haben somit in den vorher ausgeführten Formeln für eine Transformation paaren Grades alle Fälle erschöpft, in denen das y sich als rationale Funktion der entsprechenden Grösse x ausdrücken lässt.

Zehnter Abschnitt.

Ausführung der Transformationsformeln für ein beliebiges elliptisches Integral.

§ 26. Die Transformation der elliptischen Integrale zweiter und dritter Gattung.

Nachdem wir die allgemeine rationale Transformation für das elliptische Integral erster Gattung behandelt, wird es nach den in den ersten drei Paragraphen gemachten Auseinandersetzungen möglich sein, die rationale Transformation eines beliebigen elliptischen Integrales

$$\int \frac{r\,dx}{\sqrt{(1-x^2)(1-c^2x^2)}} \quad \ldots\ldots\ldots \quad (1)$$

auf ein anderes von der Form

$$\int F\left(y, \sqrt{(1-y^2)(1-k^2y^2)}\right) dy \quad \ldots\ldots \quad (2)$$

durchzuführen.

Da nämlich gezeigt worden, dass die Möglichkeit der rationalen Transformation des Integrales (1) in (2) die nothwendige Bedingung nach sich zieht, dass dann auch das elliptische Integral erster Gattung

$$\int \frac{dx}{\sqrt{(1-x^2)(1-c^2x^2)}}$$

in das Integral erster Gattung

$$\int \frac{dy}{\sqrt{(1-y^2)(1-k^2y^2)}}$$

transformirbar ist, und dies Problem im Vorigen vollständig erledigt worden, so wird es sich nur darum handeln, das vorgelegte Integral (1) nach bekannten Methoden in die Summe eines elliptischen Integrales erster Gattung, eines zweiter Gattung, einer Summe von elliptischen Integralen dritter Gattung und einen algebraisch-logarithmischen Theil zu zerlegen und unter der Voraussetzung der Transformationsformeln für die Gleichung

$$\int_0^x \frac{dx}{\sqrt{(1-x^2)(1-c^2x^2)}} = \mu \int_0^y \frac{dy}{\sqrt{(1-y^2)(1-k^2y^2)}}$$

jeden einzelnen Theil für sich zu transformiren.

Es ist somit das Transformationsproblem des allgemeinen elliptischen Integrales auf die Lösung der Aufgabe zurückgeführt, die Transformationsformeln des elliptischen Integrales zweiter und dritter Gattung zu entwickeln, wenn man die des ersten Integrales als bekannt voraussetzt; und zwar wollen wir hier nur den Fall behandeln, in welchem die elliptischen Integrale erster Gattung durch eine Transformation unpaaren Grades in einander übergeführt werden, indem wir die Transformationen paaren Grades aus solchen unpaaren und zweiten Grades zusammensetzen oder auch für dieselben nach der jetzt folgenden Methode mit Hülfe der im § 25 entwickelten Transformationsformeln verfahren können.

Das elliptische Integral zweiter Gattung lautete nach § 1:

$$\pi_0(x, c) = \int_0^x \frac{x^2 dx}{\sqrt{(1-x^2)(1-c^2x^2)}}$$

oder

$$\pi_0(x, c) = \frac{1}{c^2}\int_0^x \frac{dx}{\sqrt{(1-x^2)(1-c^2x^2)}} - \frac{1}{c^2}\int_0^x \frac{(1-c^2x^2)\, dx}{\sqrt{(1-x^2)(1-c^2x^2)}}$$

$$= \frac{u}{c^2} - \frac{1}{c^2}\int_0^u dn^2 u \,.\, du,$$

wenn

$$\int_0^x \frac{dx}{\sqrt{(1-x^2)(1-c^2x^2)}} = u$$

gesetzt wird.

Bezeichnet man:

$$\int_0^u dn^2 u \,.\, du \text{ mit } E(u),$$

so dass:

$$\int_0^u du\,[dn^2(u+a) + dn^2(u-a)] = E(u+a) + E(u-a)$$

ist, dann ergiebt die letzte Gleichung des § 24:

$$\frac{1}{a^2} dn^2\left(\frac{u}{a}, k\right)$$

$$= dn^2 u + \sum_{1}^{\frac{n-1}{2}} q \left\{ dn^2\left(u + 4q\frac{m\bar{\omega}}{n}\right) + dn^2\left(u - 4q\frac{m\bar{\omega}}{n}\right)\right\} + 2\sigma_1,$$

oder wenn diese Gleichung zwischen den Gränzen 0 und u integrirt wird:

$$\frac{1}{a} E\left(\frac{u}{a}, k\right) = E(u) + \sum_{1}^{\frac{n-1}{2}} q \left\{ E\left(u + 4q\frac{m\bar{\omega}}{n}\right) + E\left(u - 4q\frac{m\bar{\omega}}{n}\right)\right\} + 2\sigma_1 u;$$

da nun nach dem Additionstheoreme der elliptischen Integrale zweiter Gattung:

$$E(u + v) + E(u - v) = 2E(u) - \frac{2c^2 sn^2 v \,.\, snu \,.\, cnu \,.\, dnu}{1 - c^2 sn^2 v sn^2 u},$$

so geht die Beziehung zwischen der transformirten E-Funktion und der ursprünglichen über in:

$$n E(u) - \frac{1}{a} E\left(\frac{u}{a}, k\right) + 2\sigma_1 u$$

$$= -2c^2 snu \,.\, cnu \,.\, dnu \sum_{1}^{\frac{n-1}{2}} q \frac{sn^2 4q\frac{m\bar{\omega}}{n}}{1 - c^2 sn^2 u \,.\, sn^2 4q\frac{m\bar{\omega}}{n}}.$$

Es lautet somit, da

$$\pi_0(x, c) = \frac{u}{c^2} - \frac{1}{c^2} E(u, c)$$

ist, die Transformationsformel unpaaren Grades für die elliptischen Integrale zweiter Gattung, wenn man die im § 24 entwickelte Relation:

$$n - \frac{1}{a^2} + 2\sigma_1 = 2c^2\varrho$$

berücksichtigt, folgendermassen:

$$\frac{k^2}{a} \pi_0(y, k) - n^2 c^2 \pi_0(x, c) + 2c^2 \varrho u$$

$$= -2c^2 snu \,.\, cnu \,.\, dnu \,.\, \sum_{1}^{\frac{n-1}{2}} q \frac{sn^2 4q\frac{m\bar{\omega}}{n}}{1 - c^2 sn^2 u \,.\, sn^2 4q\frac{m\bar{\omega}}{n}}.$$

Ich gehe nun zur Lösung der analogen Aufgabe für die elliptischen Integrale dritter Gattung über, die ich unmittelbar aus den oben gegebenen Transformationsformeln der ϑ-Funktionen für einen unpaaren Transformationsgrad herleiten will.

Das durch die Gleichung:

$$\Pi(u, \alpha, c) = \int_0^u \frac{c^2 \,.\, sn\alpha \,.\, cn\alpha \,.\, dn\alpha \,.\, sn^2 u\, du}{1 - c^2 sn^2\alpha\, sn^2 u}$$

definirte elliptische Integral dritter Gattung wird bekanntlich mit Hülfe der ϑ-Funktionen in folgender Weise ausgedrückt:

$$\Pi(u, \alpha, c) = u \cdot d \log \frac{\vartheta\left(\frac{\alpha}{2C}, \tau\right)_0}{\partial \alpha} + \frac{1}{2} \log \left\{ \frac{\vartheta\left(\frac{u-\alpha}{2C}, \tau\right)_0}{\vartheta\left(\frac{u+\alpha}{2C}, \tau\right)_0} \right\} \quad (3).$$

Ebenso ergiebt sich:

$$\Pi\left(\frac{u}{a}, \frac{\alpha}{a}, k\right) = u \cdot d \log \frac{\vartheta\left(\frac{\alpha}{2aK}, \tau'\right)_0}{\partial \alpha} + \frac{1}{2} \log \left\{ \frac{\vartheta\left(\frac{u-\alpha}{2aK}, \tau'\right)_0}{\vartheta\left(\frac{u+\alpha}{2aK}, \tau'\right)_0} \right\} \quad (4).$$

Nun ist aber, wie man leicht aus der Formel (8) des § 24 ersieht, da nach den Transformationsrelationen

$$v' = \frac{C}{aK} \cdot v$$

ist,

$$(-1)^{\frac{\ell-1}{2}} \,.\, \vartheta\left(\frac{\alpha}{2aK}, \tau'\right)_0 = A\, \vartheta\left(\frac{\alpha}{2C}, \tau\right)_0^n \prod_{q=1,2,\ldots \frac{n-1}{2}} \left\{1 - c^2 sn^2\alpha\, sn^2 q\frac{m\bar{\omega}}{n}\right\}$$

oder

$$d \log \frac{\vartheta\left(\frac{\alpha}{2aK}, \tau'\right)_0}{d\alpha} = n \frac{d \log \vartheta\left(\frac{\alpha}{2C}, \tau\right)_0}{d\alpha}$$

$$- 2c^2\, sn\alpha \,.\, cn\alpha \,.\, dn\alpha \sum_1^{\frac{n-1}{2}} {}_q \frac{sn^2 q\frac{m\bar{\omega}}{n}}{1 - c^2 sn^2\alpha\, sn^2 q\frac{m\bar{\omega}}{n}}, \quad (5)$$

und ebenso ergiebt sich aus der angeführten Gleichung:

$$\frac{1}{2} \log \left\{ \frac{\vartheta\left(\frac{u-a}{2aK}, \tau'\right)_0}{\vartheta\left(\frac{u+a}{2aK}, \tau'\right)_0} \right\}$$

$$= \frac{n}{2} \log \left\{ \frac{\vartheta\left(\frac{u-\alpha}{2C}, \tau\right)_0}{\vartheta\left(\frac{u+\alpha}{2C}, \tau\right)_0} \right\} + \frac{1}{2} \sum_1^{\frac{n-1}{2}} {}_q \log \left\{ \frac{1 - c^2 sn^2 q\frac{m\bar{\omega}}{n} \,.\, sn^2(u-\alpha)}{1 - c^2 sn^2 q\frac{m\bar{\omega}}{n} \,.\, sn^2(u+\alpha)} \right\} \quad (6).$$

Wenn man nunmehr die Gleichung (3) mit n multiplicirt und von Gleichung (4) abzieht, so erhält man vermöge der Relationen (5) und (6) die folgende Transformationsformel für die elliptischen Integrale dritter Gattung:

$$\Pi\left(\frac{u}{a}, \frac{\alpha}{a}, k\right) - n\,\Pi(u, \alpha, c)$$

$$= -2u \,.\, c^2\, sn\alpha \,.\, cn\alpha \,.\, dn\alpha \sum_{1}^{\frac{n-1}{2}} {}_q \frac{sn^2 q\frac{m\bar{\omega}}{n}}{1 - c^2\, sn^2\alpha\; sn^2 q\frac{m\bar{\omega}}{n}}$$

$$+ \frac{1}{2} \sum_{1}^{\frac{n-1}{2}} {}_q \log \left\{ \frac{1 - c^2 sn^2 q\frac{m\bar{\omega}}{n}\, sn^2(u-\alpha)}{1 - c^2 sn^2 q\frac{m\bar{\omega}}{n}\, sn^2(u+\alpha)} \right\} \quad . \quad . \quad (7).$$

Mit der Lösung des Transformationsproblems für die elliptischen Integrale erster, zweiter, dritter Gattung ist das allgemeine rationale Transformationsproblem für elliptische Integrale erledigt.

Eilfter Abschnitt.

Die allgemeine algebraische Transformation.

§ 27.

Nachdem im Vorigen die Lösung der Aufgabe, ein elliptisches Integral erster Gattung so in ein anderes zu transformiren, dass die drei elliptischen Funktionen des einen rationale Funktionen der elliptischen Funktionen des andern sind, vollständig entwickelt worden, wollen wir die Lösung des allgemeinen algebraischen Transformationsproblems auf jene Aufgabe zurückführen, wobei wir bemerken, dass die Möglichkeit der Zurückführung bereits in den ersten drei §§ des ersten Abschnittes gezeigt worden.

Es sollen alle möglichen Fälle gefunden werden, in denen der Differenzialgleichung

$$\frac{dx}{\sqrt{(1-x^2)(1-c^2x^2)}} = \frac{a\,dy}{\sqrt{(1-y^2)(1-k^2y^2)}} \quad . \quad . \quad (\alpha)$$

durch eine algebraische Gleichung zwischen den Veränderlichen x und y:

$$f(x, y) = 0$$

genügt werden kann, wenn $x = 0$, $y = 0$ entsprechende Werthe sind. *)

Setzt man die Seiten der Gleichung $(\alpha) = du$, so ergiebt sich, da

$$x = sn(u, c), \; y = sn\left(\frac{u}{a}, k\right),$$

die Relation

$$f\left(sn(u, c), \; sn\left(\frac{u}{a}, k\right)\right) = 0.$$

---

*) Dass diese Bedingung keine Beschränkung der Allgemeinheit involvirt, geht aus den im § 6 gemachten Auseinandersetzungen hervor.

Werden nun dem u der Reihe nach die Werthe

$$u + 4\mathfrak{m}C, \quad u + 2\mathfrak{m}'iC'$$

beigelegt, worin $\mathfrak{m}$ und $\mathfrak{m}'$ ganze Zahlen bedeuten, so erhält man die beiden Gleichungen:

$$f\left(sn\,(u + 4\mathfrak{m}C,\, c),\; sn\left(\frac{u}{a} + \frac{4\mathfrak{m}C}{a},\, k\right)\right) = 0,$$

$$f\left(sn\,(u + 2\mathfrak{m}'iC',\, c),\; sn\left(\frac{u}{a} + \frac{2\mathfrak{m}'iC'}{a},\, k\right)\right) = 0,$$

woraus sich, da diese in Bezug auf $sn\,(u,\, c)$, $sn\left(\frac{u}{a},\, k\right)$ algebraisch sind, für die unendlich vielen ganzzahligen Werthe von $\mathfrak{m}$ und $\mathfrak{m}'$ nur eine endliche Anzahl von Werthen der Grössen

$$sn\left(\frac{u}{a} + \frac{4\mathfrak{m}C}{a},\, k\right) \text{ und } sn\left(\frac{u}{a} + \frac{2\mathfrak{m}'iC'}{a},\, k\right)$$

ergeben darf; es müssen daher für gewisse $\mathfrak{m}$, $\mathfrak{n}$, $\mathfrak{m}'$, $\mathfrak{n}'$ die beiden nachfolgenden Relationen stattfinden:

$$sn\left(\frac{u}{a} + \frac{4\mathfrak{m}C}{a},\, k\right) = sn\left(\frac{u}{a} + \frac{4\mathfrak{n}C}{a},\, k\right)$$

$$sn\left(\frac{u}{a} + \frac{2\mathfrak{m}'iC'}{a},\, k\right) = sn\left(\frac{u}{a} + \frac{2\mathfrak{n}'iC'}{a},\, k\right).$$

Aus der Theorie der doppelt periodischen Funktionen folgt sonach, wenn

$$\mathfrak{m} - \mathfrak{n} = m, \quad \mathfrak{m}' - \mathfrak{n}' = m'$$

gesetzt wird,

$$\left.\begin{aligned} 4m\,C &= 4a\,r\,K + 2a\,s\,i\,K' \\ 2m'\,i\,C' &= 4a\,r'\,K + 2a\,s'\,i\,K' \end{aligned}\right\} \quad . \quad . \quad . \quad . \quad (1)$$

oder

$$2m\,C = 2a\,r\,K + a\,s\,i\,K'$$

$$m'\,i\,C' = 2a\,r'\,K + a\,s'\,i\,K',$$

woraus:

$$\tau = \frac{2m}{m'} \cdot \frac{2r' + s'\tau'}{2r + s\tau'}, \quad \tau' = \frac{2m'\,r\,\tau - 4m\,r'}{2m\,s' - s\,m'\,\tau}, \quad . \quad . \quad . \quad (2)$$

$$a = 2m \cdot \frac{C}{K}\,\frac{1}{2r + s\tau'} = \frac{C}{2K\,(r\,s' - r'\,s)}\,(2m\,s' - s\,m'\tau),$$

während die Argumente der ϑ-Funktionen, die zu diesen elliptischen Integralen gehören, durch die Gleichungen bestimmt sind:

$$\frac{u}{a} = 2K\,v', \quad u = 2C\,v.$$

also:

$$v' = \frac{C}{a\,K}\,v = \frac{2r + s\,\tau'}{2m}\,v = \frac{2\,(r\,s' - r'\,s)}{2m\,s' - s\,m'\,\tau}\,v \quad . \quad . \quad (3).$$

Dies sind die nothwendigen Bedingungen dafür, dass die Differenzialgleichung (1) ein algebraisches Integral habe, und es soll nunmehr gezeigt werden, dass es unter Hinzuziehung einer die Zahlen r, s, r', s' angehenden Bedingung auch die hinreichenden sind, mit andern Worten, dass dann zwischen

$$\vartheta\,(v', \tau')_0,\quad \vartheta\,(v', \tau')_1,\quad \vartheta\,(v', \tau')_2,\quad \vartheta\,(v', \tau')_3$$

und

$$\vartheta\,(v, \tau)_0,\quad \vartheta\,(v, \tau)_1,\quad \vartheta\,(v, \tau)_2,\quad \vartheta\,(v, \tau)_3$$

eine homogene algebraische Gleichung stattfindet.

Um die Bedingung aufzufinden, der die Zahlen r, s, r', s' genügen müssen, damit eine algebraische Transformation möglich sei, ist zu beachten, dass, wenn τ' der Modul einer ϑ-Funktion werden soll, der reelle Theil von $\frac{\tau'}{i}$ wesentlich positiv sein muss. Da nun

$$\tau' = \frac{2m'\,r\,\tau - 4m\,r'}{2m\,s' - s\,m'\,\tau},$$

so wird, wenn

$$\tau = t + t_1\,i$$

gesetzt wird, worin t_1 eine wesentlich positive Grösse ist,

$$\tau' = \frac{2m'\,r\,t - 4m\,r' + 2m'\,r\,t_1\,i}{2m\,s' - s\,m'\,t - s\,m'\,t_1\,i}$$

$$= \frac{[2m\,r\,t - 4m\,r' + 2m'\,r\,t_1\,i]\,[2m\,s' - s\,m'\,t + s\,m'\,t_1\,i]}{(2m\,s' - s\,m'\,t)^2 + s^2\,m'^2\,t_1^2},$$

es hängt somit das Zeichen des reellen Theiles von $\frac{\tau'}{i}$ von der Grösse ab:

$$(2m'rt - 4mr')\,sm't_1 + (2ms' - sm't)\,2m'rt_1,$$

oder da t_1 wesentlich positiv, von

$$mm'\,(r\,s' - r'\,s);$$

es ist also jedenfalls als eine nothwendige Bedingung für die algebraische Transformation die folgende hinzuzufügen:

$$mm'\,(r\,s' - r'\,s) > 0,$$

und es soll nunmehr gezeigt werden, dass diese und die früheren zusammen auch wirklich die hinreichenden Bedingungen liefern.

Wendet man nämlich auf das vorgelegte Integral die durch die folgenden Transformationszahlen

$$a_0 = -2m' r, \quad a_1 = -s m', \quad b_0 = -4m r', \quad b_1 = -2s' m$$

definirte rationale Transformation an, für welche der Grad

$$a_0 b_1 - a_1 b_0 = 4mm' (r s' - r' s) = n > 0$$

ist, dann ergeben sich aus den Formeln des § 5, wenn τ_1 und v_1 den Modul und das Argument der transformirten ϑ-Funktion bezeichnen, die Relationen:

$$\tau_1 = \frac{-4m r' + 2m' r \tau}{-s m' \tau + 2s' m}, \quad v_1 = -m' (2r + s \tau_1) v, \qquad (4)$$

und es folgt aus der oben durchgeführten Theorie, dass von einem Exponentialfactor abgesehen die vier ϑ-Funktionen

$$\vartheta (v_1, \tau_1)_0, \quad \vartheta (v_1, \tau_1)_1, \quad \vartheta (v_1, \tau_1)_2, \quad \vartheta (v_1, \tau_1)_3$$

sich als ganze und homogene Funktionen n^{ten} Grades durch die ϑ-Funktionen des gegebenen Systemes $\vartheta (v, \tau)_\alpha$ ausdrücken lassen.

Da nun aber

$$\tau_1 = \tau', \quad v' = -\frac{v_1}{2mm'} \quad . \quad . \quad . \quad . \quad . \quad . \quad (5)$$

ist, und nach dem im nächsten Abschnitte zu behandelnden Multiplicationsproblem

$$\vartheta (-2mm' v', \tau')_\alpha \text{ oder } \vartheta (v_1, \tau_1)_\alpha$$

sich als homogene ganze Funktion des $4m^2 m'^{2\,\text{ten}}$ Grades der ϑ-Funktionen von der Form

$$\vartheta (v', \tau')_\beta$$

darstellen lässt, so wird man, wenn dieser Ausdruck mit den oben zwischen $\vartheta (v_1, \tau_1)_\alpha$ und $\vartheta (v, \tau)_\beta$ gewonnenen homogenen Ausdrücken zusammengestellt wird, eine homogene algebraische Gleichung zwischen

$$\vartheta (v, \tau)_\alpha \text{ und } \vartheta (v', \tau')_\beta,$$

also einen algebraischen Zusammenhang zwischen den elliptischen Funktionen beider Integrale erhalten.

Es sind somit die oben aufgestellten Bedingungen (1) zwischen den Perioden der in einander zu transformirenden Integrale vereint mit der Ungleichheit

$$mm' (r s' - r' s) > 0$$

die zur algebraischen Transformation nothwendigen und hinreichenden Bedingungen.

Ich schliesse nunmehr die allgemeine Transformationstheorie mit einer Bemerkung, die es rechtfertigen soll, dass wir uns von Anfang an nur mit solchen rationalen Transformationen beschäftigt haben, für welche sich nicht nur y als rationale Funktion von x, sondern die drei elliptischen Funktionen des einen Integrales rational durch die drei elliptischen Funktionen des andern Integrales ausdrücken lassen sollten. Stellt man sich nämlich die folgende Aufgabe:

Es ist das System von Differentialgleichungen vorgelegt:

$$\frac{dx}{\sqrt{(1-x^2)(1-c^2x^2)}} = du, \quad \frac{a\,dy}{\sqrt{(1-y^2)(1-k^2y^2)}} = du,$$

es sollen k und a auf die allgemeinste Weise so bestimmt werden, dass y eine rationale Funktion von x ist, so ergeben sich offenbar für die Perioden der beiden Integrale die nachfolgenden Bedingungsgleichungen *):

$$\left.\begin{aligned} 4C &= 4r\,a\,K + 2s\,a\,i\,K' \\ 2i\,C' &= 4r'\,a\,K + 2s'\,a\,i\,K' \end{aligned}\right\}, \quad \ldots \quad (6)$$

für welche

$$r\,s' - r'\,s > 0$$

ist.

Diese Beziehungen sind offenbar die der Gleichungen (1), wenn in diesen $m = 1$, $m' = 1$ gesetzt werden, und es ist somit auch hier mit Beibehaltung der oben eingeführten Bezeichnungen jede der Funktionen

$$\vartheta(v_1, \tau_1)_0, \quad \vartheta(v_1, \tau_1)_1, \quad \vartheta(v_1, \tau_1)_2, \quad \vartheta(v_1, \tau_1)_3$$

eine ganze homogene Funktion des $r\,s' - r'\,s^{\text{ten}}$ Grades der ϑ-Funktionen des gegebenen Integrales. Nun lässt sich aber

$$\vartheta(v_1, \tau_1)_\alpha = \vartheta(-2v', \tau')_\alpha$$

als homogene ganze Funktion 4ten Grades durch die ϑ-Funktionen mit dem Argumente v' und dem Modul τ' ausdrücken, und es wird sich daher im Allgemeinen für beliebige r, s, r', s' nur ein algebraischer, nicht ein rationaler Zusammenhang zwischen den transformirten ϑ-Funktionen und den ϑ-Funktionen des vor-

*) S. die Betrachtungen des § 5.

gelegten Systemes ergeben. Man ersieht endlich leicht aus den Gleichungen (2) und (3), dass nur, wenn

$$r' = \frac{\varrho'}{2}, \quad s = 2\sigma$$

gesetzt wird, wofür

$$r s' - r' s = r s' - \varrho' \sigma$$

ist, der algebraische Zusammenhang zwischen y und x ein rationaler wird; dann gehen aber nach (6) die Periodengleichungen in

$$4C = 4r \,.\, a K + 4\sigma \,.\, a i K'$$
$$4i C' = 4\varrho' \, a K + 4s' \, a \, i \, K',$$

d. h. in die Periodengleichungen des § 5 über. Finden also nicht die im § 5 aufgestellten Bedingungen (4) statt, d. h. lassen sich nicht die drei elliptischen Funktionen des einen Integrales rational durch die drei elliptischen Funktionen des andern Integrales ausdrücken, so wird auch im Allgemeinen die obere Gränze des transformirten Integrales nicht eine rationale Funktion der oberen Gränze des vorgelegten Integrales sein können, und wir waren somit von Anfang an für die Behandlung des allgemeinen rationalen Transformationsproblems berechtigt, nur den Fall zu betrachten, für den die drei elliptischen Funktionen des einen Integrales rationale Funktionen der drei elliptischen Funktionen des andern Integrales sein sollten.

Zwölfter Abschnitt.

Die Multiplication der elliptischen Funktionen.

§ 28. Definition des Multiplicationsproblems.

Unmittelbar mit der Transformationstheorie hängt die Lehre von der Multiplication der elliptischen Funktionen zusammen, die wir in diesem Abschnitte behandeln wollen.

Wir definiren das Multiplicationsproblem folgendermassen:

Es ist die Differentialgleichung

$$\frac{dx}{\sqrt{(1-x^2)(1-c^2x^2)}} = \frac{a\,dy}{\sqrt{(1-y^2)(1-c^2y^2)}} \quad . \quad . \quad . \quad (1)$$

vorgelegt, in der c eine beliebig gegebene, a eine zu bestimmende Grösse ist; es sollen alle möglichen Fälle gefunden werden, in denen man der Differentialgleichung (1) durch eine algebraische Gleichung zwischen x und y genügen kann, wenn $x = 0$ $y = 0$ entsprechende Werthe sind*).

Setzt man

$$\frac{dx}{\sqrt{(1-x^2)(1-c^2x^2)}} = du, \quad \frac{dy}{\sqrt{(1-y^2)(1-c^2y^2)}} = d\,\frac{u}{a},$$

so werden die im § 27 für die algebraische Transformation aufgestellten Bedingungsgleichungen (1) unter den Perioden der in

*) Auch hier ist diese Bedingung ebenso wenig, wie sie es für das Transformationsproblem war, eine Beschränkung der Allgemeinheit.

einander überzuführenden Integrale die für die algebraische Multiplication nothwendigen Bedingungen liefern, wenn man in diesen

$$K = C, \quad K' = C'$$

setzt, und man erhält somit für die Perioden des vorgelegten Integrales die folgenden Gleichungen:

$$\left.\begin{aligned} 2m\, C &= 2a\, r\, C + a\, s\, i\, C' \\ m'\, i\, C' &= 2a\, r'\, C + a\, s'\, i\, C' \end{aligned}\right\}, \quad \ldots \quad (2)$$

also durch Division:

$$\frac{m'}{2m}\tau = \frac{2r' + s'\tau}{2r + s\tau}$$

oder

$$m'\, s\, \tau^2 + 2\tau\,(r\, m' - m\, s') - 4m\, r' = 0 \quad \ldots \quad (3).$$

Da aber τ, wenn es nur der Convergenzbedingung der ϑ-Funktion unterworfen wird, im Uebrigen beliebig, also im Allgemeinen nicht grade die Lösung einer quadratischen Gleichung mit ganzzahligen Coefficienten sein soll, so müssen die Transformationszahlen der Perioden den Gleichungen genügen:

$$m's = 0, \quad rm' - ms' = 0, \quad mr' = 0, \quad \ldots \quad (4)$$

und daher, weil m und m' nicht Null sein können, wie unmittelbar aus den Gleichungen (2) hervorgeht,

$$s = 0, \quad r' = 0, \quad rm' - ms' = 0, \quad \ldots \quad (5)$$

oder mit Hülfe der ersten der obigen Periodengleichungen (2):

$$a = \frac{m}{r} = \frac{m'}{s'};$$

d. h. der Multiplicator a muss, wenn eine algebraische Multiplication für ein beliebiges c möglich sein soll, eine rationale Zahl sein.

Wir werden nun im Nachfolgenden zeigen, dass wenn a eine ganze rationale Zahl, das algebraische Multiplicationsproblem stets lösbar ist und werden die vollständigen Auflösungen desselben entwickeln. Ich will jetzt nachweisen, dass, wenn wir die Lösung des ganzzahligen Multiplicationsproblems als bekannt voraussetzen, sich von der vorher gefundenen nothwendigen Bedingung für die allgemeine algebraische Multiplication, dass nämlich a eine rationale Zahl ist, leicht nachweisen lässt, dass sie auch die hinreichende sei.

Denn sei

$$a = \frac{m}{r},$$

worin m und r ganze Zahlen sind, und die Differenzialgleichung:

$$\frac{dx}{\sqrt{(1-x^2)(1-c^2x^2)}} = \frac{m}{r} \frac{dy}{\sqrt{(1-y^2)(1-c^2y^2)}}$$

vorgelegt, so wird man diese in die folgenden beiden Differentialgleichungen:

$$\frac{dx}{\sqrt{(1-x^2)(1-c^2x^2)}} = m \frac{dz}{\sqrt{(1-z^2)(1-c^2z^2)}},$$

$$\frac{dy}{\sqrt{(1-y^2)(1-c^2y^2)}} = r \frac{dz}{\sqrt{(1-z^2)(1-c^2z^2)}}$$

zerlegen können, von denen eine jede der Voraussetzung nach ein algebraisches Integral hat. Eliminirt man nun zwischen beiden algebraischen Integralen die Grösse z, so erhält man eine algebraische Gleichung zwischen x und y als Integral der Differentialgleichung

$$\frac{dx}{\sqrt{(1-x^2)(1-c^2x^2)}} = \frac{m}{r} \frac{dy}{\sqrt{(1-y^2)(1-c^2y^2)}}$$

oder wenn die beiden Seiten der Gleichung $= du$ gesetzt werden, eine algebraische Gleichung zwischen

$$sn\left(\frac{ru}{m}\right) \text{ und } sn\,(u).$$

Es handelt sich somit jetzt nur um die algebraische Lösung der Differentialgleichung:

$$\frac{dx}{\sqrt{(1-x^2)(1-c^2x^2)}} = n \cdot \frac{dy}{\sqrt{(1-y^2)(1-c^2y^2)}},$$

in der c eine beliebig gegebene, n eine gegebene ganze Zahl ist, und diese Aufgabe wiederum wird, wie aus den schon oben in der Transformationstheorie angewandten Prinzipien bekannt ist, gelöst sein, wenn man zeigen kann, dass sich

$$\vartheta\,(nv,\,\tau)_\alpha$$

algebraisch durch die ϑ-Funktionen mit dem Argumente v und dem Modul τ ausdrücken lässt.

§ 29. Herleitung der Multiplicationsformeln aus dem Additionstheorem der ϑ-Funktionen.

Zur Lösung des Multiplicationsproblems werden wir im Folgenden zwei wesentlich von einander verschiedene Methoden anwenden, von denen die erste, von dem Additionstheorem der ϑ-Funktionen ausgehend, successive für wachsende ganzzahlige Multiplicatoren die Multiplicationsformeln liefert, die zweite, auf die oben durchgeführte Transformationstheorie sich stützend, unmittelbar die Lösung für einen beliebigen ganzzahligen Multiplicator ergeben wird.

Setzt man in den Formeln (14) und (15) des § 4:

$$(m+1)\, v \text{ für } u,\ mv \text{ für } v,$$

so gehen dieselben über in:

$$\left.\begin{aligned}
&\vartheta_0^2 \,.\, \vartheta((2m+1)v)_0\, \vartheta(v)_0 \\
&\quad = \vartheta((m+1)\,v)_0^2\, \vartheta(mv)_0^2 - \vartheta((m+1)\,v)_1^2\, \vartheta(mv)_1^2 \\
&\vartheta_0^2 \,.\, \vartheta((2m+1)v)_1\, \vartheta(v)_1 \\
&\quad = \vartheta((m+1)\,v)_1^2\, \vartheta(mv)_0^2 - \vartheta((m+1)\,v)_0^2\, \vartheta(mv)_1^2 \\
&\vartheta_0^2 \,.\, \vartheta((2m+1)v)_2\, \vartheta(v)_2 \\
&\quad = \vartheta((m+1)\,v)_2^2\, \vartheta(mv)_0^2 - \vartheta((m+1)\,v)_3^2\, \vartheta(mv)_1^2 \\
&\vartheta_0^2 \,.\, \vartheta((2m+1)v)_3\, \vartheta(v)_3 \\
&\quad = \vartheta((m+1)\,v)_3^2\, \vartheta(mv)_0^2 - \vartheta((m+1)\,v)_2^2\, \vartheta(mv)_1^2
\end{aligned}\right\}, \quad (1)$$

und setzt man ferner in eben diesen Gleichungen

$$m\, v \text{ für } u,\ mv \text{ für } v,$$

so ergiebt sich:

$$\left.\begin{aligned}
\vartheta_0^3 \,.\, \vartheta(2mv)_0 &= \vartheta(mv)_0^4 - \vartheta(mv)_1^4 \\
\vartheta_0 \,.\, \vartheta_2 \,.\, \vartheta_3 \,.\, \vartheta(2mv)_1 &= 2\vartheta(mv)_0\, \vartheta(mv)_1\, \vartheta(mv)_2\, \vartheta(mv)_3 \\
\vartheta_0^2 \,.\, \vartheta_2 \,.\, \vartheta(2mv)_2 &= \vartheta(mv)_2^2\, \vartheta(mv)_0^2 - \vartheta(mv)_3^2\, \vartheta(mv)_1^2 \\
\vartheta_0^2 \,.\, \vartheta_3 \,.\, \vartheta(2mv)_3 &= \vartheta(mv)_3^2\, \vartheta(mv)_0^2 - \vartheta(mv)_2^2\, \vartheta(mv)_1^2
\end{aligned}\right\} (2).$$

Aus diesen Gleichungen erhalten wir nun successive die ϑ aller ganzen Vielfachen des Argumentes v. Denn das System (2) liefert zuerst

$$\vartheta(2v)_0,\ \vartheta(2v)_1,\ \vartheta(2v)_2,\ \vartheta(2v)_3$$

als rationale Funktionen von

$$\vartheta(v)_0,\ \vartheta(v)_1,\ \vartheta(v)_2,\ \vartheta(v)_3;$$

mit Hülfe dieser Ausdrücke erhält man aus dem Systeme (1) die Funktionen:

$$\vartheta(3v)_0,\ \vartheta(3v)_1,\ \vartheta(3v)_2,\ \vartheta(3v)_3.$$

Dann weiter aus (2) die Grössen

$$\vartheta(4v)_0,\ \vartheta(4v)_1,\ \vartheta(4v)_2,\ \vartheta(4v)_3$$

u. s. w., endlich die Funktionen

$$\vartheta(nv)_0,\ \vartheta(nv)_1,\ \vartheta(nv)_2,\ \vartheta(nv)_3$$

für jedes ganzzahlige n als rationale Funktionen von

$$\vartheta(v)_0,\ \vartheta(v)_1,\ \vartheta(v)_2,\ \vartheta(v)_3,$$

deren Coefficienten rational aus ϑ_0, ϑ_2, ϑ_3 zusammengesetzt sind.

Gehen wir nun zu den elliptischen Funktionen über, die sich aus der Division der obigen ϑ-Formeln ergeben, so erhält man, wenn

$$2Cv = u$$

gesetzt wird,

$$\left.\begin{aligned} sn\,((2m+1)\,u) &= \frac{1}{sn\,(u)} \cdot \frac{sn^2\,((m+1)\,u) - sn^2\,(mu)}{1 - c^2\,sn^2\,((m+1)\,u)\,sn^2\,(mu)} \\ cn\,((2m+1)\,u) &= \frac{1}{cn\,(u)} \cdot \frac{cn^2\,((m+1)\,u) - dn^2\,((m+1)\,u)\,sn^2\,(mu)}{1 - c^2\,sn^2\,((m+1)\,u)\,sn^2\,(mu)} \\ dn\,((2m+1)\,u) &= \frac{1}{dn\,(u)} \cdot \frac{dn^2\,((2m+1)\,u) - c^2\,cn^2\,((m+1)\,u)\,sn^2\,(mu)}{1 - c^2\,sn^2\,((m+1)\,u)\,sn^2\,(mu)} \end{aligned}\right\} \quad (3)$$

und ähnlich:

$$\left.\begin{aligned} sn\,(2mu) &= \frac{2\,sn\,(mu)\,cn\,(mu)\,dn\,(mu)}{1 - c^2\,sn^4\,(mu)} \\ cn\,(2mu) &= \frac{cn^2\,(mu) - dn^2\,(mu)\,sn^2\,(mu)}{1 - c^2\,sn^4\,(mu)} \\ dn\,(2mu) &= \frac{dn^2\,(mu) - c^2\,cn^2\,(mu)\,sn^2\,(mu)}{1 - c^2\,sn^4\,(mu)} \end{aligned}\right\} \quad \ldots\ldots \quad (4).$$

Aus diesen Gleichungen kann man nun successive die Ausdrücke der drei elliptischen Funktionen für ganze Vielfache der Argumente durch die drei elliptischen Funktionen für die einfachen Argumente ableiten und es werden die in diesen Formeln vorkommenden Coefficienten, wie man leicht sieht, ganze rationale Funktionen von c^2 sein. Die allgemeine Form dieser Ausdrücke ist nicht schwer zu erkennen. Denn entwickelt man, um die Gestalt von $sn(nu)$, $cn(nu)$, $dn(nu)$ festzustellen, die Multiplicationsformeln für die Vervielfachung mit 2, 3 und 4, so ergiebt sich:

$$sn\,2u = 2\,cn\,u\,dn\,u \cdot \frac{sn\,u}{1 - c^2\,sn^4\,u}$$

$$cn\,2u = \frac{1 - 2\,sn^2\,u + c^2\,sn^4\,u}{1 - c^2\,sn^4\,u}$$

$$dn\,2u = \frac{1 - 2\,c^2\,sn^2\,u + c^2\,sn^4\,u}{1 - c^2\,sn^4\,u}$$

$$sn\,3u = sn\,u \cdot \frac{3 - 4\,(1 + c^2)\,sn^2\,u + 6c^2\,sn^4\,u - c^4\,sn^8\,u}{1 - 6\,c^2\,sn^4\,u + 4c^2\,(1 + c^2)\,sn^6\,u - 3c^4\,sn^8\,u},$$

$$cn\,3u = cn\,u \cdot \frac{1 - 4\,sn^2\,u + 6c^2\,sn^4\,u - 4c^4\,sn^6\,u + c^4\,sn^8\,u}{1 - 6c^2\,sn^4\,u + 4c^2\,(1 + c^2)\,sn^6\,u - 3c^4\,sn^8\,u}$$

$$dn\,3u = dn\,u \cdot \frac{1 - 4c^2\,sn^2 u + 6c^2\,sn^4 u - 4c^2\,sn^6 u + c^4\,sn^8 u}{1 - 6c^2\,sn^4 u + 4c^2\,(1 + c^2)\,sn^6 u - 3c^4\,sn^8 u}$$

$$sn\,4u = \frac{\begin{gathered}4sn\,u - 8(1+c^2)\,sn^3 u + 20c^2\,sn^5 u - 8\,(1-c^2)\,c^2\,sn^7 u - 20c^4\,sn^9 u \\ + 8\,(1 + c^2)\,c^4\,sn^{11} u - 4c^6\,sn^{13} u\end{gathered}}{\begin{gathered}1 - 20c^2\,sn^4 u + 32\,(1+c^2)\,c^2\,sn^6 u - 2\,(8 + 29c^2 + 8c^4)\,c^2\,sn^8 u \\ + 32\,(1 + c^2)\,c^4\,sn^{10} u - 20c^6\,sn^{12} u + c^8\,sn^{16} u\end{gathered}}$$

$$cn\,4u = \frac{\begin{gathered}1 - 8sn^2 u + (8+5c^2)\,sn^4 u - 8\,(3+4c^2)\,c^2\,sn^6 u + 2\,(27+2c^2)\,c^4\,sn^8 u \\ - 8\,(3+4c^2)\,c^4\,sn^{10} u + (8+5c^2)\,c^4\,sn^{12} u - 8c^6\,sn^{14} u + c^8\,sn^{16} u\end{gathered}}{\begin{gathered}1 - 20\,c^2\,sn^4 u + 32\,(1+c^2)\,c^2\,sn^6 u - 2\,(8+29\,c^2+8c^4)\,c^2\,sn^8 u \\ + 32\,(1+c^2)\,c^4\,sn^{10} u - 20\,c^6\,sn^{12} u + c^8\,sn^{16} u\end{gathered}}$$

$$dn\,4u = \frac{\begin{gathered}1 - 8\,c^2 sn^2 u + 4\,(5+2c^2)\,c^2 sn^4 u - 8(4+3c^2)\,c^2 sn^6 u + 2\,(8+27c^2+3c^4)\,c^2 sn^8 u \\ - 8\,(4+3c^2)\,c^4\,sn^{10} u + 4\,(5+2c^2)\,c^6 sn^{12} u - 8c^8\,sn^{14} u + c^8\,sn^{16} u\end{gathered}}{\begin{gathered}1 - 20\,c^2\,sn^4 u + 32\,(1 + c^2)\,c^2\,sn^6 u - 2\,(8 + 29\,c^2 + 8c^4)\,c^2\,sn^8 u \\ + 32\,(1 + c^2)\,c^4\,sn^{10} u - 20\,c^6\,sn^{12} u + c^8\,sn^{16} u\end{gathered}}.$$

Es ist somit der Zähler von $sn\,2u$ von dem Faktor $cn u . dn u$ abgesehen eine unpaare Funktion von $sn u$ vom Grade $2^2 - 3$, der Nenner eine paare vom Grade 2^2, der Zähler von $sn\,4u$ von $cn u$. $dn u$ abgesehen eine unpaare Funktion von $sn u$ vom Grade $4^2 - 3$, der Nenner eine paare vom Grade 4^2; für $cn\,2u$, $dn\,2u$ sind Zähler und Nenner paare Funktionen vom Grade 2^2, für $cn\,4u$, $dn\,4u$ vom Grade 4^2. Ferner ist der Zähler von $sn\,3u$ eine unpaare Funktion vom Grade 3^2, der Nenner eine paare vom Grade $3^2 - 1$; die Zähler von $cn\,3u$, $dn\,3u$, resp. von den Faktoren $cn u$, $dn u$ abgesehen, paare Funktionen von $sn u$ vom Grade $3^2 - 1$, die Nenner ebenfalls vom Grade $3^2 - 1$.

Wir wollen zeigen, dass das aus diesen Ausdrücken leicht zu entnehmende Entwickelungsgesetz für die elliptischen Funktionen von vielfachen Argumenten allgemein richtig ist.

Das Gesetz lautet folgendermassen:

Der Zähler von $sn\,2ku$ ist von dem Faktor $cn u$. $dn u$ abgesehen eine unpaare Funktion von $sn u$ vom Grade $(2k)^2 - 3$, der Nenner eine paare Funktion vom Grade $(2k)^2$. Für $cn\,2ku$ und $dn\,2ku$ sind Zähler und Nenner paare Funktionen vom Grade $(2k)^2$. Ferner ist der Zähler in der Entwicklung von $sn\,(2k+1)\,u$ eine unpaare Funktion von $sn u$ vom Grade $(2k+1)^2$, der Nenner eine paare vom Grade $(2k + 1)^2 - 1$; die Zähler von $cn\,(2k + 1)\,u$, $dn\,(2k + 1)\,u$ sind resp. von den Faktoren $cn\,u$, $dn u$ abgesehen paare Funktionen von $sn u$ vom Grade $(2k+1)^2-1$, die Nenner ebenfalls vom Grade $(2k + 1)^2 - 1$.

Um dieses Gesetz allgemein zu beweisen, nehmen wir an, es werde bis zu einer bestimmten Gränze, bis zur graden Zahl

$2m$ und zur ungraden Zahl $2m+1$ hin befolgt, es soll gezeigt werden, dass es auch für die nächste grade Zahl $2m+2$ und die nächste ungrade Zahl $2m+3$ gültig bleibt, und zwar wollen wir diesen Beweis nur für die Funktion $sn\,(2m+3)\,u$ an dieser Stelle durchführen; genau dieselbe Methode führt auf die andern Funktionen angewandt zum gleichen Resultate.

Bezeichnet man nämlich mit F_r eine ganze Funktion r^{ten} Grades von $sn\,u$ mit nur ungraden Potenzen dieser Grösse und mit f_s eine Funktion s^{ten} Grades mit nur graden Potenzen von $sn\,u$, so wird die erste der Gleichungen (3), welche, wenn $m+1$ für m gesetzt wird, in

$$sn\,((2m+3)\,u)=\frac{1}{sn\,u}\,\frac{sn^2\,((m+2)\,u)-sn^2\,((m+1)\,u)}{1-c^2\,sn^2\,((m+2)\,u)\,sn^2\,((m+1)\,u)}$$

übergeht, für die Annahme, dass $m+2$ eine grade, also $m+1$ eine ungrade Zahl, die Form annehmen:

$$(\alpha)\qquad sn\,((2m+3)\,u)=\frac{\dfrac{F_{2(m+2)^2-3}}{f_{2(m+2)^2}}-\dfrac{F_{2(m+1)^2-1}}{f_{2(m+1)^2-2}}}{1-c^2\cdot\dfrac{f_{2(m+2)^2-2}}{f_{2(m+2)^2}}\cdot\dfrac{f_{2(m+1)^2}}{f_{2(m+1)^2-2}}}.$$

Somit wird der Grad des Zählers, der offenbar nach ungraden Potenzen von $sn\,u$ fortschreitet,

$$2\,(m+2)^2+2\,(m+1)^2-1=4m^2+12m+9=(2m+3)^2$$

und der des Nenners, welcher eine grade Funktion von $sn\,u$ ist:

$$2\,(m+2)^2-2+2\,(m+1)^2=4m^2+12m+8=(2m+3)^2-1$$

sein.

Ist umgekehrt $m+2$ eine ungrade, also $m+1$ eine grade Zahl, so lautet die obige Gleichung:

$$(\beta)\qquad sn\,((2m+3)\,u)=\frac{\dfrac{F_{2(m+2)^2-1}}{f_{2(m+2)^2-2}}-\dfrac{F_{2(m+1)^2-3}}{f_{2(m+1)^2}}}{1-c^2\cdot\dfrac{f_{2(m+2)^2}}{f_{2(m+2)^2-2}}\cdot\dfrac{f_{2(m+1)^2-2}}{f_{2(m+1)^2}}},$$

und der Grad des Zählers, der nach ungraden Potenzen von $sn\,u$ fortschreitet, ist:

$$2\,(m+2)^2-1+2\,(m+1)^2=(2m+3)^2,$$

der des Nenners, welcher eine gerade Funktion von $sn\,u$ ist,

$$2\,(m+2)^2+2\,(m+1)^2-2=(2m+3)^2-1.$$

Es ist also das bis zu einer bestimmten Gränze hin als richtig angenommene Gesetz allgemein bewiesen *).

Wir erhalten somit für $sn\,nu$, wenn n ungrade ist, die Form:

$$sn\,nu = \frac{a_1\,sn u + a_3\,sn^3 u + \cdots\cdots + a_{n^2}\,sn^{n^2} u}{1 + b_2\,sn^2 u + b_4\,sn^4 u + \cdots\cdots + b_{n^2-1}\,sn^{n^2-1} u},$$

und wenn n grade, die Form:

$$sn\,nu = cn u\,dn u \cdot \frac{a_1\,sn u + a_3\,sn^3 u + \cdots\cdots + a_{n^2-3}\,sn^{n^2-3} u}{1 + b_2\,sn^2 u + b_4\,sn^4 u + \cdots\cdots + b_{n^2}\,sn^{n^2} u},$$

welche Ausdrücke, da sich in beiden Fällen für $u = 0$

$$a_1 = \left(\frac{sn\,nu}{sn u}\right)_{u=0} = n$$

ergiebt,

für ein ungrades n in:

$$sn\,nu = n \cdot \frac{sn u + A_3\,sn^3 u + A_5\,sn^5 u + \cdots\cdots + A_{n^2}\,sn^{n^2} u}{1 + D_2\,sn^2 u + D_4\,sn^4 u + \cdots\cdots + D_{n^2-1}\,sn^{n^2-1} u},$$

für ein grades n in:

$$sn.nu = n\,cn u\,dn u \cdot \frac{sn u + A_3\,sn^3 u + A_5\,sn^5 u + \cdots\cdots + A_{n^2-3}\,sn^{n^2-3} u}{1 + D_2\,sn^2 u + D_4\,sn^4 u + \cdots\cdots + D_{n^2}\,sn^{n^2} u}$$

übergehen.

Setzt man, um Bestimmungsgleichungen für die Coefficienten zu erhalten, in den Ausdruck von $sn\,nu$ für ein ungrades n:

$$u + i\,C' \text{ statt } u,$$

so erhält man, da

$$sn\,(u + i\,C') = \frac{1}{c\,sn\,u}$$

$$sn\,(nu + ni\,C') = \frac{1}{c\,sn\,nu}$$

ist, die folgende Gleichung:

$$\frac{1}{c\,sn nu} = n \cdot \frac{\frac{1}{c\,sn u} + A_3 \cdot \frac{1}{c^3\,sn^3 u} + A_5 \cdot \frac{1}{c^5\,sn^5 u} + \cdots\cdots + A_{n^2} \cdot \frac{1}{c^{n^2}\,sn^{n^2} u}}{1 + D_2 \cdot \frac{1}{c^2\,sn^2 u} + D_4 \cdot \frac{1}{c^4\,sn^4 u} + \cdots\cdots + D_{n^2-1}\,\frac{1}{c^{n^2-1}\,sn^{n^2-1} u}}$$

---

*) Ich will bemerken, dass die zweite im nächsten Paragraphen zu behandelnde Methode für die Multiplication der elliptischen Funktionen die obige Form der Ausdrücke unmittelbar liefern wird, ohne dass man von bereits hergestellten einfachen Multiplicationsformeln auszugehen braucht.

oder:

$$sn\,nu = \frac{1}{n}\cdot\frac{c^{n^2-1}sn^{n^2}u + D_2 c^{n^2-3}sn^{n^2-2}u + D_4 c^{n^2-5}sn^{n^2-4}u + \cdots + D_{n^2-1}sn\,u}{c^{n^2-1}sn^{n^2-1}u + A_3 c^{n^2-3}sn^{n^2-3}u + A_5 c^{n^2-5}sn^{n^2-5}u + \cdots + A_{n^2}}.$$

Die Identificirung dieser Gleichung mit der oben für $sn\,nu$ erhaltenen giebt die folgenden Beziehungen zwischen den Coefficienten des Zählers und Nenners:

$$n\,A_{n^2} = \frac{c^{n^2-1}}{n\,A_{n^2}} \quad \text{oder} \quad A_{n^2} = \frac{c^{\frac{n^2-1}{2}}}{n}$$

$$n\,A_{n^2-2} = \frac{D_2}{n\,A_{n^2}}\,c^{n^2-3} \quad \text{oder} \quad c^{n^2-3}\,D_2 = n\,A_{n^2-2}\,c^{\frac{n^2-1}{2}}$$

$$n\,A_{n^2-4} = \frac{D_4}{n\,A_{n^2}}\,c^{n^2-5} \quad \text{oder} \quad c^{n^2-5}\,D_4 = n\,A_{n^2-4}\,.\,c^{\frac{n^2-1}{2}}$$

$$\vdots \qquad\qquad\qquad \vdots$$

$$n\,A_3 = \frac{D_{n^2-3}}{n\,A_{n^2}}\,c^2 \quad \text{oder} \quad c^2\,D_{n^2-3} = n\,A_3\,c^{\frac{n^2-1}{2}}$$

$$n = \frac{D_{n^2-1}}{n\,A_{n^2}} \quad \text{oder} \quad D_{n^2-1} = n\,c^{\frac{n^2-1}{2}}.$$

Vergleicht man die Coefficienten im Nenner der beiden Formeln, so erhält man dieselben Relationen.

Ferner ist unmittelbar aus den Formeln (α) und (β) zu ersehen, dass im Nenner von $sn\,nu$, wenn n eine ungrade Zahl ist, die niedrigste dort vorkommende Potenz von $sn\,u$ die vierte ist, dass also in unsern Formeln

$$D_2 = 0,$$

also auch nach den obigen Relationen

$$A_{n^2-2} = 0$$

wird.

Die noch unbestimmt gebliebenen Coefficienten des Zählers, welche, wie wir wissen, ganze rationale Funktionen von c^2 sind, lassen sich berechnen, indem man die Gleichung für $sn\,nu$ mit dem Nenner der auf der rechten Seite derselben befindlichen rationalen Funktion von $sn\,u$ multiplicirt und beide Seiten nach Potenzen von u entwickelt. Wir werden später diese Coefficienten auf andere Weise bestimmen.

Um für $sn\, nu$, wenn n grade ist, ähnliche Relationen zwischen den Coefficienten der rationalen Funktion von $sn\, u$ herzuleiten, substituire man wieder

$$u + i\, C' \text{ statt } u,$$

dann wird

$$sn\,(u + i\, C') = \frac{1}{c\, sn\, u}$$

$$cn\,(u + i\, C') = \frac{-i\, c_1}{c\, cnc\, u}$$

$$dn\,(u + i\, C') = -\, i\, c\, tn\, u,$$

also

$$cn\,(u + i\, C')\, dn\,(u + i\, C') = -\frac{c_1\, ctn\, u}{c\, cnc\, u} = -\frac{cn\, u\, dn\, u}{c\, sn^2\, u},$$

und da

$$sn\,(nu + ni\, C') = sn\, nu,$$

weil n grade ist, so wird sich aus der obigen Gleichung für $sn\, nu$ durch diese Substitution die folgende ergeben:

$$sn\, nu = -\, n\, cn\, u\, dn\, u\, .\, \frac{\dfrac{1}{c\, sn\, u} + \dfrac{A_3}{c^3\, sn^3 u} + \dfrac{A_5}{c^5\, sn^5 u} + \cdots + \dfrac{A_{n^2-3}}{c^{n^2-3}\, sn^{n^2-3} u}}{c\, sn^2\, u + \dfrac{D_2}{c} + \dfrac{D_4}{c^3\, sn^2 u} + \cdots + \dfrac{D_{n^2}}{c^{n^2-1}\, sn^{n^2-2} u}}$$

$$= -\, n\, cn\, u\, dn\, u \times \frac{c^{n^2-2}\, sn^{n^2-3} u + A_3 c^{n^2-4} sn^{n^2-5} u + A_5 c^{n^2-6} sn^{n^2-7} u + \cdots + A_{n^2-3}\, c^2\, sn\, u}{c^{n^2}\, sn^{n^2} u + c^{n^2-2}\, D_2\, sn^{n^2-2} u + c^{n^2-4}\, D_4\, sn^{n^2-4} u + \cdots + D_n},$$

woraus man wieder durch Vergleichung mit dem oben gefundenen Ausdrucke die folgenden Relationen zwischen den Coefficienten des Zählers erhält:

$$n = -\frac{n\, A_{n^2-3}\, c^2}{D_{n^2}} \quad \text{oder} \quad \frac{c^2\, A_{n^2-3}}{D_{n^2}} = -\, 1$$

$$n\, A_3 = -\frac{n\, A_{n^2-5}\, c^4}{D_{n^2}} \quad \text{oder} \quad \frac{c^4\, A_{n^2-5}}{D_{n^2}} = -\, A_3$$

. . . .

$$n\, A_{n^2-5} = -\frac{n\, A_3\, c^{n^2-4}}{D_{n^2}} \quad \text{oder} \quad \frac{c^{n^2-4}\, A_3}{D_{n^2}} = -\, A_{n^2-5}$$

$$n\, A_{n^2-3} = -\frac{n\, c^{n^2-2}}{D_{n^2}} \quad \text{oder} \quad \frac{c^{n^2-2}}{D_{n^2}} = -\, A_{n^2-3},$$

und aus der ersten und letzten Gleichung:

$$D_{n^2} = c^{\frac{n^2}{2}}, \quad A_{n^2-3} = -\, c^{\frac{n^2-4}{2}}.$$

Ebenso liefert die Vergleichung der Nenner die Relationen:

$$D_2 = \frac{D_{n^2-2}}{D_{n^2}} \cdot c^2$$

$$D_4 = \frac{D_{n^2-4}}{D_{n^2}} \cdot c^4$$

$$\vdots$$

$$D_{n^2-2} = \frac{D_2}{D_{n^2}} \cdot c^{n^2-2}$$

$$D_{n^2} = \frac{c^{n^2}}{D_{n^2}},$$

wovon die letztere Gleichung für D_{n^2} den schon früher gefundenen Werth ergiebt.

Da endlich auch hier $D_2 = 0$ ist, so folgt aus der ersten Gleichung

$$D_{n^2-2} = 0.$$

Man erhält somit für den Zähler und Nenner jener rationalen Funktion von snu die Verhältnisse der Coefficienten der gleich weit vom Anfang und Ende abstehenden Glieder und wird sie selbst wieder durch Reihenentwicklung finden können.

In derselben Weise kann man $cn\,nu$, $dn\,nu$ als rationale Funktionen der drei elliptischen Transcendenten snu, cnu, dnu entwickeln und ähnliche Relationen zwischen den Coefficienten, die wieder ganze rationale Funktionen von c^2 sind, genau nach derselben Methode herleiten.

§ 30. Herleitung der Multiplicationsformeln aus der Transformation.

Ich gehe nunmehr zu der Behandlung der Multiplication nach der zweiten Methode über, welche sich auf die Theorie der Transformation stützt und mit Hülfe deren sich die Multiplicationsformeln unmittelbar aus den oben entwickelten Transformationsausdrücken herleiten lassen.

Ich bemerke zuerst, dass es zu jeder auf ein elliptisches Integral ausgeübten Transformation n^{ten} Grades, welche durch die Transformationszahlen

$$a_0,\ a_1,\ b_0,\ b_1$$

definirt sein mag, stets eine andere Transformation n^{ten} Grades giebt, welche das transformirte Integral wieder auf ein Integral mit dem ursprünglichen Modul zurückführt. Denn da der Modul sowie das Argument der transformirten ϑ-Funktion durch die Ausdrücke bestimmt werden:

$$\tau' = \frac{b_0 - a_0\tau}{a_1\tau - b_1}, \quad v' = \frac{nv}{b_1 - a_1\tau} = (a_0 + a_1\tau')\, v,$$

so wird offenbar die durch die Transformationszahlen

$$-b_1, \quad a_1, \quad b_0, \quad -a_0$$

gegebene Transformation n^{ten} Grades, wenn t und $\mathfrak{v}$ Modul und Argument der neuen transformirten ϑ-Funktion bezeichnen, die folgenden Beziehungen liefern:

$$t = \frac{b_0 + b_1\tau'}{a_1\tau' + a_0}, \quad \mathfrak{v} = \frac{nv'}{-a_0 - a_1\tau'},$$

oder mit Benutzung der oben für τ' und v' gefundenen Werthe:

$$t = \tau, \quad \mathfrak{v} = -nv.$$

Das neue transformirte ϑ lautet somit:

$$\vartheta\,(nv, \tau).$$

Nennt man nun diese zweite Transformation die zur ersten supplementäre, so erhält man den Satz, dass man durch Anwendung einer Transformation und ihrer supplementären zur Multiplication gelangt.*)

---

*) Es ist nicht unwesentlich, zu zeigen, dass unter den Transformationen, die zu einem bestimmten Grade n gehören, im Allgemeinen keine vorkommt, welche den Modul τ, der beliebig sein soll, unverändert lässt und das Argument mit einem Multiplicator behaftet, d. h. unmittelbar die Multiplication liefert.

Denn da

$$\tau' = \frac{b_0 - a_0\tau}{a_1\tau - b_1},$$

so müsste, wenn dies der Fall wäre, für dieses System von Transformationszahlen

$$\tau = \frac{b_0 - a_0\tau}{a_1\tau - b_1}$$

sein, oder

$$a_1\tau^2 + (a_0 - b_1)\tau - b_0 = 0$$

für jedes beliebige τ befriedigt werden. Daraus würden aber für die Transformationszahlen die Bestimmungsgleichungen folgen:

$$a_1 = 0, \quad a_0 = b_1, \quad b_0 = 0,$$

Wir wollen nun die beiden einfachsten Transformationen auswählen, die successive auf ein beliebiges elliptisches Integral angewandt die Multiplication liefern.

Wendet man nämlich auf die ϑ-Funktion

$$\vartheta\,(v,\,\tau)_\alpha$$

die Transformation n^{ten} Grades an, welche durch das Schema

$$\begin{vmatrix} 1 & 0 \\ 0 & n \end{vmatrix}$$

repräsentirt ist, so sind das Argument und der Modul der transformirten ϑ-Funktion durch die Gleichungen bestimmt:

$$\tau' = \frac{\tau}{n}, \qquad v' = v,$$

und es lässt sich nach Früherem

$$\vartheta\left(v,\,\frac{\tau}{n}\right)_\alpha$$

als ganze homogene Funktion n^{ten} Grades zweier ϑ-Funktionen des vorgelegten Integrales ausdrücken. Wendet man nun auf $\vartheta\left(v,\,\frac{\tau}{n}\right)_\alpha$ die durch das Schema

$$\begin{vmatrix} n & 0 \\ 0 & 1 \end{vmatrix}$$

dargestellte Transformation an, für welche der Modul der neuen ϑ-Funktion in den n-fachen und das Argument ebenfalls in das n-fache des früheren übergeht, so wird sich die neue ϑ-Funktion

$$\vartheta\,(nv,\,\tau)_\beta,$$

welche sich wieder als ganze homogene Funktion n^{ten} Grades zweier ϑ-Funktionen von der Form

$$\vartheta\left(v,\,\frac{\tau}{n}\right)_\gamma$$

---

welche in der That für τ' wieder den Werth τ und für das transformirte Argument v' den Werth:

$$v' = \frac{nv}{b_1 - a_1\tau} = \frac{n\,.\,v}{b_1} = \frac{b_1^2\,v}{b_1} = b_1 v$$

liefern, während

$$n = b_1^2$$

wird. Wir sehen somit, dass nur, wenn der Grad der Transformation ein vollständiges Quadrat ist, die Multiplication unter den Transformationen selbst vorkommt.

ausdrücken lässt, als ganze homogene Funktion des $n^{2\text{ten}}$ Grades durch die ursprünglichen ϑ-Funktionen

$$\vartheta\,(v,\,\tau)$$

darstellen lassen. —

Es ist selbstverständlich, dass wir bei der wirklichen Ausführung der Multiplicationsformeln nach dieser Methode, sowie es in der Transformationstheorie geschehen, den Fall, in dem n ungrade, von dem, in welchem es grade ist, sondern müssen.

Sei also

1) n eine ungrade Zahl,

dann ist nach den Gleichungen (7) — (10) des § 24, wenn dort:

$$a_0 = n,\ \ a_1 = 0,\ \ b_0 = 0,\ \ b_1 = 1,$$
$$\omega = b_1 - a_1\tau = 1$$

gesetzt wird, und m eine zu n relativ prime Zahl bedeutet:

$$\vartheta(nv,\tau)_1 = C\vartheta\left(v,\frac{\tau}{n}\right)_1\left[\vartheta\left(v,\frac{\tau}{n}\right)_1^2\vartheta\left(\frac{m}{n},\frac{\tau}{n}\right)_0^2 - \vartheta\left(v,\frac{\tau}{n}\right)_0^2\vartheta\left(\frac{m}{n},\frac{\tau}{n}\right)_1^2\right]$$
$$\left[\vartheta\left(v,\frac{\tau}{n}\right)_1^2\vartheta\left(\frac{2m}{n},\frac{\tau}{n}\right)_0^2 - \vartheta\left(v,\frac{\tau}{n}\right)_0^2\vartheta\left(\frac{2m}{n},\frac{\tau}{n}\right)_1^2\right]\cdots$$
$$\cdots\left[\vartheta\left(v,\frac{\tau}{n}\right)_1^2\vartheta\left(\frac{n-1}{2}\cdot\frac{m}{n},\frac{\tau}{n}\right)_0^2 - \vartheta\left(v,\frac{\tau}{n}\right)_0^2\vartheta\left(\frac{n-1}{2}\cdot\frac{m}{n},\frac{\tau}{n}\right)_1^2\right],$$

$$(-1)^{\frac{n-1}{2}}\vartheta(nv,\tau)_0$$
$$= C\vartheta\left(v,\frac{\tau}{n}\right)_0\left[\vartheta\left(v,\frac{\tau}{n}\right)_0^2\vartheta\left(\frac{m}{n},\frac{\tau}{n}\right)_0^2 - \vartheta\left(v,\frac{\tau}{n}\right)_1^2\vartheta\left(\frac{m}{n},\frac{\tau}{n}\right)_1^2\right]$$
$$\left[\vartheta\left(v,\frac{\tau}{n}\right)_0^2\vartheta\left(\frac{2m}{n},\frac{\tau}{n}\right)_0^2 - \vartheta\left(v,\frac{\tau}{n}\right)_1^2\vartheta\left(\frac{2m}{n},\frac{\tau}{n}\right)_1^2\right]\cdots$$
$$\cdots\left[\vartheta\left(v,\frac{\tau}{n}\right)_0^2\vartheta\left(\frac{n-1}{2}\cdot\frac{m}{n},\frac{\tau}{n}\right)_0^2 - \vartheta\left(v,\frac{\tau}{n}\right)_1^2\vartheta\left(\frac{n-1}{2}\cdot\frac{m}{n},\frac{\tau}{n}\right)_1^2\right],$$

$$(-1)^{\frac{n-1}{2}}\vartheta(nv,\tau)_2$$
$$= C\vartheta\left(v,\frac{\tau}{n}\right)_2\left[\vartheta\left(v,\frac{\tau}{n}\right)_2^2\vartheta\left(\frac{m}{n},\frac{\tau}{n}\right)_0^2 - \vartheta\left(v,\frac{\tau}{n}\right)_3^2\vartheta\left(\frac{m}{n},\frac{\tau}{n}\right)_1^2\right]$$
$$\left[\vartheta\left(v,\frac{\tau}{n}\right)_2^2\vartheta\left(\frac{2m}{n},\frac{\tau}{n}\right)_0^2 - \vartheta\left(v,\frac{\tau}{n}\right)_3^2\vartheta\left(\frac{2m}{n},\frac{\tau}{n}\right)_1^2\right]\cdots$$
$$\cdots\left[\vartheta\left(v,\frac{\tau}{n}\right)_2^2\vartheta\left(\frac{n-1}{2}\cdot\frac{m}{n},\frac{\tau}{n}\right)_0^2 - \vartheta\left(v,\frac{\tau}{n}\right)_3^2\vartheta\left(\frac{n-1}{2}\cdot\frac{m}{n},\frac{\tau}{n}\right)_1^2\right],$$

$$(-1)^{\frac{n-1}{2}}\vartheta(nv,\tau)_3$$
$$=C\vartheta\left(v,\frac{\tau}{n}\right)_3\left[\vartheta\left(v,\frac{\tau}{n}\right)_3^2\vartheta\left(\frac{m}{n},\frac{\tau}{n}\right)_0^2-\vartheta\left(v,\frac{\tau}{n}\right)_2^2\vartheta\left(\frac{m}{n},\frac{\tau}{n}\right)_1^2\right]$$
$$\left[\vartheta\left(v,\frac{\tau}{n}\right)_3^2\vartheta\left(\frac{2m}{n},\frac{\tau}{n}\right)_0^2-\vartheta\left(v,\frac{\tau}{n}\right)_2^2\vartheta\left(\frac{2m}{n},\frac{\tau}{n}\right)_1^2\right]\cdots$$
$$\cdots\left[\vartheta\left(v,\frac{\tau}{n}\right)_3^2\vartheta\left(\frac{n-1}{2}\cdot\frac{m}{n},\frac{\tau}{n}\right)_0^2-\vartheta\left(v,\frac{\tau}{n}\right)_2^2\vartheta\left(\frac{n-1}{2}\cdot\frac{m}{n},\frac{\tau}{n}\right)_1^2\right],$$

und wenn

$$a_0=1,\quad a_1=0,\quad b_0=0,\quad b_1=n,$$
$$\omega=\tau,$$

und p eine zu n relativ prime Zahl bedeutet, nach eben denselben Formeln:

$$\vartheta\left(v,\frac{\tau}{n}\right)_1=C\vartheta(v,\tau)_1\left[\vartheta(v,\tau)_1^2\vartheta\left(\frac{p\tau}{n},\tau\right)_0^2-\vartheta(v,\tau)_0^2\vartheta\left(\frac{p\tau}{n},\tau\right)_1^2\right]$$
$$\left[\vartheta(v,\tau)_1^2\vartheta\left(\frac{2p\tau}{n},\tau\right)_0^2-\vartheta(v,\tau)_0^2\vartheta\left(\frac{2p\tau}{n},\tau\right)_1^2\right]\cdots$$
$$\cdots\left[\vartheta(v,\tau)_1^2\vartheta\left(\frac{n-1}{2}\cdot\frac{p\tau}{n},\tau\right)_0^2-\vartheta(v,\tau)_0^2\vartheta\left(\frac{n-1}{2}\cdot\frac{p\tau}{n},\tau\right)_1^2\right],$$

$$\vartheta\left(v,\frac{\tau}{n}\right)_0=C\vartheta(v,\tau)_0\left[\vartheta(v,\tau)_0^2\vartheta\left(\frac{p\tau}{n},\tau\right)_0^2-\vartheta(v,\tau)_1^2\vartheta\left(\frac{p\tau}{n},\tau\right)_1^2\right]$$
$$\left[\vartheta(v,\tau)_0^2\vartheta\left(\frac{2p\tau}{n},\tau\right)_0^2-\vartheta(v,\tau)_1^2\vartheta\left(\frac{2p\tau}{n},\tau\right)_1^2\right]\cdots$$
$$\cdots\left[\vartheta(v,\tau)_0^2\vartheta\left(\frac{n-1}{2}\cdot\frac{p\tau}{n},\tau\right)_0^2-\vartheta(v,\tau)_1^2\vartheta\left(\frac{n-1}{2}\cdot\frac{p\tau}{n},\tau\right)_1^2\right],$$

$$\vartheta\left(v,\frac{\tau}{n}\right)_2=C\vartheta(v,\tau)_2\left[\vartheta(v,\tau)_2^2\vartheta\left(\frac{p\tau}{n},\tau\right)_0^2-\vartheta(v,\tau)_3^2\vartheta\left(\frac{p\tau}{n},\tau\right)_1^2\right]$$
$$\left[\vartheta(v,\tau)_2^2\vartheta\left(\frac{2p\tau}{n},\tau\right)_0^2-\vartheta(v,\tau)_3^2\vartheta\left(\frac{2p\tau}{n},\tau\right)_1^2\right]\cdots$$
$$\cdots\left[\vartheta(v,\tau)_2^2\vartheta\left(\frac{n-1}{2}\cdot\frac{p\tau}{n},\tau\right)_0^2-\vartheta(v,\tau)_3^2\vartheta\left(\frac{n-1}{2}\cdot\frac{p\tau}{n},\tau\right)_1^2\right],$$

$$\vartheta\left(v,\frac{\tau}{n}\right)_3=C\vartheta(v,\tau)_3\left[\vartheta(v,\tau)_3^2\vartheta\left(\frac{p\tau}{n},\tau\right)_0^2-\vartheta(v,\tau)_2^2\vartheta\left(\frac{p\tau}{n},\tau\right)_1^2\right]$$
$$\left[\vartheta(v,\tau)_3^2\vartheta\left(\frac{2p\tau}{n},\tau\right)_0^2-\vartheta(v,\tau)_2^2\vartheta\left(\frac{2p\tau}{n},\tau\right)_1^2\right]\cdots$$
$$\cdots\left[\vartheta(v,\tau)_3^2\vartheta\left(\frac{n-1}{2}\cdot\frac{p\tau}{n},\tau\right)_0^2-\vartheta(v,\tau)_2^2\vartheta\left(\frac{n-1}{2}\cdot\frac{p\tau}{n},\tau\right)_1^2\right].$$

Mit Hülfe dieser Ausdrücke lassen sich offenbar die vier ϑ-Funktionen

$$\vartheta(nv, \tau)_\alpha$$

ganz und rational durch die vier ϑ-Funktionen

$$\vartheta(v, \tau)_\beta$$

ausdrücken; und zwar sieht man unmittelbar aus den oben aufgestellten Formeln, dass sich

$$\vartheta(nv, \tau)_1 \text{ und } \vartheta(nv, \tau)_0$$

als homogene ganze Funktionen des $n^{2\text{ten}}$ Grades von

$$\vartheta(v, \tau)_1 \text{ und } \vartheta(v, \tau)_0,$$

dagegen

$$\vartheta(nv, \tau)_2, \quad \vartheta(nv, \tau)_3$$

sich als eben solche Funktionen von

$$\vartheta(v, \tau)_2, \quad \vartheta(v, \tau)_3$$

darstellen lassen.

Statt nun zur wirklichen Ausführung dieser Rechnung die in den letzten vier Gleichungen gegebenen Ausdrücke in die ersten vier einzusetzen, wollen wir ähnlich wie in der Theorie der Transformation eine ganze homogene Funktion des $n^{2\text{ten}}$ Grades von $\vartheta(v, \tau)_1$ und $\vartheta(v, \tau)_0$ bestimmen, welche für dieselben Werthe des v verschwindet, die $\vartheta(nv, \tau)_1$ zu Null machen.

Es wird aber offenbar

$$\vartheta(nv, \tau)_1$$

verschwinden, wenn v die Werthe

$$\frac{m + m'\tau}{n}$$

annimmt, worin m und m' alle Werthecombinationen aus den folgenden Zahlen beigelegt werden:

$$m: 0, \pm 1, \pm 2, \cdots \pm \frac{n-1}{2}$$

$$m': 0, \pm 1, \pm 2, \cdots \pm \frac{n-1}{2}.$$

Da die Zahl dieser Werthecombinationen grade n^2 beträgt und diese ausserdem wesentlich von einander verschieden sind, d. h. nicht bloss um ganze Zahlen oder ganze Vielfache des τ sich unterscheiden, so wird man die ganze homogene Funktion $n^{2\text{ten}}$ Grades der Grössen $\vartheta(v, \tau)_1$, $\vartheta(v, \tau)_0$ unmittelbar bilden können, indem man alle die Werthe des v kennt, für welche sie verschwindet.

Fasst man nun je zwei der Faktoren zusammen, die für entgegengesetzte Werthe der Argumente verschwinden, so ergiebt sich offenbar die folgende Gleichung:

$$\vartheta(nv, \tau)_1 = C\,\vartheta(v)_1 \prod \left\{\vartheta(v)_1^2\, \vartheta\left(\frac{m+m'\tau}{n}\right)_0^2 - \vartheta(v)_0^2\, \vartheta\left(\frac{m+m'\tau}{n}\right)_1^2\right\},$$

worin m die Werthe $1, 2, 3, \cdots \frac{n-1}{2}$, m' die Werthe $0, \pm 1, \pm 2, \cdots \pm \frac{n-1}{2}$, und wenn m den Werth 0 hat, m' die Werthe $1, 2, 3, \cdots \frac{n-1}{2}$ annimmt.

Statt nun in derselben Weise die drei andern Funktionen

$$\vartheta(nv, \tau)_0, \quad \vartheta(nv, \tau)_2, \quad \vartheta(nv, \tau)_3$$

zu behandeln, wollen wir deren Ausdrücke aus der ebengefundenen Gleichung für $\vartheta(nv, \tau)_1$ durch Substitution von halben Perioden herleiten.

Setzt man nämlich

$$v + \frac{\tau}{2} \text{ für } v, \text{ also } nv + \left(\frac{n-1}{2} + \frac{1}{2}\right)\tau \text{ für } nv,$$

so erhält man:

$$(-1)^{\frac{n-1}{2}}\,\vartheta(nv, \tau)_0 = C\,\vartheta(v)_0 \prod \left\{\vartheta(v)_0^2\, \vartheta\left(\frac{m+m'\tau}{n}\right)_0^2 - \vartheta(v)_1^2\, \vartheta\left(\frac{m+m'\tau}{n}\right)_1^2\right\}.$$

Substituirt man ferner

$$v - \frac{1}{2} \text{ für } v, \text{ also } nv - \left(\frac{n-1}{2}\right) - \frac{1}{2} \text{ für } nv,$$

so folgt:

$$(-1)^{\frac{n-1}{2}}\,\vartheta(nv, \tau)_2 = C\,\vartheta(v)_2 \prod \left\{\vartheta(v)_2^2\, \vartheta\left(\frac{m+m'\tau}{n}\right)_0^2 - \vartheta(v)_3^2\, \vartheta\left(\frac{m+m'\tau}{n}\right)_1^2\right\}.$$

Endlich ergiebt sich durch Substitution von

$$v - \frac{1}{2} \text{ für } v, \text{ also } nv - \left(\frac{n-1}{2}\right) - \frac{1}{2} \text{ für } nv$$

aus der zweiten dieser Gleichungen:

$$(-1)^{\frac{n-1}{2}}\,\vartheta(nv,\tau)_3$$
$$= C\,\vartheta(v)_3 \prod \left\{\vartheta(v)_3^2\,\vartheta\left(\frac{m+m'\tau}{n}\right)_0^2 - \vartheta(v)_2^2\,\vartheta\left(\frac{m+m'\tau}{n}\right)_1^2\right\},$$

worin dem m und m' wieder die eben näher bezeichneten Werthe beizulegen sind.

Die Constante erhält man, wenn man z. B. in der zweiten dieser Gleichungen das Argument verschwinden lässt, in der Form:

$$C = \frac{(-1)^{\frac{n-1}{2}}}{\vartheta_0^{\,n^2-1} \prod \vartheta\left(\frac{m+m'\tau}{n}\right)_0^2}.$$

Dividirt man nun die beiden ersten Gleichungen durch einander, so folgt, wenn man im Zähler innerhalb des Produktes das Zeichen umkehrt:

$$\frac{\vartheta(nv,\tau)_1}{\vartheta(nv,\tau)_0} = (-1)^{\frac{n-1}{2}} \frac{\vartheta(v)_1}{\vartheta(v)_0} \prod \left\{\frac{\vartheta(v)_0^2\,\vartheta\left(\frac{m+m'\tau}{n}\right)_1^2 - \vartheta(v)_1^2\,\vartheta\left(\frac{m+m'\tau}{n}\right)_0^2}{\vartheta(v)_0^2\,\vartheta\left(\frac{m+m'\tau}{n}\right)_0^2 - \vartheta(v)_1^2\,\vartheta\left(\frac{m+m'\tau}{n}\right)_1^2}\right\},$$

oder wenn

$$2Cv = u$$

gesetzt wird,

$$sn(nu) = (-1)^{\frac{n-1}{2}}\, snu \prod \left\{\frac{1 - \dfrac{sn^2u}{sn^2\left(\dfrac{2Cm+2C'm'i}{n}\right)}}{1 - c^2\,sn^2u\,sn^2\left(\dfrac{2Cm+2C'm'i}{n}\right)}\right\} \times$$
$$\prod sn^2\left(\frac{2Cm+2C'm'i}{n}\right) c^{\frac{n^2-1}{2}}.$$

Da sich nun für $u = 0$ hieraus die Beziehung ergiebt:

$$n = (-1)^{\frac{n-1}{2}} \prod sn^2\left(\frac{2Cm+2C'm'i}{n}\right) . c^{\frac{n^2-1}{2}},$$

so geht die letzte Gleichung über in:

$$sn(nu) = n\,snu \prod \left\{\frac{1 - \dfrac{sn^2u}{sn^2\left(\dfrac{2Cm+2C'm'i}{n}\right)}}{1 - c^2\,sn^2u\,sn^2\left(\dfrac{2Cm+2C'm'i}{n}\right)}\right\}.$$

Ebenso erhält man aus den oben aufgestellten ϑ-Formeln für das n-fache Argument:

$$cn(nu) = cnu \prod \left\{ \frac{1 - \dfrac{sn^2 u}{snc^2\left(\dfrac{2Cm + 2C'm'i}{n}\right)}}{1 - c^2\ sn^2 u\ sn^2\left(\dfrac{2Cm + 2C'm'i}{n}\right)} \right\}$$

zugleich mit der Relation:

$$\left(\frac{c_1}{c}\right)^{\frac{n^2-1}{2}} = \prod cn^2\left(\frac{2Cm + 2C'm'i}{n}\right),$$

und endlich:

$$dn(nu) = dnu \prod \left\{ \frac{1 - c^2 sn^2 u\ snc^2\left(\dfrac{2Cm + 2C'm'i}{n}\right)}{1 - c^2\ sn^2 u\ sn^2\left(\dfrac{2Cm + 2C'm'i}{n}\right)} \right\}$$

mit der Beziehung:

$$c_1^{\frac{n^2-1}{2}} = \prod dn^2\left(\frac{2Cm + 2C'm'i}{n}\right).$$

Sei nun

2) n eine grade Zahl.

Wendet man zuerst wiederum die durch das Schema

$$\begin{vmatrix} n & 0 \\ 0 & 1 \end{vmatrix}$$

repräsentirte Transformation auf die ϑ-Funktion mit dem Argumente v und dem Modul $\frac{\tau}{n}$ an, so wird, wenn man

$$m_\lambda = -1, \quad n_\lambda = 1$$

setzt,

$$\mathfrak{m} = n, \quad \mathfrak{q} = -1,$$

also wird, da $\mathfrak{m}$ grade und $\mathfrak{q}$ ungrade ist, die ungrade transformirte ϑ-Funktion durch Gleichung (30) des § 17 dargestellt und man erhält somit:

$$\vartheta(nv, \tau)_1 = C_1\, \vartheta\left(v, \frac{\tau}{n}\right)_1 \vartheta\left(v, \frac{\tau}{n}\right)_2 \times$$
$$\left[\vartheta\left(v, \frac{\tau}{n}\right)_2^{n-2} + c_2\, \vartheta\left(v, \frac{\tau}{n}\right)_1^2 \vartheta\left(v, \frac{\tau}{n}\right)_2^{n-4} + \cdots + c_{n-2}\, \vartheta\left(v, \frac{\tau}{n}\right)_1^{n-2}\right].$$

Ebenso wird für $m_\lambda = -1$, $n_\lambda = 0$:

$$\mathfrak{m} = 0, \quad \mathfrak{q} = -1,$$

also $\mathfrak{m}$ grade, $\mathfrak{q}$ ungrade, und daher wieder nach Gleichung (30) des § 17:

$$\vartheta(nv,\tau)_0 = C_0\,\vartheta\left(v,\frac{\tau}{n}\right)_0 \vartheta\left(v,\frac{\tau}{n}\right)_3 \times$$
$$\left[\vartheta\left(v,\frac{\tau}{n}\right)_3^{n-2} + d_2\,\vartheta\left(v,\frac{\tau}{n}\right)_0^2 \vartheta\left(v,\frac{\tau}{n}\right)_3^{n-4} + \cdots + d_{n-2}\,\vartheta\left(v,\frac{\tau}{n}\right)_0^{n-2}\right].$$

Für $m_\lambda = 0$, $n_\lambda = 1$ wird

$$\mathfrak{m} = n, \quad \mathfrak{q} = 0,$$

also $\mathfrak{m}$ und $\mathfrak{q}$ grade, und daher nach Gleichung (27) des § 17:

$$\vartheta(nv,\tau)_2 = \alpha_0\,\vartheta\left(v,\frac{\tau}{n}\right)_0^n + \alpha_2\,\vartheta\left(v,\frac{\tau}{n}\right)_0^{n-2} \vartheta\left(v,\frac{\tau}{n}\right)_1^2 + \cdots$$
$$+ \alpha_{n-2}\,\vartheta\left(v,\frac{\tau}{n}\right)_0^2 \vartheta\left(v,\frac{\tau}{n}\right)_1^{n-2} + \alpha_n\,\vartheta\left(v,\frac{\tau}{n}\right)_1^n;$$

endlich für $m_\lambda = 0$, $n_\lambda = 0$, also $\mathfrak{m} = 0$, $\mathfrak{q} = 0$ nach derselben Gleichung:

$$\vartheta(nv,\tau)_3 = \beta_0\,\vartheta\left(v,\frac{\tau}{n}\right)_0^n + \beta_2\,\vartheta\left(v,\frac{\tau}{n}\right)_0^{n-2} \vartheta\left(v,\frac{\tau}{n}\right)_1^2 + \cdots$$
$$+ \beta_{n-2}\,\vartheta\left(v,\frac{\tau}{n}\right)_0^2 \vartheta\left(v,\frac{\tau}{n}\right)_1^{n-2} + \beta_n\,\vartheta\left(v,\frac{\tau}{n}\right)_1^n.$$

Wendet man ferner auf die ursprüngliche ϑ-Funktion mit dem Argumente v und dem Modul τ die durch das Schema

$$\begin{vmatrix} 1 & 0 \\ 0 & n \end{vmatrix}$$

repräsentirte Transformation an, so wird man, wenn man genau in derselben Weise verfährt, aus den Formeln des § 17 die folgenden Gleichungen herleiten:

$$\vartheta\left(v,\frac{\tau}{n}\right)_1 = A_1\,\vartheta(v,\tau)_1\,\vartheta(v,\tau)_0 \times$$
$$\left[\vartheta(v,\tau)_0^{n-2} + a_2\,\vartheta(v,\tau)_0^{n-4}\,\vartheta(v,\tau)_1^2 + \cdots + a_{n-2}\,\vartheta(v,\tau)_1^{n-2}\right],$$

$$\vartheta\left(v,\frac{\tau}{n}\right)_2 = A_2\,\vartheta(v,\tau)_2\,\vartheta(v,\tau)_3 \times$$
$$\left[\vartheta(v,\tau)_3^{n-2} + b_2\,\vartheta(v,\tau)_3^{n-4}\,\vartheta(v,\tau)_2^2 + \cdots + b_{n-2}\,\vartheta(v,\tau)_2^{n-2}\right],$$

$$\vartheta\left(v,\frac{\tau}{n}\right)_0 = \gamma_0\,\vartheta(v,\tau)_0^n + \gamma_2\,\vartheta(v,\tau)_0^{n-2}\,\vartheta(v,\tau)_1^2 + \cdots$$
$$+ \gamma_{n-2}\,\vartheta(v,\tau)_0^2\,\vartheta(v,\tau)_1^{n-2} + \gamma_n\,\vartheta(v,\tau)_1^n,$$

$$\vartheta\left(v,\frac{\tau}{n}\right)_3 = \delta_0\,\vartheta(v,\tau)_0^n + \delta_2\,\vartheta(v,\tau)_0^{n-2}\,\vartheta(v,\tau)_1^2 + \cdots$$
$$+ \delta_{n-2}\,\vartheta(v,\tau)_0^2\,\vartheta(v,\tau)_1^{n-2} + \delta_n\,\vartheta(v,\tau)_1^n.$$

Aus der Zusammenstellung dieser Gleichungssysteme ergiebt sich unmittelbar, wenn man beachtet, dass

$$\vartheta(v)_2^2,\ \vartheta(v)_3^2 \text{ durch } \vartheta(v)_0^2,\ \vartheta(v)_1^2$$

linear und homogen ausdrückbar sind, dass, wenn M eine Constante bezeichnet:

$$\vartheta(nv,\tau)_1 = M\,\vartheta(v,\tau)_0\,\vartheta(v,\tau)_1\,\vartheta(v,\tau)_2\,\vartheta(v,\tau)_3\,F\left\{\vartheta(v,\tau)_0,\ \vartheta(v,\tau)_1\right\},$$

worin

$$F\left\{\vartheta(v,\tau)_0,\ \vartheta(v,\tau)_1\right\}$$

eine ganze homogene Funktion des n^2-4ten Grades der Grössen

$$\vartheta(v,\tau)_0,\ \vartheta(v,\tau)_1$$

vorstellt, die nur in graden Potenzen in dieser Funktion vorkommen.

Statt nun diese Formel durch wirkliche Substitution zu entwickeln, wollen wir wieder die Nullwerthe der Funktion

$$\vartheta(nv,\tau)_1$$

benutzen, um uns eine Funktion von der eben festgestellten Form zu bilden.

Da alle Nullwerthe dieser Funktion durch den Ausdruck gegeben sind

$$\frac{m+m'\tau}{n},$$

worin m und m' beliebige ganze Zahlen sind, so werden wir, von den Combinationen:

$$0,0;\ 0,\frac{n}{2};\ \frac{n}{2},0;\ \frac{n}{2},\frac{n}{2}$$

abgesehen, von denen jede einen der Faktoren

$$\vartheta(v)_0,\ \vartheta(v)_1,\ \vartheta(v)_2,\ \vartheta(v)_3$$

verschwinden lässt, n^2-4 wesentlich von einander verschiedene Werthe des v aufzusuchen haben, für welche die Funktion $\vartheta(nv,\tau)_1$ zu Null wird. Diese sind offenbar alle Werthecombinationen aus den Zahlen:

$$m:\ 0 \qquad\qquad m:\ \pm1,\pm2,\cdots\pm\left(\frac{n}{2}-1\right)$$

$$m':\ \pm1,\pm2,\cdots\pm\left(\frac{n}{2}-1\right) \qquad m':\ 0,\pm1,\pm2,\cdots\pm\left(\frac{n}{2}-1\right)$$

$$m:\ -\frac{n}{2}$$

$$m':\ -1,-2,\cdots-\left(\frac{n}{2}-1\right)$$

$$m: +1, +2, \cdots + \left(\frac{n}{2}-1\right) \qquad m: -1, -2, \cdots - \left(\frac{n}{2}-1\right)$$
$$m': \frac{n}{2} \qquad m': -\frac{n}{2}$$
$$m: \frac{n}{2}$$
$$m': +1, +2, \cdots + \left(\frac{n}{2}-1\right)$$

so dass sich, wenn man die linearen Faktoren, die sich nur durch das Vorzeichen des zweiten Summanden unterscheiden, zusammenfasst, der Ausdruck ergiebt:

$$\vartheta(nv,\tau)_1 = M\,\vartheta(v)_0\,\vartheta(v)_1\,\vartheta(v)_2\,\vartheta(v)_3 \times$$
$$\prod \left\{ \vartheta(v)_1^2\,\vartheta\left(\frac{m+m'\tau}{n}\right)_0^2 - \vartheta(v)_0^2\,\vartheta\left(\frac{m+m'\tau}{n}\right)_1^2 \right\},$$

worin dem m und m' alle Combinationen aus den folgenden Werthsystemen beizulegen sind:

$$m: 0, \frac{n}{2}, \qquad m: 1, \quad 2, \cdots \quad \frac{n}{2}-1,$$
$$m': 1, 2, \cdots \frac{n}{2}-1, \qquad m': 0, \pm 1, \cdots \pm\left(\frac{n}{2}-1\right), \frac{n}{2};$$

und da sich hieraus der Werth der Constanten M in der folgenden Form bestimmt:

$$M = \frac{(-1)^{\frac{n^2}{2}}\,n}{\vartheta_0^{\,n^2-3}\,\vartheta_2\,\vartheta_3 \prod \vartheta\left(\frac{m+m'\tau}{n}\right)_1^2},$$

so folgt die Gleichung:

$$\vartheta(nv,\tau)_1 = \frac{(-1)^{\frac{n^2}{2}}\,n}{\vartheta_0^{\,n^2-3}\,.\,\vartheta_2\,.\,\vartheta_3 \prod \vartheta\left(\frac{m+m'\tau}{n}\right)_1^2}\cdot\vartheta(v)_0\,\vartheta(v)_1\,\vartheta(v)_2\,\vartheta(v)_3 \times$$
$$\prod \left\{ \vartheta(v)_1^2\,\vartheta\left(\frac{m+m'\tau}{n}\right)_0^2 - \vartheta(v)_0^2\,\vartheta\left(\frac{m+m'\tau}{n}\right)_1^2 \right\}.$$

Man sieht ferner aus den oben aufgestellten Gleichungen, dass sich

$$\vartheta\,(nv,\,\tau)_0$$

als homogene ganze Funktion des $n^{2\text{ten}}$ Grades der Grössen

$$\vartheta\,(v)_0, \quad \vartheta\,(v)_1$$

darstellen wird, welche nur in graden Potenzen in dieser Funktion enthalten sind.

Nun wird aber diese Funktion für alle nv von der Form:

$$nv = \frac{\tau}{2} + m + m'\tau = \frac{2m + (2m' + 1)\tau}{2},$$

oder für

$$v = \frac{2m + (2m' + 1)\tau}{2n}$$

und nur für diese verschwinden, und es wird daher, wenn man dem $2m$ und $2m' + 1$ die folgenden Werthe beilegt:

$2m \quad : 0, n, \qquad\qquad\qquad 2m \quad : \quad 2, 4, 6, \ldots. \quad n-2,$
$2m' + 1 : 1, 3, 5, \ldots. n-1, \quad 2m' + 1 : \pm 1, \pm 3, \ldots. \pm (n-1),$

die Gleichung statthaben:

$$\vartheta(nv, \tau)_0 = M_0\, \Pi \left\{ \vartheta(v)_1{}^2\, \vartheta\left(\frac{2m + (2m'+1)\tau}{2n}\right)_0^2 - \vartheta(v)_0{}^2\, \vartheta\left(\frac{2m + (2m'+1)\tau}{2n}\right)_1^2 \right\},$$

woraus sich für die Constante M_0 der Werth ergiebt:

$$M_0 = \frac{(-1)^{\frac{n^2}{2}}}{\vartheta_0{}^{n^2-1}\, \Pi\, \vartheta\left(\frac{2m + (2m' + 1)\tau}{2n}\right)_1^2}$$

und daher:

$$\vartheta\,(nv,\, \tau)_0 = \frac{(-1)^{\frac{n^2}{2}}}{\vartheta_0{}^{n^2-1}\, \Pi\, \vartheta\left(\frac{2m + (2m' + 1)\tau}{2n}\right)_1^2} \times$$

$$\prod \left\{ \vartheta(v)_1{}^2\, \vartheta\left(\frac{2m + (2m'+1)\tau}{2n}\right)_0^2 - \vartheta(v)_0{}^2\, \vartheta\left(\frac{2m + (2m'+1)\tau}{2n}\right)_1^2 \right\}.$$

In genau derselben Weise ergiebt sich:

$$\vartheta\,(nv,\, \tau)_2 = \frac{(-1)^{\frac{n^2}{2}}\, \vartheta_2}{\vartheta_0{}^{n^2}\, \Pi\, \vartheta\left(\frac{(2m + 1) + 2m'\tau}{2n}\right)_1^2}$$

$$\prod \left\{ \vartheta(v)_1{}^2\, \vartheta\left(\frac{(2m+1) + 2m'\tau}{2n}\right)_0^2 - \vartheta(v)_0{}^2\, \vartheta\left(\frac{(2m+1) + 2m'\tau}{2n}\right)_1^2 \right\},$$

worin den Zahlen $2m + 1$, $2m'$ die folgenden Werthe beizulegen sind:

$2m + 1 : 1, 3, 5, \ldots. n - 1, \quad 2m + 1 : \quad 1, 3, 5, \ldots. \quad (n - 1),$
$2m' \quad : 0, n, \qquad\qquad\qquad 2m' \quad : \pm 2, \pm 4, \ldots. \pm (n - 2),$

und endlich:

$$\vartheta(nv,\tau)_3 = \frac{(-1)^{\frac{n^2}{2}}\,\vartheta_3}{\vartheta_0^{\,n^2}\,\Pi\,\vartheta\left(\frac{(2m+1)+(2m'+1)\tau}{2n}\right)_1^2}$$

$$\Pi\left\{\vartheta(v)_1^{\,2}\vartheta\left(\frac{(2m+1)+(2m'+1)\tau}{2n}\right)_0^2 - \vartheta(v)_0^{\,2}\vartheta\left(\frac{(2m+1)+(2m'+1)\tau}{2n}\right)_1^2\right\},$$

worin die Zahlen $2m+1$, $2m'+1$ alle Werthecombinationen aus den Reihen bedeuten:

$$\begin{array}{l} 2m+1: \quad 1, \quad 3, \quad 5, \ldots \quad n-1, \\ 2m'+1: \pm 1, \pm 3, \pm 5, \ldots \pm (n-1). \end{array}$$

Geht man nun von diesen Multiplicationsformeln der ϑ-Funktionen durch Division zu den elliptischen Funktionen der vielfachen Argumente über, so erhält man für den Fall des graden n die folgenden Beziehungen:

$$sn(nu) = n\,sn\,u\,cn\,u\,dn\,u\,\frac{\Pi\left\{1-\dfrac{sn^2u}{sn^2\left(\dfrac{2mC+2m'iC'}{n}\right)}\right\}}{\Pi\left\{1-\dfrac{sn^2u}{sn^2\left(\dfrac{2mC+(2m'+1)iC'}{n}\right)}\right\}}$$

$$cn(nu) = \frac{\Pi\left\{1-\dfrac{sn^2u}{sn^2\left(\dfrac{(2m+1)C+2m'iC'}{n}\right)}\right\}}{\Pi\left\{1-\dfrac{sn^2u}{sn^2\left(\dfrac{2mC+(2m'+1)iC'}{n}\right)}\right\}}$$

$$dn(nu) = \frac{\Pi\left\{1-\dfrac{sn^2u}{sn^2\left(\dfrac{(2m+1)C+(2m'+1)iC'}{n}\right)}\right\}}{\Pi\left\{1-\dfrac{sn^2u}{sn^2\left(\dfrac{2mC+(2m'+1)iC'}{n}\right)}\right\}},$$

worin den Zahlen $2m$, $2m'$; $2m+1$, $2m'$; $2m$, $2m'+1$; $2m+1$, $2m'+1$ die oben näher bezeichneten Werthecombinationen beizulegen sind.

Hiermit ist das Multiplicationsproblem für ungrade und grade ganzzahlige Vielfache des Argumentes erledigt und somit auch nach der im Anfange dieses Abschnittes gemachten Bemerkung für rationale Multiplicatoren überhaupt.

§ 31. Die complexe Multiplication.

Nachdem in dem vorigen Paragraphen gezeigt worden, dass für jedes τ eine Multiplication mit beliebigem rationalen Multiplicator existirt, wird es sich nunmehr darum handeln, zu untersuchen, ob es nicht für gewisse specielle τ noch andere Multiplicationen giebt, d. h. ob sich nicht für specielle Werthe des τ die elliptischen Funktionen von Argumenten, die mit gewissen reellen oder complexen Multiplicatoren behaftet sind, algebraisch durch die elliptischen Funktionen mit den einfachen Argumenten ausdrücken lassen.

Nun wurde aber im § 28 ganz allgemein gezeigt, dass, wenn überhaupt eine algebraische Multiplication möglich sein soll, τ eine Lösung der quadratischen Gleichung mit ganzzahligen Coefficienten:

$$m's\tau^2 + 2\tau(rm' - ms') - 4mr' = 0$$

sein muss, welche, wenn sie identisch befriedigt wurde, für jedes τ die rationale reelle Multiplication lieferte.

Wird diese quadratische Gleichung jedoch nicht identisch befriedigt, sondern ist τ eine Lösung derselben, so findet jedenfalls nach der Auseinandersetzung des § 27 eine algebraische Transformation statt für die Differenzialgleichung:

$$\frac{dx}{\sqrt{(1-x^2)(1-c^2x^2)}} = \frac{a\,dy}{\sqrt{(1-y^2)(1-c^2y^2)}},$$

d. h. eine algebraische Multiplication mit dem Multiplicator a, über dessen Form sich Folgendes aussagen lässt.

Wir bemerken zuerst, dass die Existenz der algebraischen Transformation, von den Gleichungen zwischen den Perioden abgesehen, welche durch die quadratische Gleichung, der τ genügt, repräsentirt werden, noch an die Bedingung geknüpft war, dass

$$mm'(rs' - r's) > 0.$$

Es liefert aber die quadratische Gleichung für τ die Werthe:

$$\tau = -\frac{(rm' - ms') \pm \sqrt{(rm' - ms')^2 + 4mr'm's}}{m's}$$

$$= -\frac{(rm' - ms') \pm \sqrt{(rm' + ms')^2 - 4mm'(rs' - r's)}}{m's},$$

und die obige Bedingung ist somit bereits in derjenigen enthalten, welche von dem vorgelegten Integrale von selbst erfüllt wird, dass nämlich der reelle Theil von $\frac{\tau}{i}$ eine wesentlich positive Grösse ist.

Nun geben die Formeln des § 27 für den Multiplicator a, wenn man dort

$$C = K, \quad \tau' = \tau$$

setzt, den Werth:

$$a = \frac{1}{2(rs' - r's)}(2ms' - sm'\tau),$$

es hat also mit Berücksichtigung des obigen Werthes von τ der Multiplicator die complexe Form:

$$a_1 + i\sqrt{a_2}$$

worin a_1 und a_2 rationale Zahlen sind, und wobei es wesentlich ist zu bemerken, dass a_2 nach dem Obigen wegen der Convergenzbedingung des ϑ nicht verschwinden kann; es existirt somit für specielle τ ausserdem nur noch eine complexe, keine reelle Multiplication.

Es ist nunmehr leicht zu sehen, dass jene quadratische Gleichung für τ, welche nach den eben gemachten Auseinandersetzungen, wenn sie noch der Beschränkung unterworfen wird, dass ihre Determinante wesentlich negativ ist, die nothwendige und hinreichende Bedingung für die complexe Multiplication liefert, die allgemeinste quadratische Gleichung mit ganzzahligen Coefficienten darstellt; denn setzt man, wenn A, B, C drei beliebige ganze Zahlen bezeichnen,

$$r = 0, \; s' = -2B, \; s = 4, \; m' = A, \; m = 1, \; r' = -C,$$

so geht die obige Gleichung über in:

$$(\alpha) \quad \ldots\ldots\ldots \quad A\tau^2 + B\tau + C = 0,$$

und die Ungleichheit

$$mm'(rs' - r's) = 4AC > 0$$

ist in der Bedingung enthalten, dass die Determinante der Gleichung (α) wesentlich negativ sein soll.

Wir können somit den Satz über die complexe Multiplication folgendermassen aussprechen:

Genügt τ einer ganzzahligen quadratischen Gleichung mit negativer Determinante, so findet stets und nur in diesem Falle für die zugehörigen elliptischen Funktionen eine complexe Multiplication statt.

Die Untersuchung der Integralmoduln k^2, für welche eine solche complexe Multiplication eintritt oder für welche die zugehörigen τ die Lösungen quadratischer Gleichungen mit ganzzahligen Coefficienten und negativer Determinante sind, ist erst nach genauer Discussion der Modulargleichungen und deren Discriminante möglich und ist der Gegenstand vielfacher und ausgezeichneter Untersuchungen von Hermite, Kroneker und Joubert geworden.

Dreizehnter Abschnitt.

Die Theorie der Modulargleichungen der elliptischen Funktionen.

§ 32. Vergleichung zweier verschiedener analytischer Ausdrücke für $\sqrt[4]{k}$, wenn der Grad der Transformation eine Primzahl ist.

Wir haben im § 24 für die Quadratwurzel aus dem transformirten Integralmodul bei einer Transformation unpaaren Grades den folgenden Ausdruck gefunden:

$$\sqrt{k} = (\sqrt{c})^n \left\{ snc\, \frac{m\bar{\omega}}{n}\, snc\, \frac{2m\bar{\omega}}{n} \ldots\ldots snc\, \frac{n-1}{2}\, \frac{m\bar{\omega}}{n} \right\}^2.$$

Setzen wir nunmehr im Folgenden $m = 2$ *) und ziehen auf beiden Seiten die Quadratwurzel aus, so ergiebt sich, wenn $\sqrt[4]{c}$ den durch die eindeutige Funktion von τ fest bestimmten Werth bedeutet und mit v der aus der obigen Formel resultirende Werth von $\sqrt[4]{k}$ bezeichnet wird, der folgende Ausdruck:

$$v = (\sqrt[4]{c})^n \frac{cn\left(\frac{2\bar{\omega}}{n}\right) cn\left(\frac{4\bar{\omega}}{n}\right) \ldots\ldots cn\left(\frac{(n-1)\,\bar{\omega}}{n}\right)}{dn\left(\frac{2\bar{\omega}}{n}\right) dn\left(\frac{4\bar{\omega}}{n}\right) \ldots\ldots dn\left(\frac{(n-1)\,\bar{\omega}}{n}\right)}$$

$$= (\sqrt[4]{c})^n\, snc\, \frac{2\bar{\omega}}{n}\, snc\, \frac{4\bar{\omega}}{n} \ldots\ldots snc \left(\frac{(n-1)\,\bar{\omega}}{n}\right), \quad . \quad . \quad . \quad (1)$$

welcher, wie sich später zeigen wird, als Lösung der nachher zu definirenden Modulargleichungen eine wichtige Rolle spielt.

---

*) m musste eine zu n relativ prime Zahl sein.

Da sich aber ausserdem ein Werth von $\sqrt[4]{k}$, der ins Quadrat erhoben ebenfalls den obigen Werth von $\sqrt{k}$ giebt, als eindeutige Funktion des transformirten ϑ-Moduls darstellen lässt, wollen wir den vorher gefundenen Werth v mit dem durch diese eindeutige Funktion des neuen τ gegebenen Werthe von $\sqrt[4]{k}$ vergleichen, bemerken jedoch von vornherein, dass ein Werthunterschied dieser beiden Ausdrücke nur in dem verschiedenen Vorzeichen statthaben kann.

Untersuchen wir zuerst die durch das Schema

$$\begin{vmatrix} 1 & 0 \\ 16\xi & n \end{vmatrix}$$

dargestellten Repräsentanten, so ergiebt sich, wenn

$$\omega = a_0 \tau - b_0 = \tau - 16\xi \text{*)}$$

gesetzt wird,

$$v = (\sqrt[4]{c})^n \, snc \frac{4C}{n}(\tau - 16\xi) \, snc \frac{8C}{n}(\tau - 16\xi) \dots snc \frac{2(n-1)C}{n}(\tau - 16\xi).$$

*) Es ist hier eine wesentliche Bemerkung in Bezug auf die Wahl des ω hinzuzufügen. Während es in der Theorie der Transformation gleichgültig war, welchen der unendlich vielen möglichen Werthe des ω man wählte, wenn er nur die dort näher festgestellten Bedingungen befriedigte, ist es hier, wenn auch der Werth des $\sqrt{k}$ für alle ω unverändert bleibt, doch fraglich, ob sich nicht bei einer verschiedenen Wahl des ω das Vorzeichen des v ändert.

Nun war aber der allgemeine Ausdruck von $\frac{\omega}{n}$ in der Form enthalten:

$$\frac{\omega}{n} = \frac{pn - 16\xi q + q\tau}{n} = p + q \cdot \frac{\tau - 16\xi}{n},$$

wenn die Zahlen

$$pn - 16\xi q \text{ und } q$$

zu einander relativ prime Zahlen waren.

Es folgt hieraus:

$$snc \frac{2\bar{\omega}}{n} = snc\left(4Cp + q \cdot 4C \frac{\tau - 16\xi}{n}\right) = snc\, q \cdot 4C \frac{\tau - 16\xi}{n},$$

$$snc \frac{4\bar{\omega}}{n} = snc\left(8Cp + q \cdot 8C \frac{\tau - 16\xi}{n}\right) = snc\, q \cdot 8C \frac{\tau - 16\xi}{n},$$

. . . .

$$snc \frac{(n-1)\bar{\omega}}{n} = snc\left(2(n-1)Cp + q \,.\, 2(n-1)C \frac{\tau - 16\xi}{n}\right)$$

$$= snc\, q \,.\, 2(n-1)C \frac{\tau - 16\xi}{n}$$

oder da

$$snc \frac{2C(\tau - 16\xi)}{n} = snc \frac{2C(n-1)(\tau - 16\xi)}{n},$$

$$snc \frac{6C(\tau - 16\xi)}{n} = snc \frac{2C(n-3)(\tau - 16\xi)}{n}$$

u. s. w.,

$$v = (\sqrt[4]{c})^n \, snc \frac{2C}{n}(\tau - 16\xi) \, snc \frac{4C}{n}(\tau - 16\xi) \ldots snc \frac{(n-1)C}{n}(\tau - 16\xi), \quad (2)$$

während der diesen Repräsentanten entsprechende Werth von $\sqrt[4]{k}$ als eindeutige Funktion von

$$\tau' = \frac{\tau - 16\xi}{n},$$

wenn

$$q' = e^{\pi i \tau'}$$

ist, durch die Gleichung

$$\sqrt[4]{k} = \sqrt{2}\,\sqrt[8]{q'}\,\frac{(1+q'^2)(1+q'^4)(1+q'^6)\ldots}{(1+q')(1+q'^3)(1+q'^5)\ldots} \quad . \quad . \quad (3)$$

bestimmt wird.

Da nun die Ausdrücke (2) und (3), von dem Vorzeichen abgesehen, für jedes τ identisch sein müssen, so wird man nur nöthig haben, sie für ein specielles c mit einander zu vergleichen

---

und daher:

$$snc \frac{2\bar{\omega}}{n} \, snc \frac{4\bar{\omega}}{n} \ldots snc \frac{(n-1)\bar{\omega}}{n}$$

$$= snc\, q \cdot 4C \frac{\tau - 16\xi}{n} \, snc\, q \cdot 8C \frac{\tau - 16\xi}{n} \ldots snc\, q \cdot 2(n-1)C \frac{\tau - 16\xi}{n}.$$

Da nun der Voraussetzung nach q zu n relativ prim ist, und daher die Multipla von q:

$$1 \cdot q, \; 2 \cdot q, \; 3 \cdot q, \ldots \frac{n-1}{2} \cdot q$$

nach dem Modul n genommen die $\frac{n-1}{2}$ verschiedenen Reste

$$\pm 1, \pm 2, \pm 3, \cdots \pm \left(\frac{n-1}{2}\right)$$

lassen, so wird, da $snc\, u$ eine grade Funktion von u ist,

$$snc \frac{2\bar{\omega}}{n} \, snc \frac{4\bar{\omega}}{n} \ldots snc\,(n-1)\frac{\bar{\omega}}{n}$$

$$= snc\, 4C\left(\frac{\tau - 16\xi}{n}\right) snc\; 8C\left(\frac{\tau - 16\xi}{n}\right) \ldots snc\, 2(n-1)C\left(\frac{\tau - 16\xi}{n}\right),$$

es bleibt somit der Werth des v unverändert, welchen der unendlich vielen Werthe für ω man auch wählen mag.

und aus dem Quotienten dieser beiden Ausdrücke jenes Vorzeichen herzuleiten.

Wählt man zu dem Ende c unendlich klein, so dass:

$$C = \frac{\pi}{2}, \quad C' = \infty$$

$$\lim q = \lim e^{\pi\tau i} = \lim e^{-\frac{\pi C'}{C}} = 0,$$

$$\lim q' = \lim e^{\pi\tau' i} = \lim e^{\pi i\left(\frac{\tau - 16\xi}{n}\right)} = 0$$

ist, so wird sich aus der bekannten Gleichung

$$snc\,\frac{2Cx}{\pi} = \frac{2}{\sqrt{c}} \cdot \sqrt[4]{q}\,\cos x \prod_{n=1\ldots\infty} \frac{1 + 2q^{2n}\cos 2x + q^{4n}}{1 + 2q^{2n-1}\cos 2x + q^{4n-2}}$$

für unsere Annahme die Beziehung

$$\lim snc\,\frac{2Cx}{\pi} = \lim \frac{2}{\sqrt{c}} \sqrt[4]{q}\,\cos x$$

ergeben und hieraus, wenn der Reihe nach statt x die Grössen:

$$\pi\,\frac{\tau - 16\xi}{n},\quad 2\pi\left(\frac{\tau - 16\xi}{n}\right),\ \ldots\ \frac{n-1}{2}\,\pi\left(\frac{\tau - 16\xi}{n}\right)$$

gesetzt und die so entstehenden Ausdrücke miteinander multiplicirt werden, die Gleichung folgen:

$$\lim snc\, 2C\left(\frac{\tau - 16\xi}{n}\right) snc\, 4C\left(\frac{\tau - 16\xi}{n}\right) \cdots snc\,(n-1)\,C\left(\frac{\tau - 16\xi}{n}\right)$$

$$= \lim \frac{2^{\frac{n-1}{2}} \sqrt[4]{q^{\frac{n-1}{2}}}}{\sqrt{c^{\frac{n-1}{2}}}} \cdot P,$$

wenn

$$\lim \cos\pi\left(\frac{\tau - 16\xi}{n}\right) \cos 2\pi\left(\frac{\tau - 16\xi}{n}\right) \ldots \cos\frac{n-1}{2}\,\pi\left(\frac{\tau - 16\xi}{n}\right) \text{ mit } P$$

bezeichnet wird.

Da nun ferner der im Ausdrucke für v vorkommende Werth von $\sqrt[4]{c}$ nach der früheren Bestimmung der durch die eindeutige Funktion von τ definirte sein sollte, also nach Gleichung (3) für die obige Annahme durch den Ausdruck

$$\lim \sqrt[4]{c} = 2^{\frac{1}{2}} \lim \sqrt[8]{q}$$

gegeben ist und ausserdem aus der Gleichung

$$\sqrt{c} = \frac{\vartheta_2}{\vartheta_3}$$

leicht folgt, dass

$$\lim \frac{2^{\frac{n-1}{2}} \cdot \sqrt[4]{q^{\frac{n-1}{2}}}}{\sqrt{c^{\frac{n-1}{2}}}} = 1,$$

so ergiebt sich:

$$v = \lim 2^{\frac{n}{2}} \cdot \sqrt[8]{q^n} \cdot P, \quad . \quad . \quad . \quad . \quad . \quad . \quad (4)$$

während der durch die Gleichung (3) als eindeutige Funktion von τ' definirte Werth von $\sqrt[4]{k}$ durch den Ausdruck bestimmt wird:

$$\sqrt[4]{k} = \lim 2^{\frac{1}{2}} \cdot \sqrt[8]{e^{\pi i\left(\frac{\tau - 16\xi}{n}\right)}} \quad . \quad . \quad . \quad . \quad (5).$$

Zur Vergleichung der beiden Werthe v und $\sqrt[4]{k}$ ist es nöthig, den Werth von P oder den Grenzwerth jenes Cosinusproduktes zu ermitteln.

Nun ist aber

$$\lim \cos m\pi \left(\frac{\tau - 16\xi}{n}\right) = \lim \frac{e^{m\pi\left(\frac{\tau - 16\xi}{n}\right)i} + e^{-m\pi\left(\frac{\tau - 16\xi}{n}\right)i}}{2}$$

$$= \lim \frac{e^{-m\pi\left(\frac{\tau - 16\xi}{n}\right)i}}{2}\left(1 + e^{2m\pi\left(\frac{\tau - 16\xi}{n}\right)}\right) = \lim \frac{1}{2} e^{-m\pi\left(\frac{\tau - 16\xi}{n}\right)i},$$

also

$$P = \lim \frac{1}{2^{\frac{n-1}{2}}} \cdot e^{-\pi i\left(1+2+3+\dots+\frac{n-1}{2}\right)\left(\frac{\tau - 16\xi}{n}\right)} = \lim \frac{e^{-\left(\frac{n^2-1}{8}\right)\left(\frac{\tau - 16\xi}{n}\right)\pi i}}{2^{\frac{n-1}{2}}},$$

und es geht daher die Gleichung (4) in

$$v = \lim 2^{\frac{1}{2}} e^{\frac{n\pi\tau i}{8}} \cdot e^{-\left(\frac{n^2-1}{8n}\right)\tau\pi i} \cdot e^{2\left(\frac{n^2-1}{n}\right)\xi\pi i}$$

$$= \lim 2^{\frac{1}{2}} \cdot e^{\frac{\pi\tau i}{8n}} \cdot e^{-\frac{2\xi\pi i}{n}} \quad . \quad . \quad . \quad . \quad . \quad . \quad . \quad . \quad . \quad (6)$$

über, woraus sich, wenn man den Quotienten aus (5) und (6) bildet, die Gleichung ergiebt:

$$\lim \frac{v}{\sqrt[4]{k}} = \lim \frac{2^{\frac{1}{2}} \cdot e^{\frac{\pi\tau i}{8n}} \cdot e^{-\frac{2\xi\pi i}{n}}}{2^{\frac{1}{2}} \cdot e^{\pi i\left(\frac{\tau - 16\xi}{n}\right)}} = 1.$$

Es ist somit ersichtlich, dass der durch die Gleichung (1) dargestellte Werth von v, wie er unmittelbar aus der Transformationstheorie hervorgegangen, für die Repräsentanten der nicht äquivalenten Klassen, welche durch das Schema

$$\begin{vmatrix} 1 & 0 \\ 16\,\xi & n \end{vmatrix}$$

dargestellt sind, denjenigen Werth von $\sqrt[4]{k}$ liefert, den man aus der oben näher angegebenen eindeutigen Funktion von τ' erhält, dass also für diesen Fall, mit Benutzung des Hermite'schen Zeichens (s. § 11)

$$v = \varphi\left(\frac{\tau - 16\,\xi}{n}\right) \quad \ldots\ldots \quad (7)$$

ist. Was nunmehr den durch das Schema

$$\begin{vmatrix} n & 0 \\ 0 & 1 \end{vmatrix}$$

gegebenen Repräsentanten der nicht äquivalenten Klassen betrifft, so werden für

$$\frac{\omega}{n} = \frac{b_1 - a_1\tau}{n} = \frac{1}{n} \; {}^{*})$$

die beiden miteinander zu vergleichenden Grössen v und $\sqrt[4]{k}$ durch die Gleichungen bestimmt sein:

$$v = (\sqrt[4]{c})^n \,.\, snc\,\frac{4C}{n} \cdot snc\,\frac{8C}{n} \ldots\, snc\,\frac{2(n-1)C}{n} \quad \ldots \quad (8)$$

$$\sqrt[4]{k} = \sqrt{2}\,.\,\sqrt[8]{q'} \cdot \frac{(1+q'^2)\,(1+q'^4)\ldots}{(1+q')\,(1+q'^3)\ldots}, \quad \ldots \quad (9)$$

worin

$$q' = e^{\pi\tau' i} = e^{n\pi\tau i}$$

zu setzen ist.

Um wie vorher für unendlich kleine c den Werth des Quotienten

$$\frac{v}{\sqrt[4]{k}}$$

zu finden, leitet man aus dem Ausdrucke

---

*) Es ist auch hier wie oben zu bemerken, dass der allgemeine Werth von $\frac{\omega}{n}$:

$$\frac{p + q\,n\tau}{n} = q\tau + \frac{p}{n},$$

worin p und qn zu einander relativ prim sind, für v denselben Werth liefert, wie wenn für $\frac{\omega}{n}$ der eine in dieser Form enthaltene Werth $\frac{1}{n}$ gesetzt wird.

$$\lim snc\frac{2Cx}{\pi} = \lim \frac{2}{\sqrt{c}} \cdot \sqrt[4]{q} \, . \cos x,$$

indem man darin der Reihe nach für x die Werthe

$$\frac{2\pi}{n}, \; \frac{4\pi}{n}, \ldots \frac{(n-1)\pi}{n}$$

einsetzt, die folgende Gleichung ab:

$$\lim snc\frac{4C}{n} \cdot snc\frac{8C}{n} \cdots snc\frac{2(n-1)C}{n}$$

$$= \lim \frac{2^{\frac{n-1}{2}} \cdot \sqrt[4]{q^{\frac{n-1}{2}}}}{\sqrt{c^{\frac{n-1}{2}}}} \cdot \cos\frac{2\pi}{n} \cdot \cos\frac{4\pi}{n} \cdots \cos\frac{(n-1)\pi}{n},$$

und erhält, da

$$\cos\frac{2\pi}{n} \cdot \cos\frac{4\pi}{n} \cdots \cos\frac{(n-1)\pi}{n} = \pm \frac{1}{2^{\frac{n-1}{2}}} \; {}^{*)},$$

worin das positive Zeichen gilt, wenn n von der Form $8\nu \pm 1$, und das negative, wenn n von der Form $8\nu \pm 3$ ist, für v den Ausdruck:

$$\lim v = \left(\frac{2}{n}\right) 2^{\frac{1}{2}} \, . \lim \sqrt[8]{q^n}, \quad \ldots \quad (10)$$

---

*) Da nämlich für ein ungrades n:

$$\frac{1+x^n}{1+x} = \left(x^2+2x\cos\frac{2\pi}{n}+1\right)\left(x^2+2x\cos\frac{4\pi}{n}+1\right)\cdots\left(x^2+2x\cos\frac{(n-1)\pi}{n}+1\right)$$

ist, so wird, wenn man $x = \sqrt{-1}$ setzt,

1) für $n = 4\nu + 1$:

$$1 = 2^{\frac{n-1}{2}} i^{2\nu} \cos\frac{2\pi}{n} \cdot \cos\frac{4\pi}{n} \cdots \cos\frac{(n-1)\pi}{n}$$

$$\text{oder } \cos\frac{2\pi}{n} \cdot \cos\frac{4\pi}{n} \cdots \cos\frac{(n-1)\pi}{n} = \pm \frac{1}{2^{\frac{n-1}{2}}},$$

je nachdem n von der Form $8p+1$ oder $8p+5$ ist, und

2) für $n = 4\nu + 3$:

$$-1 = 2^{\frac{n-1}{2}} i^{2\nu} \cos\frac{2\pi}{n} \cdot \cos\frac{4\pi}{n} \cdots \cos\frac{(n-1)\pi}{n}$$

$$\text{oder } \cos\frac{2\pi}{n} \cdot \cos\frac{4\pi}{n} \cdots \cos\frac{(n-1)\pi}{n} = \pm \frac{1}{2^{\frac{n-1}{2}}},$$

je nachdem n von der Form $8p+7$ oder $8p+3$ ist.

während aus dem oben aufgestellten, als eindeutige Funktion von τ' gegebenen Werthe von $\sqrt[4]{k}$ die Gleichung folgt:

$$\lim \sqrt[4]{k} = 2^{\frac{1}{2}} \lim \sqrt[8]{e^{n\pi\tau i}}; \quad . \ . \ . \ . \ (11)$$

ist somit 2 quadratischer Rest von n, so stimmt der Werth von v mit dem von $\sqrt[4]{k}$ überein, ist 2 jedoch quadratischer Nichtrest von n, so sind die beiden Grössen im Vorzeichen verschieden, daher

$$v = \left(\frac{2}{n}\right) \varphi(n\tau) \quad . \ . \ . \ . \ . \ . \ . \ (12).$$

Um nun die von dem Repräsentanten

$$\begin{vmatrix} n & 0 \\ 0 & 1 \end{vmatrix}$$

durch lineare Substitution abgeleitete Transformation n^{ten} Grades zu bestimmen, für die jene eindeutige Funktion des zugehörigen τ einen Werth von $\sqrt[4]{k}$ liefert, welcher mit dem durch den Ausdruck:

$$v = (\sqrt[4]{c})^n \,.\, snc\,\frac{4C}{n} \cdot snc\,\frac{8C}{n} \cdots snc\,\frac{2(n-1)C}{n}$$

gegebenen zusammenfällt, benutzen wir die im § 11 gefundene Gleichung:

$$\varphi\left(\frac{b_0 - a_0\tau}{a_1\tau - b_1}\right) = \varphi(\tau)\, e^{-\frac{i\pi}{8} a_0 b_0} \left(\frac{2}{a_0}\right),$$

in der

$$a_0 b_1 - a_1 b_0 = 1,$$

a_0 und b_1 ungrade, a_1 und b_0 grade sind.

Setzen wir nämlich in dieser Gleichung:

$$a_0 = n, \quad a_1 = 2h, \quad b_0 = 16, \quad b_1 = m,$$

worin m und h der stets auflösbaren Gleichung

$$mn - 32h = 1$$

genügen, so ergiebt sich, wenn statt τ die Grösse $n\tau$ substituirt wird:

$$\varphi\left(\frac{16 - n^2\tau}{-m + 2hn\tau}\right) = \left(\frac{2}{n}\right) \varphi(n\tau).$$

Das Schema der Transformation, welches statt des Repräsentanten

$$\begin{vmatrix} n & 0 \\ 0 & 1 \end{vmatrix}$$

eintreten muss, um in dem durch die eindeutige Funktion von τ' gegebenen Ausdrucke von $\sqrt[4]{k}$ den oben gefundenen Werth des v zu liefern, wird daher das folgende sein:

$$\begin{vmatrix} n^2 & 2hn \\ 16 & m \end{vmatrix},$$

oder aus der Transformation

$$\begin{vmatrix} n & 0 \\ 0 & 1 \end{vmatrix}$$

durch Anwendung der linearen Substitution

$$\begin{vmatrix} n & 2h \\ 16 & m \end{vmatrix}$$

hervorgehen, und es werden somit die oben betrachteten Werthe des v mit denjenigen φ übereinstimmen, welche zu den Transformationen

$$\begin{vmatrix} 1 & 0 \\ 16\xi & n \end{vmatrix} \quad \begin{vmatrix} n^2 & 2hn \\ 16 & m \end{vmatrix}$$

gehören, welche also in der folgenden Form dargestellt werden:

$$\varphi\left(\frac{\tau}{n}\right), \ \varphi\left(\frac{\tau-16}{n}\right), \ \varphi\left(\frac{\tau-2.16}{n}\right), \ldots$$

$$\varphi\left(\frac{\tau-(n-1).16}{n}\right), \ \varphi\left(\frac{16-n^2\tau}{-m+2hn\tau}\right).$$

Ist nun n eine Primzahl, so sind die durch die Schemata

$$\begin{vmatrix} 1 & 0 \\ 16\xi & n \end{vmatrix} \quad \begin{vmatrix} n & 0 \\ 0 & 1 \end{vmatrix}$$

dargestellten Repräsentanten der nicht äquivalenten Klassen die allein existirenden, und man sieht somit, dass sich für einen primzahligen Transformationsgrad die durch den Ausdruck

$$v = (\sqrt[4]{c})^n \,.\, snc\,\frac{2\bar{\omega}}{n} \cdot snc\,\frac{4\bar{\omega}}{n} \cdots snc\,\frac{(n-1)\,\bar{\omega}}{n}$$

gegebenen Werthe des v für alle Repräsentanten der nicht äquivalenten Klassen auch in der Form

$$\varphi\left(\frac{\tau-16\xi}{n}\right), \ \left(\frac{2}{n}\right)\varphi(n\tau) = \varphi\left(\frac{16-n^2\tau}{-m+2hn\tau}\right),$$

worin

$$mn - 32h = 1$$

ist, darstellen lassen.

§ 33. Vergleichung zweier verschiedener analytischer Ausdrücke für $\sqrt[4]{k}$, wenn der Grad der Transformation ein beliebiger ungrader ist.

Ist n eine beliebig zusammengesetzte ungrade Zahl, so werden zu den eben betrachteten Repräsentanten nicht äquivalenter Klassen von der Form:

$$\begin{vmatrix} 1 & 0 \\ 16\,\xi & n \end{vmatrix} \quad \begin{vmatrix} n & 0 \\ 0 & 1 \end{vmatrix}$$

noch andere hinzutreten, welche durch das Schema

$$\begin{vmatrix} t & 0 \\ 16\,\xi & t' \end{vmatrix}$$

dargestellt werden, worin t ein Divisor von n, $t' = \frac{n}{t}$, und ξ eine der Zahlen $0, 1, 2 \ldots t' - 1$ bedeutet, jedoch der Beschränkung unterworfen, dass t, ξ, t' keinen gemeinsamen Theiler haben; es sollen nun auch für diese Repräsentanten die Werthe, welche der Ausdruck

$$v = (\sqrt[4]{c})^n \,.\, snc\,\frac{2\bar{\omega}}{n} \,.\, snc\,\frac{4\bar{\omega}}{n} \ldots . \, snc\,\frac{(n-1)\,\bar{\omega}}{n}$$

liefert, mit den Werthen von $\sqrt[4]{k}$, welche durch die eindeutigen Funktionen der transformirten ϑ-Moduln bestimmt sind, verglichen werden.

Statt nun die Transformation

$$\begin{vmatrix} t & 0 \\ 16\,\xi & t' \end{vmatrix}$$

unmittelbar anzuwenden, wollen wir, was nach § 12 erlaubt ist, nach einander die beiden durch die Schemata

$$\begin{vmatrix} t & 0 \\ 0 & 1 \end{vmatrix} \quad \begin{vmatrix} 1 & 0 \\ 16\,\xi & t' \end{vmatrix}$$

repräsentirten Transformationen ausführen und den durch jene Funktion von τ' gegebenen Werth von $\sqrt[4]{k}$ in der Form des v zu erhalten suchen, wobei wir für den Augenblick annehmen, dass ξ und t keinen gemeinsamen Theiler haben, dass also das ω, welches zur Transformation

$$\begin{vmatrix} t & 0 \\ 16\,\xi & t' \end{vmatrix}$$

gehört, in der Form

$$\omega = t\tau - 16\,\xi$$

darstellbar ist.

Die Anwendung der ersten Transformation

$$\begin{vmatrix} t & 0 \\ 0 & 1 \end{vmatrix}$$

giebt, wenn

$$\omega = 1$$

gesetzt und der dem obigen v analoge Werth der 4ten Wurzel aus dem neuen Integralmodul mit w bezeichnet wird, die Gleichung:

$$w = (\sqrt[4]{c})^t \,.\, snc\left(\frac{4C}{t},\, c\right) snc\left(\frac{8C}{t},\, c\right) \ldots\ldots snc\left(\frac{2\,(t-1)\,C}{t},\, c\right),$$

während der durch die eindeutige Funktion des ϑ-Moduls definirte Werth eben dieser Grösse nach dem vorigen Paragraphen durch

$$\left(\frac{2}{t}\right) w$$

dargestellt wird.

Bezeichnet man nun das zwischen den Gränzen 0 und 1 genommene transformirte Integral mit C_1, den zugehörigen Integralmodul mit λ und den ϑ-Modul mit τ_1, so wird nach den obigen Auseinandersetzungen die nunmehr angewandte Transformation

$$\begin{vmatrix} 1 & 0 \\ 16\,\xi & t' \end{vmatrix}$$

für den durch die eindeutige Funktion des ϑ-Moduls definirten Werth von $\sqrt[4]{k}$ den folgenden in der Form des früheren v sich darstellenden Ausdruck ergeben, den wir mit v_1 bezeichnen wollen:

$$v_1 = \left[\left(\frac{2}{t}\right) w\right]^{t'} snc\left[4C_1\left(\frac{\tau_1 - 16\xi}{t'}\right),\, \lambda\right] snc\left[8C_1\left(\frac{\tau_1 - 16\xi}{t'}\right),\, \lambda\right]$$
$$\ldots\, snc\left[2\,(t'-1)\,C_1\left(\frac{\tau_1 - 16\xi}{t'}\right),\, \lambda\right]^{*)},$$

*) Der Faktor

$$\left(\frac{2}{t}\right) w$$

dieses Ausdruckes giebt den durch die eindeutige Funktion des ϑ-Moduls definirten Werth von $\sqrt[4]{\lambda}$.

oder, da nach § 5:

$$\tau_1 = l \cdot \tau, \quad l \cdot l' = n, \quad C = l \cdot a \cdot C_1,$$

worin a den Multiplicator der ersten Transformation bedeutet, die Gleichung:

$$v_1 = \left(\frac{2}{l}\right)(\sqrt[4]{c})^n \cdot \left\{snc\left[\frac{4C}{l}, c\right] \cdot snc\left[\frac{8C}{l}, c\right] \ldots snc\left[\frac{2(l-1)C}{l}, c\right]\right\}^{l'} \times$$

$$snc\left[\frac{4C}{a}\left(\frac{l\tau-16\xi}{n}\right), \lambda\right] \cdot snc\left[\frac{8C}{a}\left(\frac{l\tau-16\xi}{n}\right), \lambda\right] \ldots snc\left[\frac{2(l'-1)C}{a}\left(\frac{l\tau-16\xi}{n}\right), \lambda\right].$$

Nun ist aber nach den Formeln (22) und (24) des § 24:

$$snc\left[\frac{4kC}{a}\left(\frac{l\tau-16\xi}{n}\right), \lambda\right] = \frac{cn\left[\frac{4kC}{a}\left(\frac{l\tau-16\xi}{n}\right), \lambda\right]}{dn\left[\frac{4kC}{a}\left(\frac{l\tau-16\xi}{n}\right), \lambda\right]} =$$

$$\frac{cn\left[4kC\left(\frac{l\tau-16\xi}{n}\right), c\right]\left\{1 - \frac{sn^2\left[4kC\left(\frac{l\tau-16\xi}{n}\right), c\right]}{snc^2\left[\frac{4C}{l}, c\right]}\right\}\ldots\ldots}{dn\left[4kC\left(\frac{l\tau-16\xi}{n}\right), c\right]\left\{1 - c^2 sn^2\left[4kC\left(\frac{l\tau-16\xi}{n}\right), c\right] snc^2\left[\frac{4C}{l}, c\right]\right\}\ldots\ldots}$$

$$\frac{\ldots\ldots\left\{1 - \frac{sn^2\left[4kC\left(\frac{l\tau-16\xi}{n}\right), c\right]}{snc^2\left[\frac{2(l-1)C}{l}, c\right].}\right\}}{\ldots\ldots\left\{1 - c^2 sn^2\left[4kC\left(\frac{l\tau-16\xi}{n}\right), c\right] snc^2\left[\frac{2(l-1)C}{l}, c\right]\right\}}$$

und nach (11) des § 4:

$$\frac{snc^2\,\frac{4pC}{l} - sn^2\,4kC\left(\frac{l\tau-16\xi}{n}\right)}{1 - c^2\,snc^2\,\frac{4pC}{l} \cdot sn^2\,4kC\left(\frac{l\tau-16\xi}{n}\right)}$$

$$= \frac{1}{c} \cdot \frac{\vartheta\left(\frac{2p}{l}\right)_2^2 \cdot \vartheta\left(2k\left(\frac{l\tau-16\xi}{n}\right)\right)_0^2 - \vartheta\left(\frac{2p}{l}\right)_3^2 \cdot \vartheta\left(2k\left(\frac{l\tau-16\xi}{n}\right)\right)_1^2}{\vartheta\left(\frac{2p}{l}\right)_3^2 \vartheta\left(2k\left(\frac{l\tau-16\xi}{n}\right)\right)_0^2 - \vartheta\left(\frac{2p}{l}\right)_2^2 \vartheta\left(2k\left(\frac{l\tau-16\xi}{n}\right)\right)_1^2}$$

$$= \frac{1}{c} \cdot \frac{\vartheta\left(2k\left(\frac{l\tau-16\xi}{n}\right) + \frac{2p}{l}\right)_2 \cdot \vartheta\left(2k\left(\frac{l\tau-16\xi}{n}\right) - \frac{2p}{l}\right)_2}{\vartheta\left(2k\left(\frac{l\tau-16\xi}{n}\right) + \frac{2p}{l}\right)_3 \cdot \vartheta\left(2k\left(\frac{l\tau-16\xi}{n}\right) - \frac{2p}{l}\right)_3}$$

$$= snc\left[4C\left(k\left(\frac{l\tau-16\xi}{n}\right) + \frac{p}{l}\right)\right] \cdot snc\left[4C\left(k\left(\frac{l\tau-16\xi}{n}\right)\right) - \frac{p}{l}\right],$$

es geht daher der vorher ermittelte Ausdruck für v_1 in den folgenden über:

$$v_1 = \left(\frac{2}{t}\right) (\sqrt[4]{c})^n \cdot snc\left[\frac{4C}{t}, c\right] \cdot snc\left[\frac{8C}{t}, c\right] \dots snc\left[\frac{2(t-1)}{t} C, c\right] \times$$

$$snc\left[4C\left(\frac{t\tau-16\xi}{n}\right), c\right] . snc\left[8C\left(\frac{t\tau-16\xi}{n}\right), c\right] \dots . snc\left[2(t'-1)C\left(\frac{t\tau-16\xi}{n}\right), c\right] \times$$

$$\prod_{p=1,2,\dots\frac{t-1}{2}} \prod_{k=1,2,\dots\frac{t'-1}{2}} snc\left[4C\left(k\left(\frac{t\tau-16\xi}{n}\right)+\frac{p}{t}\right), c\right] snc\left[4C\left(k\left(\frac{t\tau-16\xi}{n}\right)-\frac{p}{t}\right), c\right],$$

oder auch in:

$$v_1 = \left(\frac{2}{t}\right) (\sqrt[4]{c})^n . \prod_{\varrho=1,2,3,\dots\frac{n-1}{2}} snc\left[4\varrho C\left(\frac{t\tau-16\xi}{n}\right), c\right],$$

wie leicht ersichtlich, wenn man erwägt, dass ξ und t zu einander relativ prim und wenn ϱ ein Vielfaches von t' bedeutet, die Argumente der *snc* von der Form

$$\frac{4pC}{t}$$

sind.

Man erhält somit

$$v_1 = \left(\frac{2}{t}\right) (\sqrt[4]{c})^n . snc\left[4C\left(\frac{t\tau-16\xi}{n}\right), c\right] snc\left[8C\left(\frac{t\tau-16\xi}{n}, c\right)\right.$$

$$\left.\dots . snc\left[2(n-1) C\left(\frac{t\tau-16\xi}{n}\right), c\right]\right.$$

Lässt man nun die oben gemachte Bedingung fallen, dass ξ zu t relativ prim (wodurch sich das ω des transformirten Moduls in seiner einfachsten Form

$$t\tau - 16\xi$$

ergab), so wird das Resultat dadurch nicht geändert. Denn bleibt das der ersten Transformation

$$\begin{vmatrix} t & 0 \\ 0 & 1 \end{vmatrix}$$

entsprechende ω unverändert in der Form

$$\omega = 1,$$

setzt man dagegen für das zur zweiten Transformation

$$\begin{vmatrix} 1 & 0 \\ 16\xi & t' \end{vmatrix}$$

gehörige, wie es nach den im vorigen Paragraphen gemachten Auseinandersetzungen gestattet ist,

$$q\tau_1 + pt' - q \,.\, 16\xi,$$

worin $pt' - q \,.\, 16\xi$ zu $q \,.\, t$ relativ prim ist (es ist dann von selbst $pt' - q \,.\, 16\xi$ zu q relativ prim), so wird in dem vorher erhaltenen Ausdrucke für v_1 das Argument von snc:

$$4C\left(k\left(\frac{qt\tau + pt' - q \,.\, 16\xi}{n}\right) \pm \frac{p'}{t}\right)$$

lauten, und v_1 vermöge der Eigenschaft, dass, wie oben t zu ξ, hier

$$pt' - q \,.\, 16\xi \text{ zu } q \,.\, t$$

relativ prim ist, in die Form

$$v_1 = \left(\frac{2}{t}\right)\left(\sqrt[4]{c}\right)^n . \prod_{\varrho = 1, 2, \ldots \frac{n-1}{2}} snc\, 4\varrho\, C\left(\frac{qt\tau + pt' - q \,.\, 16\xi}{n}\right),$$

oder, da v_1 den als eindeutige Funktion des τ' definirten Werth von $\sqrt[4]{k}$ bedeutet, in

$$\sqrt[4]{k} = \left(\frac{2}{t}\right)\left(\sqrt[4]{c}\right)^n . \, snc\,\frac{2\bar{\omega}}{n} \,.\, snc\,\frac{4\bar{\omega}}{n} \ldots\ldots snc\,\frac{(n-1)\,\bar{\omega}}{n},$$

umgesetzt werden können, wenn

$$\omega = qt + pt' - q \,.\, 16\xi,$$

und

$$pt' - q \,.\, 16\xi, \; qt$$

zu einander relativ prim sind.

Hieraus folgt, da:

$$v = \left(\sqrt[4]{c}\right)^n . \, snc\,\frac{2\bar{\omega}}{n} \,.\, snc\,\frac{4\bar{\omega}}{n} \ldots\ldots snc\,\frac{(n-1)\,\bar{\omega}}{n},$$

für jeden durch das Schema

$$\begin{vmatrix} t & 0 \\ 16\xi & t' \end{vmatrix}$$

dargestellten Repräsentanten der nicht äquivalenten Klassen die Beziehung

$$\sqrt[4]{k} = \left(\frac{2}{t}\right) v$$

oder

$$v = \left(\frac{2}{t}\right) \varphi\left(\frac{t\tau - 16\xi}{t'}\right),$$

welche zu gleicher Zeit die beiden im vorigen Paragraphen gefundenen Relationen mit einschliesst.

Wendet man endlich wieder auf die durch das Schema

$$\begin{vmatrix} t & 0 \\ 16\xi & t' \end{vmatrix}$$

dargestellte Transformation die lineare Substitution:

$$\begin{vmatrix} t & 2h \\ 16 & m \end{vmatrix}$$

an, für welche

$$m\,t - 32h = 1$$

ist, so erhält man das neue Transformationsschema

$$\begin{vmatrix} t^2 & 2h\,t \\ 16\,t' + 16\,\xi\,t & mt' + 32h\,\xi \end{vmatrix},$$

für welches die φ Funktion des transformirten τ durch die Gleichung bestimmt wird:

$$\varphi\left(\frac{16\,t' + 16\,\xi\,t - t^2\tau}{-\,mt' - 32h\,\xi + 2h\,t\,\tau}\right) = \left(\frac{2}{t}\right)\varphi\left(\frac{t\,\tau - 16\,\xi}{t'}\right),$$

und diese Ausdrücke sind somit auch die Form, in der sich für einen beliebigen ungradzahligen Transformationsgrad die v für die sämmtlichen Repräsentanten der nicht äquivalenten Klassen, in welchen die 3 Zahlen ξ, t, t' keinen gemeinsamen Theiler haben, darstellen lassen.

§ 34. Existenz einer Modulargleichung des $n + 1^{ten}$ Grades, wenn der Transformationsgrad n eine Primzahl ist.

Nach diesen Vorbereitungen können wir nunmehr zur Aufstellung und Untersuchung einer Klasse von Gleichungen, der sogenannten Modulargleichungen, übergehen, die für die Theorie der elliptischen Funktionen sowohl als für die Algebra und Zahlentheorie von hohem Interesse sind.

Es handelt sich nämlich darum, diejenigen Gleichungen herzuleiten, deren Lösungen die vierten Wurzeln *) der zu den sämmtlichen Repräsentanten der nicht äquivalenten Klassen gehörigen Integralmoduln sind, und deren Coefficienten ganze ra-

---

*) Die vierten Wurzeln aus den transformirten Integralmoduln werden, wie sich später zeigen wird, durch die vorher definirten Grössen v dargestellt, also nur im Vorzeichen durch den Faktor $\left(\frac{2}{t}\right)$ von den Werthen der φ verschieden sein.

tionale Funktionen der vierten Wurzeln aus dem vorgelegten Integralmodul darstellen.

Um die Existenz der Modulargleichungen nachzuweisen, gehen wir zuerst von den Transformationen aus, deren Grad eine Primzahl ist; es wird sodann die Aufstellung der Modulargleichungen für den Fall, dass der Transformationsgrad eine beliebige ungrade Zahl ohne quadratische Theiler ist, unmittelbar hieraus abgeleitet werden können.

Wir wollen nun zeigen, dass wenn n eine Primzahl ist, die zu sämmtlichen Repräsentanten der nicht äquivalenten Klassen gehörigen v von der Form

$$v = u^n . snc\frac{2\bar{\omega}}{n} . snc\frac{4\bar{\omega}}{n} \dots . snc\frac{(n-1)\bar{\omega}}{n}, \quad . \quad . \quad . \quad (1)$$

worin u den durch den Ausdruck

$$\sqrt{2} . \sqrt[8]{q} . \frac{(1+q^2)(1+q^4)\dots}{(1+q)(1+q^3)\dots}$$

definirten Werth von $\sqrt[4]{c}$ vorstellt, die Lösungen einer Gleichung $n+1^{ten}$ Grades sind, in welcher der Coefficient des höchsten Gliedes 1, die Coefficienten der andern Glieder ganze rationale Funktionen von u sind.

Bemerkt man nämlich, dass auf der rechten Seite der Gleichung (1) vermöge der im zwölften Abschnitte entwickelten Multiplicationsformeln alle Faktoren als rationale Funktionen von

$$snc\frac{2\bar{\omega}}{n} \text{*)}$$

ausdrückbar sind, daher auch der ganze Ausdruck v in der Form

$$u^n . f\left(snc\frac{2\bar{\omega}}{n}\right)$$

*) Für die ungraden Vielfachen von $\frac{2\bar{\omega}}{n}$ ist dies unmittelbar aus den für $\vartheta(nv)_2$ und $\vartheta(nv)_3$ gegebenen Multiplicationsformeln ersichtlich, da in diesen die Grössen $\vartheta_1(v)_2$, $\vartheta(v)_3$ homogen vorkommen, also bei der Division deren Quotient in snc übergeht; für die graden Vielfachen von $\frac{2\bar{\omega}}{n}$ hingegen folgt die Richtigkeit der obigen Behauptung daraus, dass in den Formeln $cn(nu)$ und $dn(nu)$, deren Quotient $snc(nu)$ liefert, für ein grades n nur die Quadrate von $sn\,u$ enthalten sind, die sich wiederum nach der Formel:

$$\frac{1 - sn^2 u}{1 - c^2 sn^2 u} = snc^2 u$$

rational durch $snc^2 u$ ausdrücken lassen.

sich darstellen lässt, wenn f eine rationale Funktion bedeutet, so werden sich, wenn

$$v_1 = u^n . snc \frac{2\bar{\omega}_1}{n} . snc \frac{4\bar{\omega}_1}{n} \dots snc \frac{(n-1)\bar{\omega}_1}{n}$$

$$v_2 = u^n . snc \frac{2\bar{\omega}_2}{n} . snc \frac{4\bar{\omega}_2}{n} \dots snc \frac{(n-1)\bar{\omega}_2}{n}$$

. . . .

$$v_{n+1} = u^n . snc \frac{2\bar{\omega}_{n+1}}{n} . snc \frac{4\bar{\omega}_{n+1}}{n} \dots snc \frac{(n-1)\bar{\omega}_{n+1}}{n}$$

die allen Repräsentanten der nicht äquivalenten Klassen entsprechenden v bezeichnen, eben diese Grössen auch in die folgende Form setzen lassen:

$$v_1 = u^n f\left(snc \frac{2\bar{\omega}_1}{n}\right),\ v_2 = u^n f\left(snc \frac{2\bar{\omega}_2}{n}\right), \dots v_{n+1} = u^n f\left(snc \frac{2\bar{\omega}_{n+1}}{n}\right).$$

Beachtet man nun ferner, dass nach den Auseinandersetzungen des § 32 der Werth des v unverändert bleibt, wenn man in seinem allgemeinen Ausdrucke

$$v = u^n . snc \frac{2m\bar{\omega}}{n} . snc \frac{4m\bar{\omega}}{n} \dots snc \frac{(n-1)\, m\bar{\omega}}{n}$$

dem m irgend einen zu n relativ primen Werth beilegt, dass sich also für v_ϱ die folgenden gleichbedeutenden Formen ergeben:

$$v_\varrho = u^n . snc \frac{2\bar{\omega}_\varrho}{n} . snc \frac{4\bar{\omega}_\varrho}{n} \dots snc \frac{(n-1)\bar{\omega}_\varrho}{n}$$

$$v_\varrho = u^n . snc \frac{4\bar{\omega}_\varrho}{n} . snc \frac{8\bar{\omega}_\varrho}{n} \dots snc \frac{(n-1)\, 2\bar{\omega}_\varrho}{n}$$

. . . .

$$v_\varrho = u^n . snc\, 2\left(\frac{n-1}{2}\right)\frac{\bar{\omega}_\varrho}{n} \cdot snc\, 4\left(\frac{n-1}{2}\right)\frac{\bar{\omega}_\varrho}{n} \dots snc\, (n-1)\left(\frac{n-1}{2}\right)\frac{\bar{\omega}_\varrho}{n},$$

so erhält man offenbar mit Beibehaltung der Bezeichnung der rationalen Funktion die nachfolgenden Gleichungen:

$$v_1 = u^n f\left(snc \frac{2\bar{\omega}_1}{n}\right) = u^n f\left(snc \frac{4\bar{\omega}_1}{n}\right) = \dots = u^n f\left(snc \frac{(n-1)\bar{\omega}_1}{n}\right)$$

$$v_2 = u^n f\left(snc \frac{2\bar{\omega}_2}{n}\right) = u^n f\left(snc \frac{4\bar{\omega}_2}{n}\right) = \dots = u^n f\left(snc \frac{(n-1)\bar{\omega}_2}{n}\right)$$

. . . .

$$v_{n+1} = u^n f\left(snc \frac{2\bar{\omega}_{n+1}}{n}\right) = u^n f\left(snc \frac{4\bar{\omega}_{n+1}}{n}\right) = \dots = u^n f\left(snc \frac{(n-1)\bar{\omega}_{n+1}}{n}\right)$$

oder wenn r eine positive ganze Zahl bedeutet:

$$\frac{v_1^{\,r} + v_2^{\,r} + \cdots + v_{n+1}^{\,r}}{u^{nr}} = \frac{2}{n-1} \sum_{s,\,\alpha} \left\{ f\left(snc\, \frac{2s\,\bar{\omega}_\alpha}{n} \right) \right\}^r,$$

worin s die Werthe $1, 2, \ldots \frac{n-1}{2}$, α die Werthe $1, 2, \ldots n+1$ annimmt.

Wir wollen nunmehr zeigen, dass die Grössen

$$\frac{2s\,\bar{\omega}_\alpha}{n},$$

deren Anzahl $\frac{n^2-1}{2}$ ist, nicht bloss um ganze Vielfache von Perioden von einander verschieden sind. Denn, wäre dies der Fall, dann müssten, jenachdem die beiden in Frage kommenden Werthe des ω und s die folgenden sind:

$$\omega_1 = \tau - 16\,\xi_1, \quad \omega_2 = \tau - 16\,\xi_2, \text{ verbunden mit } s_1 \text{ und } s_2$$

oder

$$\omega_1 = \tau - 16\,\xi_1, \quad \omega_2 = 1, \text{ verbunden mit } s_1 \text{ und } s_2,$$

die Gleichungen statthaben:

$$4s_1\, i\, C' - 4\,.\,16 s_1\, \xi_1\, C = 4 s_2\, i\, C' - 4\,.\,16 s_2\, \xi_2\, C + 4np\, C + 4nq\, i\, C'$$

oder

$$4s_1\, i\, C' - 4\,.\,16 s_1\, \xi_1\, C = 4 s_2\, C + 4np\, C + 4nq\, i\, C',$$

aus denen folgen würde, dass

$$s_1 - s_2 \text{ und } s_1\, \xi_1 - s_2\, \xi_2$$

oder

$$s_1 \text{ und } 16 s_1\, \xi_1 - s_2$$

durch n theilbar sind, was offenbar, da s_1 und $s_2 \leqq \frac{n-1}{2}$, ξ_1 und $\xi_2 \leqq n-1$ sind, nicht angeht. Es sind somit alle durch die Form

$$\frac{2s\,\bar{\omega}_\alpha}{n}$$

gegebenen Argumente der snc wesentlich von einander verschiedene Grössen, und da der Ausdruck

$$snc\left(\frac{4\,mC + 4m'\, i\, C'}{n} \right)$$

für alle ganzzahligen Combinationen der m und m' überhaupt nur $\frac{n^2-1}{2}$ wesentlich von einander verschiedene Werthe annimmt, die man sich aus den Combinationen

$$m: 1, 2, 3, \ldots \frac{n-1}{2} \qquad\qquad m: 0$$

$$m': 0, \pm 1, \pm 2, \ldots \pm \left(\frac{n-1}{2}\right) \qquad m': 1, 2, 3, \ldots \frac{n-1}{2},$$

entstanden denken kann, so wird sich die Grösse:

$$\frac{v_1{}^r + v_2{}^r + \cdots + v_{n+1}{}^r}{u^{nr}}$$

als eine rationale symmetrische Funktion der Ausdrücke

$$snc\left(\frac{4\,mC + 4\,m'\,i\,C'}{n}\right)$$

darstellen lassen.

Nun folgt aber einerseits leicht aus den Formeln des § 30*), dass, wenn n von der Form $4\,\nu + 1$,

---

*) Zur Herleitung der obigen Formeln will ich bemerken, dass, wenn für $n = 4\nu + 1$:

$$snu = snc\left(\frac{4\,mC + 4\,m'\,i\,C'}{n}\right)$$

ist,

$$u = C - \left(\frac{4\,mC + 4\,m'\,i\,C'}{n}\right)$$

also auch

$$sn\,(nu) = 1$$

wird, und wenn für $n = 4\nu + 3$:

$$snu = -\,snc\left(\frac{4\,mC + 4\,m'\,i\,C'}{n}\right)$$

ist,

$$u = -\,C + \frac{4\,mC + 4\,m'\,i\,C'}{n}$$

also auch wieder

$$sn\,(nu) = 1$$

folgt. Es sind somit die auf den rechten Seiten der obigen Gleichungen befindlichen linearen Funktionen von $sn\,u$ jedenfalls Faktoren der aus dem Ausdrucke für $sn\,(nu)$ (§ 30) gebildeten Grösse

$$1 - sn\,(nu).$$

Nun kommen aber diese Faktoren, da das Differential von $sn\,(nu)$ den Ausdruck $cn\,(nu)$ in sich schliesst, welcher eben diese linearen Funktionen von $sn\,u$ enthält, vielfach vor, jeder von ihnen jedoch nur zweifach, da der Zähler vom $n^{2\text{ten}}$ Grade und $\frac{n^2-1}{2}$ solcher wesentlich von einander verschiedenen Faktoren bereits gefunden sind; wir erhalten daher, wie unmittelbar zu sehen, die oben festgestellte Form.

$$1 - sn(nu) = (1 - sn\,u) \cdot \frac{\prod \left\{ 1 - \frac{snu}{snc\left(\frac{4\,mC + 4\,m'\,i\,C'}{n}\right)} \right\}^2}{\prod \left\{ 1 - c^2\,sn^2\,u\,.\,sn^2\left(\frac{4\,mC + 4\,m'\,i\,C'}{n}\right) \right\}},$$

und wenn n von der Form $4\,\nu + 3$,

$$1 - sn(nu) = (1 + sn\,u) \cdot \frac{\prod \left\{ 1 + \frac{snu}{snc\left(\frac{4\,mC + 4\,m'\,i\,C'}{n}\right)} \right\}^2}{\prod \left\{ 1 - c^2\,sn^2\,u\,.\,sn^2\left(\frac{4\,mC + 4\,m'\,i\,C'}{n}\right) \right\}},$$

worin sich die Produkte über die oben näher bestimmten Werthecombinationen von m und m' erstrecken.

Andererseits haben wir im § 29 für $sn\,(nu)$ eine rationale Funktion von $sn\,u$ gefunden, deren Coefficienten ganze Funktionen von c^2 waren, und es wird sich somit für

$$1 - sn\,(nu)$$

eine rationale Funktion von $sn\,u$ ergeben, deren Zähler von dem Faktor

$$1 \mp sn\,u$$

abgesehen, das Quadrat einer ganzen rationalen Funktion von $sn\,u$ bilden wird, deren Coefficienten sich wiederum, wie man leicht aus den dort aufgestellten Formeln ersieht, als rationale Funktionen von c^2 darstellen.

Aus der Identität dieser beiden Ausdrücke folgt nun, dass jede rationale symmetrische Funktion der Grössen

$$snc\left(\frac{4\,m\,C + 4\,m'\,i\,C'}{n}\right)$$

sich als rationale Funktion von c^2 ausdrücken lässt.

Es ist somit nachgewiesen, dass für jedes ganzzahlige r der Ausdruck:

$$v_1^{\,r} + v_2^{\,r} + \cdots + v_{n+1}^{\,r}$$

sich als rationale Funktion von u darstellt und dass daher die Grössen

$$v_1,\ v_2,\ v_3,\ \ldots.\ v_{n+1}$$

oder nach § 32

$$\varphi\left(\frac{\tau}{n}\right),\ \varphi\left(\frac{\tau - 16}{n}\right),\ \varphi\left(\frac{\tau - 2.16}{n}\right), \ldots\ \varphi\left(\frac{\tau - (n-1).16}{n}\right),\ \left(\frac{2}{n}\right)\varphi(n\tau)$$

sich als die Lösungen einer Gleichung $n+1^{\text{ten}}$ Grades von der Form:

$$v^{n+1} + C_1 v^n + C_2 v^{n-1} + \cdots + C_n v + C_{n+1} = 0$$

betrachten lassen, deren Coefficienten rationale Funktionen von u sind.

Diese Gleichung nennt man die zur Transformation n^{ten} Grades (wenn n eine Primzahl ist) gehörige Modulargleichung.

§ 35. Hülfssatz für die Zusammensetzung der φ-Funktionen.

Nachdem wir die Existenz von Modulargleichungen für den Fall nachgewiesen, dass der Grad der Transformation eine Primzahl ist, wird es nöthig sein, um diese Existenz für jeden beliebigen unpaaren Transformationsgrad, der keinen quadratischen Theiler hat, festzustellen, einen Hülfssatz vorauszuschicken, der sich mit den Werthen der φ-Funktion für zusammengesetzte Transformationen beschäftigt.

Im § 33 wurde nachgewiesen, dass die Transformationen, deren φ-Funktion den Werth

$$\left(\frac{2}{p}\right) \varphi \left(\frac{p\tau - 16\xi}{q}\right)$$

annimmt, durch jedes Transformationsschema von der Form

$$\begin{vmatrix} p^2 & 2hp \\ 16q + 16\xi p & mq + 32h\xi \end{vmatrix}$$

darstellbar sind, worin die Grössen m und h im Uebrigen beliebig nur der Gleichung genügen mussten:

$$mp - 32h = 1,$$

und ebenso wird die Darstellung der Transformationen, deren φ-Funktion den Werth

$$\left(\frac{2}{p_1}\right) \varphi \left(\frac{p_1\tau - 16\xi_1}{q_1}\right)$$

hat, die folgende sein:

$$\begin{vmatrix} p_1^2 & 2h_1 p_1 \\ 16q_1 + 16\xi_1 p_1 & m_1 q_1 + 32h_1 \xi_1 \end{vmatrix},$$

wenn m_1 und h_1 nur der Bedingung unterworfen werden, dass

$$m_1 p_1 - 32 h_1 = 1$$

ist.

Wir wollen nun unter der Voraussetzung, dass p, q, p_1, q_1 zu je zweien relativ prime ungrade Zahlen sind, untersuchen, welchen Werth die φ-Funktion derjenigen Transformation annimmt, die aus der successiven Anwendung der beiden folgenden:

$$\begin{vmatrix} p^2 & 2hp \\ 16q+16\xi p & mq+32h\xi \end{vmatrix} \begin{vmatrix} p_1^{\,2} & 2h_1 p_1 \\ 16q_1+16\xi_1 p_1 & m_1 q_1+32h_1\xi_1 \end{vmatrix}$$

hervorgeht.

Da der durch die erste Transformation erhaltene ϑ-Modul τ_1 sich in der Form:

$$\tau_1 = \frac{16\,q + 16\,\xi\,p - p^2\,\tau}{2\,h\,p\,\tau - (m\,q + 32\,h\,\xi)}$$

ergiebt, also der Ausdruck des φ für die aus beiden resultirende Transformation folgendermassen lautet:

$$\left(\frac{2}{p_1}\right)\varphi\left(\frac{p_1\cdot\dfrac{16\,q+16\,\xi\,p-p^2\,\tau}{2\,h\,p\,\tau-(m\,q+32\,h\,\xi)}-16\,\xi_1}{q_1}\right)$$

$$=\left(\frac{2}{p_1}\right)\varphi\left(\frac{p_1\,(16\,q+16\,\xi\,p)+16\,\xi_1\,(m\,q+32\,h\,\xi)-\tau\,(p_1\,p^2+32\,h\,p\,\xi_1)}{2\,h\,p\,q_1\,\tau-q_1\,(m\,q+32\,h\,\xi)}\right),$$

so wird die Transformation, welche eben diesen Werth des φ von dem Faktor $\left(\frac{2}{p_1}\right)$ abgesehen liefert, durch das Schema

$$\begin{vmatrix} p_1\,p^2+32\,h\,p\,\xi_1 & 2\,h\,p\,q_1 \\ 16\,p_1\,(q+p\,\xi)+16\,\xi_1\,(mq+32\,h\,\xi) & q_1\,(m\,q+32\,h\,\xi) \end{vmatrix}$$

darstellbar sein.

Sucht man nun diese Transformation aus der successiven Anwendung der beiden folgenden:

$$\begin{vmatrix} p\,p_1 & 0 \\ 16x & q\,q_1 \end{vmatrix} \begin{vmatrix} \alpha & \beta \\ \gamma & \delta \end{vmatrix},$$

worin

$$\alpha\,\delta - \beta\,\gamma = 1$$

ist, entstehen zu lassen oder mit der Transformation:

$$\begin{vmatrix} p\,p_1\,\alpha & p\,p_1\,\beta \\ 16x\,\alpha + q\,q_1\,\gamma & 16x\,\beta + q\,q_1\,\delta \end{vmatrix}$$

identisch zu machen, so werden, wenn dies möglich sein soll, die folgenden Gleichungen befriedigt sein müssen:

$$p\,p_1\,\alpha = p_1\,p^2 + 32\,h\,p\,\xi_1$$

$$p\,p_1\,\beta = 2\,h\,p\,q_1$$

$$16\,x\,\alpha + q\,q_1\,\gamma = 16\,p_1\,(q + p\,\xi) + 16\,\xi_1\,(m\,q + 32\,h\,\xi)$$
$$16\,x\,\beta + q\,q_1\,\delta = q_1\,(m\,q + 32\,h\,\xi),$$

woraus sich für α und β die Ausdrücke ergeben:

$$\alpha = p + 32\,\xi_1 \cdot \frac{h}{p_1} \quad \ldots\ldots\ldots \quad (1)$$

$$\beta = 2\,q_1 \cdot \frac{h}{p_1}, \quad \ldots\ldots\ldots\ldots \quad (2)$$

während die Grössen x, γ, δ den beiden Gleichungen genügen müssen:

$$16\,x\,\beta + q\,q_1\,\delta = q_1\,(m\,q + 32\,h\,\xi) \quad \ldots \quad (3)$$
$$\alpha\,\delta - \beta\,\gamma = 1\,^{*)} \quad \ldots\ldots\ldots \quad (4).$$

Um nun zu zeigen, dass man die Gleichungen (1), (2), (3), (4) in der That durch ganze Zahlen befriedigen kann, bestimme man das bei der ersten Transformation noch willkührlich gebliebene h, welches nur der Gleichung

$$m\,p - 32\,h = 1 \quad \ldots\ldots\ldots \quad (5)$$

genügen musste, so, dass es durch p_1 und q_1 theilbar, mit q jedoch relativ prim ist. Und diese Bestimmung ist möglich; denn bezeichne h_0 einen Werth des h aus Gleichung (5), so werden alle Werthe in der Form

$$h_0 + v\,.\,p$$

enthalten sein, wenn v eine beliebige ganze Zahl bedeutet, und setzt man sodann

$$h_0 + v\,.\,p = w\,.\,p_1\,q_1,$$

so ist, da p mit $p_1\,q_1$ der Voraussetzung nach keinen gemeinsamen Theiler hat, das w stets bestimmbar, und es werden somit, wenn einer dieser Werthe mit w_0 bezeichnet wird, die Werthe des h durch den Ausdruck

$$(w_0 + f\,.\,p)\,p_1\,q_1$$

darstellbar sein, worin f eine beliebige ganze Zahl bedeutet. Gesetzt nun, es wäre w_0 nicht selbst schon relativ prim zu q,

---

*) Die Gleichung $\alpha\,\delta - \beta\,\gamma = 1$ ergiebt sich, wenn man die dritte der vier Gleichungen mit β, die vierte mit α multiplicirt und von einander abzieht, so dass sie mit (3) verbunden für die dritte und vierte der obigen Gleichungen eintreten kann.

so wird sich jedenfalls nach dem arithmetischen Hülfssatze des § 21 ein f so bestimmen lassen, dass

$$w_0 + fp \text{ zu } q$$

relativ prim ist, da p mit q keinen gemeinsamen Theiler hat, und es wird dann das so bestimmte

$$h = (w_0 + fp)\, p_1\, q_1$$

den drei oben aufgestellten Bedingungen genügen.

Nach diesen Bestimmungen ist aus (1) und (2) ersichtlich, dass α eine ungrade, β eine grade ganze Zahl wird.

Was ferner die Gleichung (3) angeht, die mit Hülfe des vorher gefundenen Werthes von β die Form annimmt

$$32\frac{h}{p_1} \cdot x + q \cdot \delta = m\, q + 32h\, \xi, \quad . \quad . \quad . \quad . \quad (6)$$

so wird diese, da $\frac{h}{p_1}$ mit q keinen gemeinsamen Theiler hat, stets auflösbar und die allgemeine Form der sich hieraus ergebenden Auflösungen die folgende sein:

$$\delta = d + 32\, u\, \frac{h}{p_1}$$

$$x = x_1 - q\, u,$$

wenn u eine beliebige ganze Zahl vorstellt; es wird sich nunmehr darum handeln, das u und γ so zu bestimmen, dass der Gleichung

$$\alpha\,\delta - \beta\,\gamma = 1$$

genügt wird.

Setzt man die oben gefundenen Werthe von δ und β in diese Gleichung ein, so erhält man:

$$32\,\alpha\,\frac{h}{p_1} \cdot u - 2q_1\,\frac{h}{p_1} \cdot \gamma = 1 - \alpha\, d$$

oder

$$16\alpha u - q_1\,\gamma = \frac{1 - \alpha\, d}{2 \cdot \frac{h}{p_1}}, \quad . \quad . \quad . \quad . \quad . \quad . \quad (7)$$

und es wird daher, da q_1 der Voraussetzung nach in $\frac{h}{p_1}$ aufgeht, also zu

$$\alpha = p + 32\,\xi_1\,\frac{h}{p_1}$$

relativ prim ist, die Bestimmung der Grössen u und γ möglich sein, wenn nachgewiesen werden kann, dass die Grösse

$$\frac{1-\alpha d}{2\frac{h}{p_1}}$$

eine ganze Zahl ist. Da aber d und x_1 Lösungen von (6) sind, so besteht die Gleichung:

$$32\frac{h}{p_1}\,.\,x_1 + q\,.\,d = m\,q + 32h\,\xi$$

oder wegen

$$m = \frac{1+32h}{p},$$

die Beziehung:

$$32\,p\,x_1\,\frac{h}{p_1} = q\,(1-p\,d) + 32h\,(q+p\,\xi),$$

und daher

$$16\,p\,x_1 = q\cdot\frac{1-p\,d}{2\frac{h}{p_1}} + 16\,(q+p\,\xi)\,p_1,$$

woraus ersichtlich, dass, weil $\frac{h}{p_1}$ zu q relativ prim ist,

$$\frac{1-p\,d}{2\frac{h}{p_1}}$$

eine ganze Zahl ist. Da aber endlich:

$$1-\alpha\,d = 1-p\,d-32\,\xi_1\,d\,\frac{h}{p_1},$$

so folgt hieraus, dass auch $1-\alpha\,d$ durch $2\frac{h}{p_1}$ theilbar ist.

Es ist somit gezeigt, dass sich aus den vorgelegten Gleichungen (1), (2), (3), (4) die Grössen α, β, γ, δ, x als ganze Zahlen bestimmen lassen und zwar α und δ als ungrade, β und γ als grade Zahlen, von denen die letztere als Multiplum von 16, wie aus den obigen Gleichungen unmittelbar hervorgeht.

Bezeichnet man nun den der Transformation

$$\begin{vmatrix} p\,p_1 & 0 \\ 16\,x & q\,q_1 \end{vmatrix}$$

entsprechenden ϑ-Modul mit τ', so wird das φ der aus eben dieser und der linearen

$$\begin{vmatrix} \alpha & \beta \\ \gamma & \delta \end{vmatrix}$$

zusammengesetzten Transformation, deren Transformationszahlen die eben angegebenen Eigenschaften haben, nach den Formeln des § 11 folgendermassen lauten:

$$\varphi\left(\frac{\gamma - \alpha\tau'}{\beta\tau' - \delta}\right) = e^{-\frac{i\pi}{8}\alpha\gamma}\left(\frac{2}{\alpha}\right)\varphi(\tau'),$$

oder da $\gamma \equiv 0$ (mod. 16) und $\alpha \equiv p$ (mod. 32),

$$\varphi\left(\frac{\gamma - \alpha\tau'}{\beta\tau' - \delta}\right) = \left(\frac{2}{p}\right)\varphi(\tau') = \left(\frac{2}{p}\right)\varphi\left(\frac{p\,p_1\tau - 16\,x}{q\,q_1}\right),$$

und es nimmt somit das φ der Transformation, welche aus denjenigen beiden zusammengesetzt ist, deren φ-Funktionen durch die Werthe:

$$\left(\frac{2}{p}\right)\varphi\left(\frac{p\tau - 16\,\xi}{q}\right), \quad \left(\frac{2}{p_1}\right)\varphi\left(\frac{p_1\tau - 16\,\xi_1}{q_1}\right)$$

dargestellt werden, die Form an:

$$\left(\frac{2}{p\,p_1}\right)\varphi\left(\frac{p\,p_1\tau - 16\,x}{q\,q_1}\right),$$

worin das x aus den ξ und ξ_1 nach den eben aufgestellten Gleichungen zu bestimmen ist.

§ 36. Existenz einer Modulargleichung, wenn der Grad der Transformation n eine beliebige ungrade Zahl ohne quadratische Theiler ist.

Mit Hülfe dieses Satzes von der Zusammensetzung der φ-Funktionen werden wir im Stande sein, die Existenz einer Modulargleichung für einen beliebigen unpaaren Transformationsgrad ohne quadratische Theiler nachzuweisen.

Sei nämlich p eine Primzahl und die zu dem Transformationsgrade p gehörige Modulargleichung $p+1^{\text{ten}}$ Grades:

$$w^{p+1} + C_1\,w^p + C_2\,w^{p-1} + \cdots + C_p\,w + C_{p+1} = 0, \qquad (1)$$

deren Lösungen nach § 34, wenn

$$mp - 32\,h = 1$$

gesetzt wird, durch die Grössen:

$$\varphi\left(\frac{\tau - 16\,\xi}{p}\right), \quad \left(\frac{2}{p}\right)\varphi(p\,\tau) = \varphi\left(\frac{16 - p^2\tau}{-m + 2h\,p\,\tau}\right)$$

dargestellt sind, so erhält man, wenn auf jede dieser Lösungen sämmtliche durch die folgenden Schemata repräsentirte Transformationen

$$\begin{vmatrix} 1 & 0 \\ 16\,\xi' & q \end{vmatrix} \begin{vmatrix} q^2 & 2h'\,q \\ 16 & m' \end{vmatrix},$$

in denen

$$m'\,q - 32h' = 1$$

und q eine Primzahl ist, angewendet werden, für die φ, welche aus der Zusammensetzung dieser Transformationen mit allen den obigen Lösungen entsprechenden gleichgestalteten Transformationen hervorgehen, die folgende Gleichung:

$$v^{q+1} + B_1\,v^q + B_2\,v^{q-1} + \cdots + B_q\,v + B_{q+1} = 0, \quad (2)$$

in der $B_1, B_2 \ldots B_{q+1}$ rationale Funktionen von w sind und w eine jede der Lösungen der Gleichung (1) bedeutet. Eliminirt man nun zwischen den Gleichungen (1) und (2) die Grösse w, indem man, wenn

$$w_1, w_2, w_3, \ldots w_{p+1}$$

die Lösungen der Gleichung (1), und

$$B_1^{(\alpha)}, B_2^{(\alpha)}, \ldots B_{q+1}^{(\alpha)}$$

die der Lösung w_α entsprechenden Coefficienten der Gleichung (2) bezeichnen, das folgende Produkt bildet:

$$\left[v^{q+1}+B_1^{(1)}\,v^q+\cdots+B_q^{(1)}\,v+B_{q+1}^{(1)}\right]\left[v^{q+1}+B_1^{(2)}\,v^q+\cdots+B_q^{(2)}\,v+B_{q+1}^{(2)}\right]$$
$$\ldots\left[v^{q+1} + B_1^{(p+1)}\,v^q + \ldots + B_q^{(p+1)}\,v + B_{q+1}^{(p+1)}\right] = 0,$$

so wird die resultirende Gleichung:

$$v^{(p+1)(q+1)} + A_1\,v^{(p+1)(q+1)-1} + \cdots + A_{(p+1)(q+1)-1}\,v$$
$$+ A_{(p+1)(q+1)} = 0, \quad \ldots\ldots \quad (3)$$

in der die Grössen

$$A_1, A_2, \ldots A_{(p+1)(q+1)}$$

als symmetrische rationale Funktionen der w rationale Funktionen von u bedeuten, nach dem vorigen Paragraphen die Lösungen:

$$(\alpha) \qquad \varphi\left(\frac{\tau-16\xi_1}{pq}\right),\ \left(\frac{2}{p}\right)\varphi\left(\frac{p\tau-16\xi_2}{q}\right),\ \left(\frac{2}{q}\right)\varphi\left(\frac{q\tau-16\xi_3}{p}\right),\ \left(\frac{2}{pq}\right)\varphi\,(pq\tau)$$

haben, in denen ξ_1 der Reihe nach die Werthe $0, 1, 2 \ldots pq-1$
ξ_2 - - - - - $0, 1, 2 \ldots q-1$
ξ_3 - - - - - $0, 1, 2 \ldots p-1$

annimmt.

Da nun aber diese Grössen nach § 33 mit den durch den Ausdruck

$$v = u^n \,.\, snc\,\frac{2\bar{\omega}}{pq} \,.\, snc\,\frac{4\bar{\omega}}{pq} \,\ldots\ldots\, snc\,\frac{(pq-1)\,\bar{\omega}}{pq} \quad \ldots \quad (4)$$

gegebenen Werthen für alle die $\bar{\omega}$ übereinstimmen, welche den $(p+1)(q+1)$ Repräsentanten der nicht äquivalenten Klassen

$$\begin{vmatrix} 1 & 0 \\ 16\xi_1 & pq \end{vmatrix} \quad \begin{vmatrix} p & 0 \\ 16\xi_2 & q \end{vmatrix} \quad \begin{vmatrix} q & 0 \\ 16\xi_3 & p \end{vmatrix} \quad \begin{vmatrix} pq & 0 \\ 0 & 1 \end{vmatrix}$$

entsprechen, so folgt, dass für einen Transformationsgrad, der aus dem Produkte zweier ungleicher Primzahlen besteht, eine Modulargleichung vom $(p+1)(q+1)^{\text{ten}}$ Grade existirt, deren Lösungen durch den Ausdruck (4) oder die Grössen (α) dargestellt werden.

Schliesst man in derselben Weise weiter, indem man eine dritte, vierte Primzahl u. s. w. zu Hülfe nimmt und wieder den die Zusammensetzung der φ-Funktionen betreffenden Satz des vorigen § anwendet, so gelangt man zu dem Resultate, dass einem beliebigen unpaaren Transformationsgrade ohne quadratische Theiler:

$$n = p\,q\,r \ldots\ldots t,$$

worin $p, q, r, \ldots\ldots t$ verschiedene Primzahlen bedeuten, eine Modulargleichung vom Grade

$$\nu = (p+1)\,(q+1)\,(r+1)\ldots(t+1)$$

entspricht von der Form:

$$v^\nu + C_1\,v^{\nu-1} + C_2\,v^{\nu-2} + \cdots + C_\nu\,v + C_{\nu+1} = 0, \qquad (5)$$

in der

$$C_1,\ C_2\ \ldots\ldots\ C_\nu,\ C_{\nu+1}$$

rationale Funktionen von u, und deren Lösungen dargestellt werden durch:

$$v = u^n \,.\, snc\,\frac{2\bar{\omega}}{n} \,.\, snc\,\frac{4\bar{\omega}}{n} \,\ldots\ldots\, snc\,\frac{(n-1)\,\bar{\omega}}{n},$$

worin $\bar{\omega}$ der Reihe nach die den einzelnen Repräsentanten entsprechenden, oben näher definirten Werthe annimmt, oder durch

$$\left(\frac{2}{t}\right)\varphi\left(\frac{t\,\tau - 16\,\xi}{t'}\right),$$

worin für t ein jeder Divisor von n, $t' = \frac{n}{t}$, und für ξ eine jede Zahl aus der Reihe

$$0, 1, 2, \ldots t' - 1$$

zu setzen ist.

§ 37. Bestimmung des letzten Gliedes der Modulargleichung.

Nachdem die Existenz der Modulargleichungen für einen beliebigen unpaaren Transformationsgrad (ohne quadratische Theiler) nachgewiesen und deren Lösungen in doppelter Form dargestellt worden, gehen wir dazu über, die Eigenschaften dieser Gleichungen zu untersuchen und beginnen mit der Herleitung des von dem transformirten Modul freien Gliedes derselben.

Der Einfachheit der Darstellung wegen behandeln wir diese Frage zuerst für den Fall, dass der Grad der Transformation ν_1 eine Primzahl ist, dass somit, wenn

$$c_1, c_2, \ldots . c_\nu, c_{\nu+1}$$

rationale Funktionen von u bedeuten, die Modulargleichung in der Form:

$$v^{\nu_1+1} + c_1 v^{\nu_1} + \cdots + c_{\nu_1} v + c_{\nu_1+1} = 0$$

darstellbar ist, deren Lösungen nach dem Früheren durch

$$v = \varphi\left(\frac{\tau - 16\xi}{\nu_1}\right) \text{ und } v = \left(\frac{2}{\nu_1}\right) \varphi(\nu_1 \tau)$$

oder durch

$$v = u^{\nu_1} . snc \frac{2\bar{\omega}}{\nu_1} . snc \frac{4\bar{\omega}}{\nu_1} \ldots . snc \frac{(\nu_1 - 1)\bar{\omega}}{\nu_1}$$

sich ausdrücken lassen, wenn

$$\omega = \tau - 16\xi \text{ und } = 1, \bar{\omega} = 2C\omega$$

gesetzt werden.

Da nun c_1 das Produkt aller Lösungen v darstellt, also durch den Ausdruck bestimmt wird:

$$c_{\nu_1+1} = u^{\nu_1(\nu_1+1)} \prod snc\left(\frac{4mC + 4m'iC'}{\nu_1}\right),$$

in dem nach den früheren Auseinandersetzungen dem m und m' die folgenden Werthecombinationen zuertheilt werden:

$$m:1,2,3,\ldots \frac{\nu_1-1}{2} \qquad m:0$$

$$m':0,\pm 1,\pm 2,\ldots \pm\frac{\nu_1-1}{2} \qquad m':1,2,\ldots \frac{\nu_1-1}{2},$$

ausserdem aber nach den für die Multiplication mit ungraden Multiplicatoren gefundenen Formeln des § 30 die Beziehung statthat:

$$\prod snc\left(\frac{4mC+4m'iC'}{\nu_1}\right)=\pm\left(\frac{1}{c}\right)^{\frac{\nu_1^2-1}{4}}=\pm\left(\frac{1}{u}\right)^{\nu_1^2-1}.$$

so ergiebt sich:

$$c_{\nu_1+1}=\pm u^{\nu_1(\nu_1+1)}\cdot\frac{1}{u^{\nu_1^2-1}}=\pm u^{\nu_1+1}=\varepsilon\, u^{\nu_1+1},$$

worin ε die positive oder negative Einheit bedeuten und $u=\sqrt[4]{c}$ mit dem Zeichen genommen werden soll, wie es durch die eindeutige Funktion $\varphi(\tau)$ definirt ist.

Es wird sich nunmehr um die Bestimmung der Grösse ε in dem Ausdrucke von c_{ν_1+1} handeln. Da man c_{ν_1+1} auch durch die Produkte der zu den Repräsentanten der nicht äquivalenten Klassen gehörigen φ-Funktionen in der Form:

$$c_{\nu_1+1}=\left(\frac{2}{\nu_1}\right)\varphi(\nu_1\tau)\varphi\left(\frac{\tau}{\nu_1}\right)\varphi\left(\frac{\tau-16}{\nu_1}\right)\varphi\left(\frac{\tau-2.16}{\nu_1}\right)\ldots\varphi\left(\frac{\tau-(\nu_1-1).16}{\nu_1}\right)$$

oder, indem man die Werthe für $\varphi(\tau)$ einführt, durch:

$$c_{\nu_1+1}=\left(\frac{2}{\nu_1}\right)(\sqrt{2})^{\nu_1+1}(\sqrt[8]{q})^{\nu_1+1}\prod_m\frac{1+q^{2m\nu_1}}{1+q^{(2m-1)\nu_1}}\cdot\prod_m\frac{1+q^{\frac{2m}{\nu_1}}}{1+q^{\frac{2m-1}{\nu_1}}}\cdot$$

$$\prod_m\frac{1+\alpha^{2m}q^{\frac{2m}{\nu_1}}}{1+\alpha^{2m-1}q^{\frac{2m-1}{\nu_1}}}\cdots\cdots\prod_m\frac{1+\alpha^{2m(\nu_1-1)}q^{\frac{2m}{\nu_1}}}{1+\alpha^{(2m-1)(\nu_1-1)}q^{\frac{2m-1}{\nu_1}}}$$

ausdrücken kann, in Folge der Beziehung

$$c_{\nu_1+1}=\varepsilon\, u^{\nu_1+1}$$

aber auch die Gleichung statthat:

$$c_{\nu_1+1}=\varepsilon\,(\sqrt{2})^{\nu_1+1}(\sqrt[8]{q})^{\nu_1+1}\prod_m\left\{\frac{1+q^{2m}}{1+q^{2m-1}}\right\}^{\nu_1+1}$$

so ergiebt sich durch Division dieser beiden Ausdrücke:

$$1 = \frac{\left(\frac{2}{\nu_1}\right) \prod \frac{1+q^{2m\nu_1}}{1+q^{(2m-1)\nu_1}} \prod \frac{1+q^{\frac{2m}{\nu_1}}}{1+q^{\frac{2m-1}{\nu_1}}} \cdots\cdots \prod \frac{1+\alpha^{2m(\nu_1-1)} q^{\frac{2m}{\nu_1}}}{1+\alpha^{(2m-1)(\nu_1-1)} q^{\frac{(2m-1)}{\nu_1}}}}{\varepsilon \prod \left\{ \frac{1+q^{2m}}{1+q^{2m-1}} \right\}^{\nu_1+1}}.$$

Da nun diese Gleichung eine für jedes u identische sein muss, so folgt, indem man u, also auch q sehr klein werden lässt (für welche Annahme sich die Produkte sämmtlich der Einheit nähern), dass

$$\varepsilon = \left(\frac{2}{\nu_1}\right)$$

ist, und wir erhalten somit für den Werth des letzten Coefficienten der zu einer Transformation von einem Primzahlgrade gehörigen Modulargleichung:

$$c_{\nu_1+1} = \left(\frac{2}{\nu_1}\right) u^{\nu_1+1}.$$

Bestimmen wir nunmehr diesen Coefficienten auch für Modulargleichungen, welche einem beliebigen unpaaren Transformationsgrade ohne quadratische Theiler entsprechen.

Sei

$$n = \nu_1 \,.\, \nu_2,$$

wo ν_1 und ν_2 zwei verschiedene Primzahlen bedeuten, so ist die zu n gehörige Modulargleichung das oben in bestimmter Weise definirte Eliminationsresultat aus den beiden zu den Primzahlen ν_1 und ν_2 gehörigen Modulargleichungen:

$$v^{\nu_1+1} + c_1 v^{\nu_1} + \cdots + c_{\nu_1} v + c_{\nu_1+1} = 0$$

$$w^{\nu_2+1} + c_1 w^{\nu_2} + \cdots + c_{\nu_2}' w + c'_{\nu_2+1} = 0,$$

in denen $c_1, c_2 \ldots c_{\nu_1+1}$ rationale Funktionen von u, $c_1', c_2' \ldots c'_{\nu_2+1}$ eben solche von v vorstellen, oder mit Benutzung der vorher gefundenen Werthe

$$c_{\nu_1+1} = \left(\frac{2}{\nu_1}\right) u^{\nu_1+1}, \quad c'_{\nu_2+1} = \left(\frac{2}{\nu_2}\right) v^{\nu_2+1}$$

die Gleichung:

$$\left[w^{\nu_2+1} + c_1' w^{\nu_2} + \cdots + \left(\frac{2}{\nu_2}\right) v_1^{\nu_2+1}\right] \left[w^{\nu_2+1} + c_1'' w^{\nu_2} + \cdots + \left(\frac{2}{\nu_2}\right) v_2^{\nu_2+1}\right]$$

$$\cdots \left[w^{\nu_2+1} + c_1^{(\nu_1+1)} w^{\nu_2} + \cdots + \left(\frac{2}{\nu_2}\right) v_{\nu_1+1}^{\nu_2+1}\right] = 0,$$

in welcher $v_1, v_2 \ldots v_{\nu_1+1}$ die ν_1+1 Lösungen der zur Transformation des ν_1^{ten} Grades gehörigen Modulargleichung vorstellen.

Das von w freie Glied dieser Gleichung ist somit:

$$\left(\frac{2}{\nu_2}\right)^{\nu_1+1}\left[v_1 \cdot v_2 \ldots\ldots v_{\nu_1+1}\right]^{\nu_2+1} = \left(\frac{2}{\nu_2}\right)^{\nu_1+1}\left(\frac{2}{\nu_1}\right)^{\nu_2+1} \cdot u^{(\nu_1+1)(\nu_2+1)}$$

$$= u^{(\nu_1+1)(\nu_2+1)}$$

Stellt man ferner mit der Gleichung

$$w^{(\nu_1+1)(\nu_2+1)} + \ldots\ldots + u^{(\nu_1+1)(\nu_2+1)} = 0$$

die zu dem von ν_1 und ν_2 verschiedenen Primzahlgrade ν_3 gehörige Modulargleichung zusammen, so ergiebt die Elimination:

$$\left[t^{\nu_3+1} + \cdots + \left(\frac{2}{\nu_3}\right) w_1^{\nu_3+1}\right] \ldots\ldots \left[t^{\nu_3+1} + \cdots + \left(\frac{2}{\nu_3}\right) w^{\nu_3+1}_{(\nu_1+1)(\nu_2+1)}\right] = 0,$$

also für das von t freie Glied der Gleichung:

$$\left(\frac{2}{\nu_3}\right)^{(\nu_1+1)(\nu_2+1)} \cdot \left[w_1 \cdot w_2 \ldots w_{(\nu_1+1)(\nu_2+1)}\right]^{\nu_3+1} = u^{(\nu_1+1)(\nu_2+1)(\nu_3+1)},$$

u. s. w.

Für den zusammengesetzten Grad n lautet somit, wenn

$$n = \nu_1 \cdot \nu_2 \ldots\ldots \nu_\varrho$$

gesetzt wird, und $\nu_1, \nu_2 \ldots \nu_\varrho$ verschiedene Primzahlen bedeuten, das letzte Glied der Modulargleichung:

$$u^{(\nu_1+1)(\nu_2+1)\ldots(\nu_\varrho+1)},$$

während, wenn n eine Primzahl ist, dasselbe durch:

$$\left(\frac{2}{n}\right) u^{n+1}$$

ausgedrückt ist *).

---

*) Um den Grund jenes wesentlichen Unterschiedes zwischen dem Ausdrucke des letzten Gliedes der Modulargleichung für Transformationen zusammengesetzten Grades und demselben Ausdrucke für Transformationen von einem Primzahlgrade zu erkennen, ist es nur nöthig, das Produkt sämmtlicher Wurzeln der Modulargleichung durch die φ-Funktionen darzustellen. Sei z. B. $n = \nu_1 . \nu_2$, so sind nach dem Obigen die Lösungen der zugehörigen Modulargleichung des $(\nu_1+1)(\nu_2+1)^{\text{ten}}$ Grades durch die Ausdrücke gegeben:

$$\left(\frac{2}{\nu_1\nu_2}\right)\varphi(\nu\, \nu_2\tau),\ \left(\frac{2}{\nu_1}\right)\varphi\left(\frac{\nu_1\tau}{\nu_2}\right),\ \left(\frac{2}{\nu_1}\right)\varphi\left(\frac{\nu_1\tau-16}{\nu_2}\right),\ldots\left(\frac{2}{\nu_1}\right)\varphi\left(\frac{\nu_1\tau-(\nu_2-1)16}{\nu_2}\right)$$

$$\left(\frac{2}{\nu_2}\right)\varphi\left(\frac{\nu_2\tau}{\nu_1}\right),\ \left(\frac{2}{\nu_2}\right)\varphi\left(\frac{\nu_2\tau-16}{\nu_1}\right),\ldots\left(\frac{2}{\nu_2}\right)\varphi\left(\frac{\nu_2\tau-(\nu_1-1)16}{\nu_1}\right)$$

$$\varphi\left(\frac{\tau}{\nu_1\nu_2}\right),\ \varphi\left(\frac{\tau-16}{\nu_1\nu_2}\right),\ldots\ \varphi\left(\frac{\tau-(\nu_1\nu_2-1)16}{\nu_1\nu_2}\right),$$

§ 38. Ueber die Vertauschung von u und v in der Modulargleichung.

Bevor wir die Eigenschaften der Coefficienten der Modulargleichung weiter verfolgen, wird es nöthig sein, eine Frage zu erörtern, welche die Vertauschung der Grössen u und v in der Modulargleichung zum Gegenstande hat.

Ist nämlich τ der primäre ϑ-Modul, also $\varphi(\tau)^2$ der entsprechende Werth von $\sqrt{c}$, so werden sich die Wurzeln der Modulargleichung, wenn man dieselbe jetzt als eine Gleichung in $\sqrt{c}$ und $\sqrt{k}$ auffasst, in der Form

$$\sqrt{k} = \varphi\left(\frac{t\tau - 16\xi}{t'}\right)^2$$

darstellen lassen, welche den einzelnen durch das Schema

$$\begin{vmatrix} t & 0 \\ 16\xi & t' \end{vmatrix}$$

dargestellten Transformationen zugehört, in denen t ein Divisor von n, $t' = \frac{n}{t}$, und ξ die Zahlen $0, 1, 2 \ldots t' - 1$ bedeutet.

Legen wir jedoch als Quadratwurzel aus dem primären Integralmodul den Werth

$$\sqrt{k} = \varphi\left(\frac{t\tau - 16\xi}{t'}\right)^2$$

zu Grunde, so soll gezeigt werden, dass es in der That zu jedem solchen $\sqrt{k}$ immer wieder einen Repräsentanten der nicht äqui-

---

und es wird in dem Produkte aller dieser Grössen das Produkt der Legendre'schen Zeichen

$$\left(\frac{2}{\nu_1\nu_2}\right)\left(\frac{2}{\nu_1}\right)^{\nu_2}\left(\frac{2}{\nu_2}\right)^{\nu_1} = \left(\frac{2}{\nu_1\nu_2}\right)\left(\frac{2}{\nu_1}\right)\left(\frac{2}{\nu_2}\right) = 1$$

sein, während sich die Produkte der φ-Funktionen, wie man sich nach der am Anfange dieses § angewandten Methode leicht überzeugt, auf

$$u^{(\nu_1+1)\,(\nu_2+1)}$$

reduciren.

Ebenso wird für $n = \nu_1 . \nu_2 . \nu_3$

$$\left(\frac{2}{\nu_1\nu_2\nu_3}\right)\left(\frac{2}{\nu_1\nu_2}\right)^{\nu_3}\left(\frac{2}{\nu_1\nu_3}\right)^{\nu_2}\left(\frac{2}{\nu_2\nu_3}\right)^{\nu_1}\left(\frac{2}{\nu_1}\right)^{\nu_2\nu_3}\left(\frac{2}{\nu_2}\right)^{\nu_1\nu_3}\left(\frac{2}{\nu_3}\right)^{\nu_1\nu_2} = 1,$$

u. s. w.

valenten Klassen desselben Transformationsgrades giebt, welcher diesen Werth in

$$\sqrt{c} = \varphi(\tau)^2$$

umformt, dass also die Modulargleichung unverändert bleibt, wenn man $\sqrt{k}$ und $\sqrt{c}$ mit einander vertauscht. Wendet man nämlich auf den jetzt primären ϑ-Modul

$$\tau' = \frac{t\,\tau - 16\,\xi}{t'}$$

die schon früher besprochene, der folgenden:

$$\begin{vmatrix} t & 0 \\ 16\,\xi & t' \end{vmatrix}$$

supplementäre Transformation

$$\begin{vmatrix} t' & 0 \\ 16\,x & t \end{vmatrix}$$

an, so ergiebt sich, wenn man x so wählt, dass

$$x + \xi = p \,.\, t \text{ *)},$$

und p eine ganze Zahl ist, als zugehöriger ϑ-Modul:

$$\tau_1 = \frac{t' \,.\, \frac{t\,\tau - 16\,\xi}{t'} - 16\,x}{t} = \tau + 16\,p;$$

es ist somit die entsprechende Quadratwurzel aus dem Integralmodul:

$$\varphi(\tau + 16\,p)^2 = \varphi(\tau)^2 = \sqrt{c}\,.$$

Nachdem nunmehr gezeigt worden, dass eine Vertauschung von $\sqrt{c}$ und $\sqrt{k}$ oder von u^2 und v^2 keine Veränderung der Modulargleichung hervorbringt, wollen wir untersuchen, wie es sich mit der Modulargleichung bei einer Vertauschung der Grössen u und v an sich verhält oder anders ausgedrückt, wie die Grösse ε, welche die positive oder negative Einheit bedeuten soll, zu wählen ist, damit die Modulargleichung, wenn v statt u und $\varepsilon\,u$ statt v gesetzt wird, unverändert bleibt.

Da wir diese Untersuchung nur für eine der Lösungen der Modulargleichung durchzuführen brauchen, so betrachte ich die zu

$$u = \varphi(\tau)$$

*) Ist $\xi < t$, so wird man $x = t - \xi$, und ist $\xi > t = k\,t + \xi_1$, wo $\xi_1 < t$ ist, so wird man $x = t - \xi_1$ wählen.

gehörige Wurzel $\varphi\left(\frac{\tau}{n}\right)$, welche der Transformation

$$\begin{vmatrix} 1 & 0 \\ 0 & n \end{vmatrix}$$

entspricht. Setzt man also statt der Grösse u die Grösse

$$v = \varphi\left(\frac{\tau}{n}\right),$$

so wird sich, wenn man jetzt die Transformation

$$\begin{vmatrix} n & 0 \\ 0 & 1 \end{vmatrix}$$

anwendet, die ebenfalls ein Repräsentant der nicht äquivalenten Klassen für denselben Transformationsgrad ist, für die Lösung der neuen Modulargleichung, welche, da sie für denselben Transformationsgrad gilt, genau die Form der früheren haben muss,

$$\left(\frac{2}{n}\right) \varphi\left(n \cdot \frac{\tau}{n}\right) = \left(\frac{2}{n}\right) \varphi(\tau) = \left(\frac{2}{n}\right) u$$

ergeben, und wir erhalten somit den folgenden Satz:

Die Modulargleichung bleibt unverändert, wenn v statt u und $\left(\frac{2}{n}\right) u$ statt v gesetzt wird.

Aus dieser Eigenschaft lässt sich unmittelbar eine wichtige Folgerung für die Coefficienten der Modulargleichung ableiten.

Wenn wir diese nämlich in die Form setzen:

$$C_\nu v^\nu + C_1 v^{\nu-1} + \cdots\cdots + C_{\nu-1} v \pm C_\nu u^\nu = 0,$$

worin

$$C_1,\ C_2 \ldots C_{\nu-1},\ C_\nu$$

ganze rationale Funktionen von u bedeuten *), so werden die Coefficienten keine höheren Potenzen von u enthalten dürfen, als die ν^{te}, da die Modulargleichung nach dem eben ausgesprochenen Satze für eine Vertauschung von u und v unverändert bleibt, und höhere Potenzen von v als die ν^{te} in derselben nicht vorkommen. Da dies aber auch für das von v freie Glied

$$C_\nu u^\nu$$

*) C_ν ist der kleinste gemeinsame Dividuus der Nenner der früheren Coefficienten der Modulargleichung.

gilt, so folgt, dass C_ν eine Constante ist, und dass somit die Modulargleichung, welche zum Transformationsgrade n gehört, sich in der Form:

$$v^\nu + C_1 v^{\nu-1} + C_2 v^{\nu-2} + \cdots + C_{\nu-1} v \pm u^\nu = 0$$

darstellen lässt, in der

$$C_1, C_2, .. C_{\nu-1}$$

ganze Funktionen von u bedeuten.

§ 39. Ueber die auf die Grössen u und v der Modulargleichung zugleich ausgeübten linearen Transformationen.

Wir wollen nunmehr die Veränderungen untersuchen, welche die Modulargleichung erleidet, wenn auf u und v zugleich dieselbe lineare Transformation ausgeübt wird und zwar werden wir uns nach früheren Auseinandersetzungen nur mit den linearen Transformationen zu beschäftigen brauchen, welche c

$$\text{in } \frac{1}{c} \text{ und in } \sqrt{1-c^2}$$

verwandeln, da all' die andern sich aus successiver Anwendung dieser beiden zusammensetzen lassen.

Sei τ der ϑ-Modul des gegebenen Integrales und die Modulargleichung aufgestellt, welche zu dem unpaaren Transformationsgrade n gehört, der keine quadratischen Theiler enthält, so werden, wenn auf den primären Modul τ diejenige lineare Transformation ausgeübt wird, welche

$$u \text{ in } \frac{1}{u}, \text{ also } \tau \text{ in } \frac{\tau}{1+\tau} \ ^{*)}$$

verwandelt, die Lösungen der Modulargleichung, welche von der Gestalt

$$\left(\frac{2}{t}\right) \varphi\left(\frac{t\tau - 16\,\xi}{t'}\right)$$

waren, nunmehr lauten:

$$\left(\frac{2}{t}\right) \varphi\left(\frac{t\cdot\frac{\tau}{1+\tau} - 16\,\xi}{t'}\right) = \left(\frac{2}{t}\right) \varphi\left(\frac{(t-16\,\xi)\,\tau - 16\,\xi}{t'+t'\tau}\right),$$

worin $tt' = n$ ist.

Ich will zeigen, dass man diese φ-Funktion, von dem Faktor

---

*) S. Formel III des § 11.

$\left(\frac{2}{t}\right)$ abgesehen, als das φ betrachten kann, welches zu der aus den beiden Transformationen

$$\begin{vmatrix} u & 0 \\ 16x & u' \end{vmatrix} \qquad \begin{vmatrix} \alpha & \beta \\ \gamma & \delta \end{vmatrix}$$

zusammengesetzten Transformation gehört, worin

$$\alpha\delta - \beta\gamma = 1, \qquad uu' = n,$$

und die Grössen $\alpha, \beta, \gamma, \delta, x, u, u'$ noch näher zu bestimmen sind.

Soll nämlich für die aus diesen beiden zusammengesetzte Transformation, die durch das Schema

$$\begin{vmatrix} u\alpha & u\beta \\ 16x\alpha + u'\gamma & 16x\beta + u'\delta \end{vmatrix}$$

repräsentirt ist, die φ-Funktion, welche den Werth hat:

$$\varphi\left(\frac{16x\alpha + u'\gamma - \alpha u\tau}{\beta u\tau - 16x\beta - u'\delta}\right),$$

mit der obigen φ-Funktion, von dem Faktor $\left(\frac{2}{t}\right)$ abgesehen, identisch werden, so ergeben sich zur Bestimmung der Transformationszahlen die folgenden Beziehungen:

$$-\alpha u = t - 16\xi$$
$$16x\alpha + u'\gamma = -16\xi$$
$$\beta u = t'$$
$$-16x\beta - u'\delta = t',$$

oder es sind α und β durch die Gleichungen gegeben:

$$\alpha u = 16\xi - t, \quad \beta u = t',$$

während γ und δ durch die Ausdrücke bestimmt sind:

$$\gamma = -\frac{16\xi}{u'} - \frac{16x(16\xi - t)}{uu'},$$
$$\delta = -\frac{t'}{u'} - \frac{16xt'}{uu'}.$$

Für's Erste überzeugt man sich leicht, dass

$$\alpha\delta - \beta\gamma = 1$$

ist, da

$$tt' = uu' = n,$$

und es wird somit die durch das Schema

$$\begin{vmatrix} \alpha & \beta \\ \gamma & \delta \end{vmatrix}$$

repräsentirte Transformation eine lineare sein; es bleibt daher nur noch zu zeigen, dass sich α, β, γ, δ als ganze Zahlen so bestimmen lassen, dass sie den oben aufgestellten Gleichungen genügen.

Wählt man nun für u den grössten gemeinsamen Theiler zwischen den beiden Zahlen

$$16\xi - t \text{ und } t',$$

so sind dadurch α und β als ganze Zahlen gegeben; sodann folgt:

$$u' = \frac{n}{u}.$$

Da sich ferner die Bestimmungsgleichung für δ:

$$\delta u u' + 16 x t' = - t' u,$$

weil

$$\frac{u u'}{t'} = t$$

ist, in die Form:

$$\delta t + 16 x = - u$$

setzen lässt, so lauten, weil t eine ungrade Zahl ist, sämmtliche Auflösungssysteme dieser Gleichung, wenn eins derselben mit x_1 und d bezeichnet wird:

$$x = x_1 + m \,.\, t$$
$$\delta = d - m \,.\, 16,$$

worin m eine beliebige ganze Zahl bedeutet.

Nun ist:

$$\gamma = \frac{-16\xi u - 16 x (16\xi - t)}{n} = -16 \left[\frac{\xi u + x (16\xi - t)}{n}\right],$$

und es wird daher noch nachzuweisen sein, dass in den eben gefundenen Formen für x und δ die ganze Zahl m so gewählt werden kann, dass für ein ganzzahliges s:

$$\xi u + x (16\xi - t) = n s$$

ist.

Setzt man nämlich den oben gefundenen Werth

$$x = x_1 + m t$$

in diese Gleichung ein, so erhält man:

$$\xi u + (m t + x_1)(16\xi - t) = n s$$

oder

$$n s - t (16\xi - t) m = \xi u + x_1 (16\xi - t),$$

und hieraus folgt, da

$$dt + 16x_1 = -u$$

ist,

$$16ns - 16t(16\xi - t)m = 16\xi u - (16\xi - t)(dt + u)$$
$$= -dt(16\xi - t) + tu$$

oder

$$16t's - 16(16\xi - t)m = [-d(16\xi - t) + u].$$

Nun ist aber u der Annahme nach der grösste gemeinsame Theiler zwischen

$$16\xi - t \text{ und } t'$$

und ausserdem

$$16x_1 = -u - dt;$$

es nimmt daher die letzte Gleichung die Form an:

$$s\frac{t'}{u} - m\frac{16\xi - t}{u} = \frac{u - d(16\xi - t)}{16u},$$

worin

$$\frac{u - d(16\xi - t)}{16u}$$

eine ganze Zahl, und die beiden ganzen Zahlen

$$\frac{t'}{u}, \quad \frac{16\xi - t}{u}$$

zu einander relativ prim sind.

Da diese Gleichung auflösbar ist, so existirt somit ein ganzzahliges m, welches die oben gestellten Bedingungen befriedigt, ein ganzzahliges durch 16 theilbares γ, sowie für α, β, δ ganze ungradzahlige Werthe liefert.

Bezeichnet man nunmehr mit τ' den ϑ-Modul, welcher aus dem primären τ durch Anwendung derjenigen Transformation entstanden ist, welche zum Schema den Repräsentanten der nicht äquivalenten Klassen

$$\begin{vmatrix} u & 0 \\ 16x & u' \end{vmatrix}$$

hat, so lautet das φ, welches der aus dieser und der linearen Substitution zusammengesetzten Transformation entspricht:

$$\varphi\left(\frac{\gamma - \alpha\tau'}{\beta\tau' - \delta}\right) = \left(\frac{2}{\alpha}\right)\frac{1}{\varphi(\tau')}{}^{*)} = \left(\frac{2}{\frac{16\xi - t}{u}}\right)\frac{1}{\varphi(\tau')}.$$

Da sich nun die durch:

---

*) S. Formel III des § 11.

$$\left(\frac{2}{t}\right)\varphi\left(\frac{t\tau-16\xi}{t'}\right)$$

dargestellte Lösung der Modulargleichung durch Substitution von $\frac{\tau}{1+\tau}$ statt τ, wie eben gezeigt wurde, in

$$\left(\frac{2}{t}\right)\left(\frac{2}{\frac{16\xi-t}{u}}\right)\frac{1}{\varphi(\tau')}=\left(\frac{2}{t}\right)\left(\frac{2}{\frac{16\xi-t}{u}}\right)\frac{1}{\varphi\left(\frac{u\tau-16x}{u'}\right)}$$

verwandelt, und

$$\left(\frac{2}{u}\right)\left(\frac{2}{\frac{t-16\xi}{u}}\right)=\left(\frac{2}{t-16\xi}\right)=\left(\frac{2}{t}\right),$$

also:

$$\left(\frac{2}{t}\right)\left(\frac{2}{\frac{t-16\xi}{u}}\right)=\left(\frac{2}{u}\right)$$

ist, so wird jede der Lösungen der Modulargleichung in einen Ausdruck von der Form:

$$\frac{1}{\left(\frac{2}{u}\right)\varphi\left(\frac{u\tau-16x}{u'}\right)},$$

d. h. in den reciproken Werth einer andern Wurzel der Modulargleichung übergehen.*) Dieser Satz kann auch in folgender Weise ausgesprochen werden:

Setzt man in der Modulargleichung $\frac{1}{u}$ statt u, $\frac{1}{v}$ statt v, so bleibt sie unverändert.

Untersuchen wir nun die zweite fundamentale Transformation ersten Grades, für welche sich

$$\sqrt[4]{c} \text{ in } \sqrt[4]{c_1}, \text{ also } \tau \text{ in } -\frac{1}{\tau}$$

verwandelt, wenn wir uns die beiden Grössen $\sqrt[4]{c}$ und $\sqrt[4]{c_1}$ durch die eindeutigen Funktionen

$$\varphi(\tau) \text{ und } \psi(\tau)$$

definirt denken, so wird die Wurzel der Modulargleichung

$$\left(\frac{2}{t}\right)\varphi\left(\frac{t\tau-16\xi}{t'}\right)$$

durch diese Substitution in

---

*) Die Lösung, in welche sie übergeht, ist durch die oben aufgestellten Formeln bestimmt.

$$\left(\frac{2}{t}\right) \varphi \left(\frac{-t - 16\xi\tau}{t'\tau}\right)$$

übergehen, und es soll nunmehr wiederum nachgewiesen werden, dass ein anderer Repräsentant der nicht äquivalenten Klassen mit einer linearen Transformation zusammengesetzt:

$$\begin{vmatrix} u & 0 & \alpha & \beta \\ 16x & u' & \gamma & \delta \end{vmatrix},$$

von dem Faktor $\left(\frac{2}{t}\right)$ abgesehen, denselben Werth des φ liefert.

Da die φ-Funktion der aus diesen beiden zusammengesetzten Transformation

$$\begin{vmatrix} u\alpha & u\beta \\ 16x\alpha + u'\gamma & 16x\beta + u'\delta \end{vmatrix}$$

den folgenden Werth hat:

$$\varphi\left(\frac{16x\alpha + u'\gamma - u\alpha\tau}{u\beta\tau - 16x\beta - u'\delta}\right),$$

so werden sich, um diese beiden Ausdrücke des φ zu identificiren, die folgenden Bedingungsgleichungen ergeben:

$$u\alpha = 16\xi$$
$$16x\alpha + u'\gamma = -t$$
$$u\beta = t'$$
$$16x\beta + u'\delta = 0.$$

Sei nun u der grösste gemeinschaftliche Theiler zwischen 16ξ und t', so sind u, α, β, und zwar α als eine durch 16 theilbare, β als eine ungrade Zahl bestimmt.

Ferner folgt für δ:

$$16x\frac{t'}{u} + u'\delta = 0,$$

oder da:

$$uu' = tt' = n$$

ist,

$$16x + t\delta = 0.$$

Da sich nun hieraus

$$x = mt, \quad \delta = -16m$$

ergiebt, worin m eine beliebige ganze Zahl bedeutet, so bestimmt sich δ als eine durch 16 theilbare Zahl, wenn m so gewählt wird, dass es der Bedingungsgleichung für γ genügt. Diese Gleichung lautet nun:

$$16mt \cdot \frac{16\xi}{u} + u'\gamma = -t$$

oder

$$t'\gamma + 16^2 m\xi = -u,$$

und ist, da u der grösste gemeinsame Theiler zwischen t' und ξ ist, stets auflösbar; sie liefert für γ eine ungrade Zahl.

Da nun, wie unmittelbar zu sehen,

$$\alpha\delta - \beta\gamma = 1,$$

so wird, wenn man

$$\frac{u\tau - 16x}{u'} = \tau_1$$

setzt, die Lösung der Modulargleichung

$$\left(\frac{2}{t}\right) \varphi\left(\frac{t\tau - 16\xi}{t'}\right)$$

übergehen in

$$\left(\frac{2}{t}\right) \varphi\left(\frac{-t + 16\xi\tau}{t'\tau}\right) = \left(\frac{2}{t}\right) \varphi\left(\frac{16x\alpha + u'\gamma - u\alpha\tau}{u\beta\tau - 16x\beta - u'\delta}\right)$$

$$= \left(\frac{2}{t}\right) \varphi\left(\frac{\gamma - \alpha\tau_1}{\beta\tau_1 - \delta}\right) = \left(\frac{2}{t}\right)\left(\frac{2}{\gamma}\right) \psi(\tau_1)\,^{*)}$$

$$= \left(\frac{2}{t}\right)\left(\frac{2}{\gamma}\right) \psi\left(\frac{u\tau - 16x}{u'}\right).$$

Es ist aber

$$\left(\frac{2}{\gamma}\right) = \left(\frac{2}{\frac{-u - 16^2 m\xi}{t'}}\right),$$

also:

$$\left(\frac{2}{t'}\right)\left(\frac{2}{\gamma}\right) = \left(\frac{2}{-u - 16^2 m\xi}\right) = \left(\frac{2}{u}\right),$$

und daher:

$$\left(\frac{2}{t}\right)\left(\frac{2}{\gamma}\right) = \left(\frac{2}{n}\right)\left(\frac{2}{u}\right),$$

die Wurzel der Modulargleichung nimmt somit die Form an:

$$\left(\frac{2}{n}\right)\left(\frac{2}{u}\right) \psi\left(\frac{u\tau - 16x}{u'}\right) = \left(\frac{2}{u'}\right) \psi\left(\frac{u\tau - 16x}{u'}\right),$$

geht also bis auf das Zeichen in die ψ-Funktion für einen andern Repräsentanten der nicht äquivalenten Klassen über. Es folgt hieraus, dass, wenn man in der Modulargleichung $\sqrt{c_1}$ statt $\sqrt{c}$ und $\sqrt{k_1}$ statt $\sqrt{k}$ setzt, dieselbe unverändert bleibt.

---

*) S. Formel II des § 11.

Hiernach ist erwiesen, dass, wenn man in der Modulargleichung die Grössen c und k durch $\frac{1}{c}$, $\frac{1}{k}$ oder c_1, k_1 ersetzt, dieselbe unverändert bleibt, dass daher, da sämmtliche lineare Transformationen sich aus der Zusammensetzung dieser beiden Fundamentaltransformationen herleiten lassen, die Modulargleichung ihre Form nicht ändert, wenn man für c einen durch eine lineare Substitution aus diesem hergeleiteten, für k den durch dieselbe lineare Transformation hervorgegangenen Modul setzt.

§ 40. Entwickelung der Modulargleichung für einen beliebigen unpaaren Transformationsgrad ohne quadratischen Theiler.

Um nunmehr für jeden beliebigen unpaaren Transformationsgrad ohne quadratischen Theiler die Modulargleichung wirklich herzustellen, wollen wir auf die Untersuchung der allgemeinen Form der Coefficienten

$$C_1,\ C_2,\ \ldots .\ C_{\nu-1}$$

in der Gleichung

$$v^{\nu} + C_1 v^{\nu-1} + C_2 v^{\nu-2} + \cdots + C_{\nu-1} v \pm u^{\nu} = 0,$$

näher eingehen, in welcher, wenn man

$$n = \nu_1 \nu_2 \ldots \nu_\varrho$$

setzte, ν durch den Ausdruck

$$\nu = (\nu_1 + 1)(\nu_2 + 1) \ldots . (\nu_\varrho + 1)$$

definirt war.

Betrachtet man die zu der Transformation

$$\begin{vmatrix} n & 0 \\ 0 & 1 \end{vmatrix}$$

gehörige Lösung v von der Form

$$\left(\frac{2}{n}\right) \varphi(n\tau)$$

und setzt für diese sowohl als auch für u die durch die eindeutigen Funktionen von τ gegebenen Ausdrücke:

$$v = \left(\frac{2}{n}\right) \sqrt{2}\, \sqrt[8]{q^n}\, [(1+q^{2n})(1+q^{4n}) \ldots .]^2 (1-q^n)(1-q^{3n}) \ldots .$$

$$u = \sqrt{2}\, \sqrt[8]{q}\, [(1+q^2)(1+q^4) \ldots .]^2 (1-q)(1-q^3) \ldots .$$

in die Modulargleichung ein, so wird die höchste Potenz von v, nämlich die ν^{te}, in Bezug auf die Grösse q die Irrationalität $\sqrt[8]{q^{n\nu}}$, das von v freie Glied u^ν die Irrationalität $\sqrt[8]{q^\nu}$ enthalten; und da

$$n\nu \equiv \nu \text{ (mod. 8) *)}$$

ist, so wird, wenn man die aus Potenzen von q zusammengesetzte Gleichung durch $\sqrt[8]{q^\nu}$ dividirt, die Irrationalität in Bezug auf q aus der Gleichung verschwinden müssen.

Betrachtet man nun einen der Theile des Coefficienten $C_{\nu-p}$, welcher mit v^p multiplicirt ist, z. B. u^m, so wird offenbar, da die in Bezug auf q im Posten $u^m v^p$ auftretende Irrationalität

$$\sqrt[8]{q^{np}} \cdot \sqrt[8]{q^m}$$

ist, und daher nach der oben gemachten Bemerkung die Congruenz

$$m + np \equiv \nu \text{ (mod. 8)}$$

statthaben muss, der Coefficient $C_{\nu-p}$ die Form haben

$$C_{\nu-p} = u^m (a_0 + a_1 u^8 + a_2 u^{16} + \cdots),$$

worin m durch die obige Congruenz bestimmt ist.

Die Modulargleichung für einen beliebigen unpaaren Transformationsgrad (ohne quadratische Theiler) lautet somit:

$$v^\nu + v^{\nu-1} u^{m_1} (a_0 + a_1 u^8 + a_2 u^{16} + \cdots) + v^{\nu-2} u^{m_2} (b_0 + b_1 u^8 + \cdots) + \cdots$$
$$+ v u^{m_{\nu-1}} (n_0 + n_1 u^8 + \cdots) \pm u^\nu = 0,$$

wenn die Grössen $m_1, m_2, \cdots m_{\nu-1}$ durch die folgenden Congruenzen definirt sind:

$$m_1 + n(\nu - 1) \equiv \nu \text{ (mod. 8)}$$
$$m_2 + n(\nu - 2) \equiv \nu \text{ (mod. 8)}$$
$$\cdots\cdots\cdots\cdots$$
$$m_{\nu-1} + n \cdot 1 \equiv \nu \text{ (mod. 8)}.$$

Ist nun aber die allgemeine Form der Coefficienten der Modulargleichung bestimmt, so ist es leicht, für einen beliebigen unpaaren Transformationsgrad die Coefficienten selbst zu finden, also die zugehörige Modulargleichung wirklich herzustellen. Da nämlich

---

*) Denn wenn n eine Primzahl ν_1 ist, so ist klar, dass

$$(\nu_1 + 1)(\nu_1 - 1) \equiv 0 \text{ (mod. 8)};$$

ist

$$n = \nu_1 \nu_2 \nu_3 \ldots,$$

so folgt unmittelbar, dass:

$$(n - 1)(\nu_1 + 1)(\nu_2 + 1)(\nu_3 + 1) \ldots \equiv 0 \text{ (mod. 8)}$$

ist.

$$u = \sqrt{2}\sqrt[8]{q}\,[(1+q^2)(1+q^4)(1+q^6)\ldots]^2(1-q)(1-q^3)(1-q^5)\ldots$$
$$= \sqrt{2}\sqrt[8]{q}\,(1-q+2q^2-3q^3+4q^4-\ldots),$$

so ergeben sich durch successive Potenzirung dieser Gleichung:

$$u^2 = \sqrt{2^2}\sqrt[8]{q^2}\,(1-q+2q^2+3q^3+4q^4-\ldots)^2$$

u. s. w.; ebenso

$$v = \left(\frac{2}{n}\right)\sqrt{2}\sqrt[8]{q^n}\,(1-q^n+2q^{2n}-3q^{3n}+4q^{4n}-\ldots)$$

$$v^2 = \sqrt{2^2}\sqrt[8]{q^{2n}}\,(1-q^n+2q^{2n}-3q^{3n}+4q^{4n}-\ldots)^2$$

u. s. w.

Setzt man nun diese Reihenentwickelungen in die Modulargleichung ein, wobei die Irrationalitäten in Bezug auf q, wie vorher gezeigt worden, herausfallen, so werden wir, indem die allgemeine Form der Coefficienten bereits bestimmt ist und höhere Potenzen von u als die v^{te} in der Gleichung nicht vorkommen dürfen, nur so viel Glieder in den unendlichen Reihen zu entwickeln brauchen, als die Anzahl der zu bestimmenden Grössen $a_0, a_1, \ldots b_0, b_1, \ldots n_0, n_1 \ldots$ erfordert, um dieselben dadurch, dass man die einzelnen Coefficienten der Potenzen von q verschwinden lässt, zu bestimmen. Will man z. B. die Modulargleichung für die Transformation dritten Grades aufstellen, so werden drei Zahlen m_1, m_2, m_3 durch die Congruenzen zu bestimmen sein:

$$m_1 + 3\,.\,3 \equiv 4 \pmod{8}$$
$$m_2 + 3\,.\,2 \equiv 4 \pmod{8}$$
$$m_3 + 3\,.\,1 \equiv 4 \pmod{8},$$

und es wird somit die Form der zugehörigen Modulargleichung, da höhere Potenzen von u als die vierte in derselben nicht vorkommen dürfen, folgendermassen lauten:

$$v^4 + a_0\, v^3 u^3 + b_0\, v\, u - u^4 = 0.$$

Setzt man nun die obigen Reihenentwickelungen für u und v und deren Potenzen in diese Gleichung ein, so ergiebt sich:

$$4q(1-4q^3-4q^6+\cdots)-8a_0q(1-3q^3-9q^6+\cdots)(1-3q-9q^2+\cdots)$$
$$-2b_0(1-q^3+2q^6+\cdots)(1-q+2q^2-\cdots)-4(1-4q-4q^2+\cdots)=0,$$

und hieraus für a_0 und b_0 die beiden Beziehungen:

$$2b_0 = -4, \quad 4 - 8a_0 + 2b_0 + 16 = 0,$$

also

$$a_0 = 2, \quad b_0 = -2.$$

Die Modulargleichung, welche zur Transformation dritten Grades gehört, ist daher die folgende:

$$v^4 - u^4 - 2uv(1 - u^2v^2) = 0.$$

Ebenso findet man die Modulargleichungen für die Transformationen 5ten, 7ten und 11ten Grades*)

$$v^6 - u^6 - 4uv(1 - u^4v^4) + 5u^2v^2(v^2 - u^2) = 0,$$

$$v^8 - 8u^7v^7 + 28u^6v^6 - 56u^5v^5 + 70u^4v^4 - 56u^3v^3 + 28u^2v^2 \\ - 8uv + u^8 = 0$$

oder

$$(1 - u^8)(1 - v^8) = (1 - uv)^8,$$

und

$$v^{12} - u^3v^{11}(22 - 32u^8) + 44u^6v^{10} + 22uv^9(1 + 4u^8) + 165u^4v^8 \\ + 132u^7v^7 + 44u^2v^6(1 - u^8) - 132u^5v^5 - 165u^8v^4 \\ - 22u^3v^3(4 + u^8) - 44u^6v^2 - uv(32 - 22u^8) - u^{12} = 0,$$

oder

$$(v - u)^{11}(v + u) + 44u^2v^2(v^4 - u^4)(1 - u^4)(1 - v^4) \\ - 32uv(1 + u^{10})(1 - v^{10}) - 22uv(1 + u^2)(1 - v^2) \times \\ \{(v^2 + u^2)[4u^2v^2 - (u^2 - v^2)^2] + 4u^2v^2(1 - u^2v^2)(1 - u^2)(1 + v^2)\} = 0.$$

Schliesslich will ich noch die Formen dieser vier Modulargleichungen anführen, wenn man

$$u = \sqrt[4]{c}, \quad v = \sqrt[4]{k}$$

in die obigen Gleichungen einführt:

$$\sqrt{ck} + \sqrt{c_1 k_1} = 1,$$

$$\sqrt[4]{ck}\,(\sqrt{c} - \sqrt{k}) = \sqrt[4]{c_1 k_1}\,(\sqrt{k_1} - \sqrt{c_1}),$$

$$\sqrt[4]{ck} + \sqrt[4]{c_1 k_1} = 1,$$

$$\sqrt[8]{ck}\left\{\sqrt[4]{\frac{1+c}{2} \cdot \frac{1+k}{2}}\,(\sqrt{c} - \sqrt{k}) + \sqrt[4]{\frac{1-c}{2} \cdot \frac{1-k}{2}} \cdot (\sqrt{c} + \sqrt{k})\right\}$$

$$= \sqrt[8]{c_1 k_1}\left\{\sqrt[4]{\frac{1+c_1}{2} \cdot \frac{1+k_1}{2}}\,(\sqrt{k_1} - \sqrt{c_1}) + \sqrt[4]{\frac{1-c_1}{2} \cdot \frac{1-k_1}{2}}\,(\sqrt{k_1} + \sqrt{c_1})\right\}.$$

---

*) Ich hebe grade diese Modulargleichungen wegen ihrer Wichtigkeit in der Algebra hervor.

§ 41. Ueber die Irreductibilität der Modulargleichungen.*)

Ich beende die Untersuchungen, welche die Theorie der Modulargleichungen betreffen, mit einem Beweise der Irreductibilität derselben für einen beliebigen unpaaren Transformationsgrad.

Da für $u = \varphi(\tau)$ nach der vorausgegangenen Theorie sämmtliche Lösungen der Modulargleichung in der Form

$$v = \left(\frac{2}{t}\right) \varphi\left(\frac{t\tau - 16\xi}{t'}\right)$$

darstellbar sind, die Modulargleichung also die Gestalt hat:

$$F\left\{\varphi(\tau), \left(\frac{2}{t}\right) \varphi\left(\frac{t\tau - 16\xi}{t'}\right)\right\} = 0, \quad . \quad . \quad . \quad . \quad (1)$$

worin F eine ganze Funktion, t der Reihe nach alle Divisoren von n, dem Grade der Transformation, bedeutet, $t' = \frac{n}{t}$, und dem ξ zu jedem t' nach einander die Werthe $0, 1, 2, \ldots t' - 1$ beigelegt werden, so würde, wenn wir annehmen, die Gleichung (1) sei nicht irreductibel, eine Gleichung von niedrigerem Grade existiren, deren Coefficienten ebenfalls ganze rationale Funktionen von u oder $\varphi(\tau)$ wären, und die mindestens **eine** Lösung von der Form:

$$\left(\frac{2}{\delta}\right) \varphi\left(\frac{\delta\tau - 16x}{\delta'}\right)$$

mit der Modulargleichung gemein hat. Sei nun diese Gleichung:

$$f\left(\varphi(\tau), \left(\frac{2}{\delta}\right) \varphi\left(\frac{\delta\tau - 16x}{\delta'}\right)\right) = 0, \quad . \quad . \quad . \quad (2)$$

worin wiederum δ ein Divisor von n, $\delta' = \frac{n}{\delta}$, $x < \delta'$ ist, so wird, wenn an Stelle der willkürlichen Grösse τ der Ausdruck:

$$\tau + 16r$$

gesetzt und zu gleicher Zeit beachtet wird, dass die φ-Funktion sich nicht ändert, wenn das Argument um ein Multiplum von 16 vermehrt wird, die Gleichung (2) in

$$f\left(\varphi(\tau), \left(\frac{2}{\delta}\right) \varphi\left(\frac{\delta\tau - 16(x - r\delta)}{\delta'}\right)\right) = 0$$

---

*) Der folgende Beweis verdankt seine Entstehung der Bemerkung des Herrn Kroneker, dass sich die Irreductibilität der Modulargleichungen für einen Transformationsgrad, der eine Primzahl ist, durch Vermehrung der τ um ganze Zahlen nachweisen lässt.

übergehen. Da sich nun r so bestimmen lässt, dass

$$x - r\delta \equiv \xi_1 \pmod{\delta'},$$

worin ξ_1 eine beliebig gegebene ganze Zahl $< \delta'$ ist, so sieht man, dass die Gleichung (2) jeden Ausdruck von der Form:

$$\left(\frac{2}{\delta}\right) \varphi \left(\frac{\delta\tau - 16\xi_1}{\delta'}\right)$$

zur Lösung haben muss, also auch die Wurzel

$$\left(\frac{2}{\delta}\right) \varphi \left(\frac{\delta\tau}{\delta'}\right)$$

mit der Modulargleichung gemein hat; es besteht somit die Gleichung:

$$f\left(\varphi(\tau), \left(\frac{2}{\delta}\right) \varphi\left(\frac{\delta\tau}{\delta'}\right)\right) = 0 \quad . \quad . \quad . \quad . \quad (3).$$

Ich will nunmehr zeigen, dass es eine lineare Substitution für τ:

$$\frac{p + q\tau}{r + s\tau}$$

giebt, für welche

$$rq - ps = 1,$$

r und q ungrade, p und s grade Zahlen sind (von denen die erste durch 16 theilbar), und so beschaffen, dass

$$\left(\frac{2}{\delta}\right) \varphi \left(\frac{\delta\tau}{\delta'}\right) \text{ in } \varphi\left(\frac{\tau}{\delta\delta'}\right) = \varphi\left(\frac{\tau}{n}\right)$$

übergeführt wird.

Da nämlich die dem Werthe

$$\left(\frac{2}{\delta}\right) \varphi \left(\frac{\delta\tau}{\delta'}\right)$$

entsprechende Transformation nach Früherem die folgende ist:

$$\begin{vmatrix} \delta^2 & 2h\delta \\ 16\delta' & m\delta' \end{vmatrix},$$

worin

$$m\delta - 32h = 1,$$

also die entsprechende φ-Funktion dieser Transformation dargestellt wird durch:

$$\varphi\left(\frac{16\delta' - \delta^2\tau}{2h\delta\tau - m\delta}\right),$$

so wird diese durch Einführung der oben angegebenen linearen Transformation in

$$\varphi\left(\frac{16\,\delta' - \delta^2 \cdot \dfrac{p+q\,\tau}{r+s\,\tau}}{2h\,\delta \cdot \dfrac{p+q\,\tau}{r+s\,\tau} - m\,\delta'}\right)$$

übergehen, also wenn sie mit

$$\varphi\begin{pmatrix}\tau\\ n\end{pmatrix}$$

identisch werden soll, die folgenden Bestimmungsgleichungen nach sich ziehen:

$$\begin{aligned} -\delta^2\,q + 16\,s\,\delta' &= 1\\ -\delta^2\,p + 16\,r\,\delta' &= 0\\ 2\,h\,\delta\,q - m\,\delta'\,s &= 0\\ 2\,h\,\delta\,p - m\,\delta'\,r &= n, \end{aligned}$$

oder mit Benutzung von $m\,\delta - 32\,h = 1$,

(4) . . . . $\delta\,q = -m$ $\qquad$ $p = -16\,\delta'$ . . . . (6)

(5) . . . . $s\,\delta' = -2\,h$ $\qquad$ $r = -\delta^2$ . . . . . . (7).

Da ferner

$$r\,q - p\,s = \frac{\delta^2\,m}{\delta} = 32\,\frac{h\,\delta'}{\delta'} = m\,\delta - 32h = 1$$

ist, so wird es nur darauf ankommen, m und h so zu wählen, dass q und s ganze Zahlen werden, oder dass, da die Gleichungen (4) und (5) sich auch in die Form setzen lassen:

$$\delta\,q = -m \qquad 16\,s\,\delta' = 1 - m\,\delta,$$

die Congruenzen statthaben:

$$m \equiv 0 \ (\text{mod. } \delta) \qquad 1 - m\,\delta \equiv 0 \ (\text{mod. } 16\,\delta').$$

Setzt man nun $m = \delta y$, so geht die zweite Congruenz über in:

$$1 - \delta^2\,y = 16\,\delta'\,z,$$

welche Gleichung, da δ^2 und $16\,\delta'$ unter einander relativ prim sind, sich stets befriedigen lässt; es sei

$$y = \eta + 16\,\delta'\,\lambda,$$

worin λ eine beliebige ganze Zahl bedeutet.

Nun folgt ferner aus $m\,\delta - 32h = 1$:

$$m = \mu + 32\,g,$$

worin g wieder eine beliebige ganze Zahl vorstellen soll, und es muss daher zwischen g und λ die Beziehung statthaben:

$$\mu + 32\, g = \delta\, \eta + 16\, \delta \delta' \lambda = \delta\, \eta + 16\, n\, \lambda.$$

Da aber

$$\mu = \frac{1 + 32 h_1}{\delta}, \quad \eta = \frac{1 - 16\, \delta' \zeta}{\delta^2}$$

ist, wenn h_1 den zu μ gehörigen Werth von h, ζ den zu η gehörigen Werth von z bezeichnet, so wird

$$\mu - \delta\, \eta = \frac{16\, (2 h_1 + \delta' \zeta)}{\delta},$$

also $\mu - \delta\, \eta$ eine durch 16 theilbare ganze Zahl sein. Daraus folgt, dass die Gleichung

$$\mu - \delta\, \eta = 16\, n\, \lambda - 32\, g$$

sich auflösen lässt, oder dass zwei ganze Zahlen λ und g so bestimmbar sind, dass

$$m \equiv 0 \ (\text{mod. } \delta) \qquad 1 - m\, \delta \equiv 0 \ (\text{mod. } \delta')$$
$$m\, \delta - 32\, h = 1,$$

also q und s ganze Zahlen werden. Es sind somit q und r ungrade, p und s grade ganze Zahlen, von denen die erste durch 16 theilbar ist.

Die Gleichung

$$f\left(\varphi\,(\tau),\ \left(\frac{2}{\delta}\right) \varphi\left(\frac{\delta \tau}{\delta'}\right)\right) = 0$$

geht nun durch die Substitution

$$\frac{p + q\, \tau}{r + s\, \tau}$$

für τ in die folgende über:

$$f\left(\varphi\left(\frac{p + q\, \tau}{r + s\, \tau}\right),\ \varphi\left(\frac{\tau}{n}\right)\right) = 0;$$

da aber vermöge der Beschaffenheit der Zahlen p, q, r, s

$$\varphi\left(\frac{p + q\, \tau}{r + s\, \tau}\right) = \left(\frac{2}{q}\right) e^{\frac{i\pi}{8} p q}\ \varphi\,(\tau),$$

oder, weil

$$q = -\frac{m}{\delta} = -y = -\eta - 16\, \delta' \lambda = \frac{16\, \delta' \zeta - 1}{\delta^2} - 16\, \delta' \lambda$$
$$= \frac{16\, \delta' (\zeta - \delta^2 \lambda) - 1}{\delta^2} \equiv 7 \ (\text{mod. } 8)$$

ist,

$$\varphi\left(\frac{p+q\tau}{r+s\tau}\right)=\varphi(\tau)$$

wird, so nimmt unsere Gleichung die Form an:

$$f\left(\varphi(\tau),\ \varphi\left(\frac{\tau}{n}\right)\right)=0 \quad . \quad . \quad . \quad . \quad . \quad . \quad (8).$$

Ich will nun ferner nachweisen, dass diese Gleichung, da sie die Wurzel

$$\varphi\left(\frac{\tau}{n}\right)$$

hat, auch die Grösse

$$\left(\frac{2}{t}\right)\varphi\left(\frac{t\tau-16x}{t'}\right)$$

oder was nach dem Früheren genügend ist,

$$\left(\frac{2}{t}\right)\varphi\left(\frac{t\tau}{t'}\right),$$

worin $t\,t'=n$ ist, zur Lösung haben muss.

Macht man nämlich in Gleichung (8) für τ wieder die Substitution:

$$\frac{p+q\tau}{r+s\tau},$$

so wird, da

$$\frac{\tau}{n} \text{ in } \frac{p+q\tau}{nr+ns\tau}$$

übergeht, die Bedingung dafür, dass dieser Ausdruck mit

$$\frac{16\,t'-t^2\tau}{2h\,t\,\tau-mt'},$$

worin

$$m\,t-32h=1$$

ist, identisch sein soll, die folgenden Bestimmungsgleichungen für die Grössen p, q, r, s nach sich ziehen:

$$p=16\,t' \qquad nr=-mt'$$
$$q=-t^2 \qquad ns=2h\,t$$

oder

$$p=16\,t',\quad q=-t^2,\quad r=-\frac{m}{t},\quad s=\frac{2h}{t'},$$

wofür in der That

$$r\,q-ps=mt-32\,h=1$$

ist.

Da nun

$$r=-\frac{m}{t},\quad s=\frac{mt-1}{16\,t'},$$

ist, so werden, damit r und s ganze Zahlen sind, die Gleichungen

$$m = t\,y, \quad mt - 1 = 16\,t'\,z,$$

oder da

$$m = \mu + 32\,g,$$

die Beziehungen

$$\mu + 32\,g = t\,y, \quad t^2\,y - 1 = 16\,t'\,z$$

statthaben müssen.

Da aber t^2 zu $16\,t'$ relativ prim ist, so folgt

$$y = \eta + 16\,t'\,w,$$

also:

$$\mu + 32g = t\,\eta + 16\,nw,$$

und da, wenn h_1 den zu μ gehörigen Werth von h, ζ den dem η entsprechenden Werth von z bezeichnet:

$$\mu = \frac{1 + 32h_1}{t}, \quad t^2\,\eta - 1 = 16\,t'\zeta,$$

so ist:

$$\mu - t\,\eta = \frac{32\,h_1 - 16\,t'\,\zeta}{t},$$

also:

$$\mu - t\,\eta \equiv 0 \pmod{16},$$

und daher die Gleichung:

$$\mu - t\,\eta = 16\,nw - 32g$$

auflösbar: es lässt sich also m stets so bestimmen, dass r und s ganze Zahlen werden.

Wir erhalten daher die Gleichung

$$f\left(\varphi\left(\frac{p + q\,\tau}{r + s\,\tau}\right),\ \left(\frac{2}{t}\right)\varphi\left(\frac{t\,\tau}{t'}\right)\right) = 0$$

oder da

$$\varphi\left(\frac{p + q\,\tau}{r + s\,\tau}\right) = \left(\frac{2}{q}\right) e^{\frac{i\pi}{8}pq}\,\varphi(\tau) = \varphi(\tau)$$

ist,

$$f\left(\varphi(\tau),\ \left(\frac{2}{t}\right)\varphi\left(\frac{t\tau}{t'}\right)\right) = 0,$$

also nach dem Obigen auch:

$$f\left(\varphi(\tau),\ \left(\frac{2}{t}\right)\varphi\left(\frac{t\,\tau - 16\,x}{t'}\right)\right) = 0$$

und finden somit, dass, wenn eine Gleichung mit der Modulargleichung eine Wurzel von der Form:

$$\left(\frac{2}{\delta}\right)\varphi\left(\frac{\delta\,\tau - 16\,\xi}{\delta'}\right)$$

gemein hat, ihr auch die andere von der Form

$$\varphi\left(\frac{\tau}{\delta\,\delta'}\right)$$

zugehört und ferner, wenn sie durch diese befriedigt wird, dieselbe auch alle durch den Ausdruck

$$\left(\frac{2}{t}\right)\varphi\left(\frac{t\,\tau - 16\,x}{t'}\right)$$

dargestellten Grössen zu Wurzeln, daher sämmtliche Lösungen mit der Modulargleichung gemein hat, da dies die allgemeine Form der φ-Funktion für die Repräsentanten aller nicht äquivalenten Systeme war. Es ist daher jede zu einem beliebigen unpaaren Transformationsgrade (ohne quadratische Theiler) gehörige Modulargleichung irreductibel.

Vierzehnter Abschnitt.

Entwickelung einer Differentialgleichung dritter Ordnung zwischen den transformirten Integralmoduln.

§ 42. Herleitung von Differentialgleichungen für den Multiplicator a der Transformation und die transformirten Integralmoduln.

Wir fügen am Schlusse noch einige Differentialgleichungen hinzu, die zwischen dem Multiplicator a der Transformation und den transformirten Integralmoduln sowie zwischen diesen Moduln selbst bestehen.

Wenn

$$\tau = \frac{i\,C'}{C}, \quad \tau' = \frac{i\,K'}{K}$$

gesetzt wird, so sind mit Hülfe bekannter Formeln von Legendre*) die Differentialien der ϑ-Moduln in folgender Weise ausdrückbar:

$$d\,\tau = \frac{-\frac{\pi}{2}\,dc}{c\,(1-c^2)\,C^2} \qquad d\,\tau' = \frac{-\frac{\pi}{2}\,dk}{k\,(1-k^2)\,K^2},$$

und man erhält somit:

$$\frac{d\,\tau'}{d\,\tau} = \frac{c\,(1-c^2)}{k\,(1-k^2)}\frac{d\,k}{d\,c} \cdot \frac{C^2}{K^2}.$$

Da nun, wenn τ' den nach der früheren Definition aus τ transformirten ϑ-Modul bedeutet, die Beziehung statthat:

$$(a_1\,\tau - b_1)\,\tau' = b_0 - a_0\,\tau,$$

*) Die Differentialgleichungen für C und C' lauten:

$$c\,(1-c^2)\,\frac{d^2\,C}{d\,c^2} + (1-3\,c^2)\,\frac{d\,C}{d\,c} = c\,C$$

$$c\,(1-c^2)\,\frac{d^2 C'}{d\,c^2} + (1-3\,c^2)\,\frac{d\,C'}{dc} = c\,C'.$$

so ergiebt sich zwischen den Differentialien der ϑ-Moduln noch die folgende Gleichung:

$$(a_1 \tau - b_1)\, d\tau' + a_1 \tau'\, d\tau = - a_0\, d\tau$$

oder:

$$\frac{d\tau'}{d\tau} = - \frac{a_0 + a_1 \tau'}{a_1 \tau - b_1} = - \frac{(a_0 + a_1 \tau')^2}{(a_1 \tau - b_1)(a_0 + a_1 \tau')} = \frac{(a_0 + a_1 \tau')^2}{n},$$

wenn

$$a_0 b_1 - a_1 b_0 = n$$

gesetzt wird, und da ferner nach den Relationen des § 4:

$$a = \frac{C}{a_0 K + a_1 i K'} = \frac{\frac{C}{K}}{a_0 + a_1 \tau'}$$

oder

$$a^2 = \frac{\frac{C^2}{K^2}}{(a_0 + a_1 \tau')^2},$$

so folgt:

$$\frac{d\tau'}{d\tau} = \frac{C^2}{K^2} \cdot \frac{1}{n a^2},$$

und daher durch Vergleichung mit dem vorher für $\frac{d\tau'}{d\tau}$ erhaltenen Ausdrucke die Beziehung:

$$\frac{1}{n a^2} = \frac{c(1-c^2)\, dk}{k(1-k^2)\, dc}$$

oder

$$a^2 = \frac{1}{n} \cdot \frac{k(1-k^2)\, dc}{c(1-c^2)\, dk}.$$

Mit Hülfe dieses Ausdruckes für den Multiplicator der Transformation werden wir unmittelbar zu der zwischen dem ursprünglichen und dem transformirten Integralmodul bestehenden Differentialgleichung dritter Ordnung gelangen.

Da nämlich die oben angeführte Differentialgleichung für K:

$$k(1-k^2)\frac{d^2 K}{dk^2} + (1 - 3k^2)\frac{dK}{dk} - k K = 0$$

den Ausdruck

$$m K + m' i K',$$

worin m und m' beliebige ganze Zahlen bedeuten, zum allgemeinen Integrale hat, und aus § 4

$$\frac{C}{a} = a_0 K + a_1 i K'$$

hervorgeht, so wird auch für $\frac{1}{a} = b$ die Grösse $b\,C$ ein Integral dieser Differentialgleichung sein, d. h. es wird die Gleichung statthaben:

$$k(1-k^2)\,b\,\frac{d^2C}{dk^2}+\frac{dC}{dk}\left[b(1-3k^2)+2k(1-k^2)\frac{db}{dk}\right]$$

$$+\,C\left[k(1-k^2)\frac{d^2b}{dk^2}+(1-3k^2)\frac{db}{dk}-kb\right]=0$$

oder

$$(\alpha)\quad .\ .\ bC\left[\frac{d\left((k-k^3)\frac{db}{dk}\right)}{dk}-kb\right]+\frac{d\left((k-k^3)b^2\frac{dC}{dk}\right)}{dk}=0.$$

Diese Gleichung geht nun mit Berücksichtigung der oben gefundenen Relation:

$$b^2=n\,\frac{c(1-c^2)\,dk}{k(1-k^2)\,dc},$$

welche:

$$\frac{d\left((k-k^3)b^2\frac{dC}{dk}\right)}{dk}=\frac{d\left(n(c-c^3)\frac{dk}{dc}\frac{dC}{dk}\right)}{dk}=\frac{d\left(n(c-c^3)\frac{dC}{dc}\right)}{dk}$$

$$=\frac{d\left(n(c-c^3)\frac{dC}{dc}\right)}{dc}\cdot\frac{dc}{dk},$$

oder, da die Differentialgleichung zweiter Ordnung, welcher C genügt, sich in die Form setzen lässt:

$$\frac{d\left((c-c^3)\frac{dC}{dc}\right)}{dc}=(c-c^3)\frac{d^2C}{dc^2}+(1-3c^2)\frac{dC}{dc}=c\,C,$$

die Beziehung

$$\frac{d\left((k-k^3)\,b^2.\frac{dC}{dk}\right)}{dk}=n\,c\,C\,\frac{dc}{dk},$$

liefert, in die folgende über:

$$b\left[(k-k^3)\frac{d^2b}{dk^2}+(1-3k^2)\frac{db}{dk}-kb\right]+n\,c\,\frac{dc}{dk}=0.$$

Substituirt man endlich hierin den oben für b gefundenen Werth, so erhält man die Differentialgleichung dritter Ordnung:

$$2(dc\,.\,d^3k-dk\,.\,d^3c)-3\left[(dc\,d^2k)^2-(dk\,d^2c)^2\right]$$

$$+\,(dc\,.\,dk)^2\left[\left(\frac{1+k^2}{k-k^3}\,dk\right)^2-\left(\frac{1+c^2}{c-c^3}\,dc\right)^2\right]=0.$$

Elasticitätsgleichungen auf eine Reihe von Beispielen angewandt. In einem zweiten Abschnitte werden dann die Resultate der mathematischen Theorie mit den Ergebnissen der Erfahrung verglichen und zu dem Ende die Ausdehnung, Compression, Torsion und Biegung für besonders wichtige Fälle näher behandelt. Im dritten Abschnitte werden zuerst die allgemeinen Gleichungen für die oscillatorischen Bewegungen isotroper Körper aufgestellt und dann auf eine Reihe von Beispielen derartiger Bewegungen, sowohl mit als ohne Dilatation, angewandt. Der vierte Abschnitt beschäftigt sich wieder mit der Vergleichung der Theorie und der Erfahrung, wobei die wichtigsten Fälle der Longitudinal-, Transversal- und Torsionsschwingungen ihre Erledigung finden.

Die Theorie der Capillarität beginnt mit der Ableitung der allgemeinen Variationsformel, welche die in Rede stehenden Erscheinungen darstellt; dann werden die Niveauänderungen behandelt, welche in einer Flüssigkeit durch eine oder zwei eingetauchte Platten hervorgerufen werden, worauf die Capillarerscheinungen an Röhren folgen. Ein folgender Abschnitt behandelt die Modification des hydrostatischen Druckes, sowie die Anziehungs- und Abstossungserscheinungen, welche durch die Capillarwirkungen verursacht werden. Den Schluss bildet die Untersuchung der Gleichgewichtsflächen einer ruhenden sowohl als einer rotierenden, der Schwerkraft entzogenen Flüssigkeit unter fortwährender Bezugnahme auf die einschlägigen Plateau'schen Versuche. Von den Meridiancurven der hier zur Sprache kommenden Rotationsflächen sind Zeichnungen beigegeben.

Die mathematischen Entwicklungen sind, um das Verständnis möglichst zu erleichtern, vollständig mitgetheilt; die Behandlung ist meist eigenthümlich. Das Buch befindet sich im Druck und wird zu Michaelis d. J. erscheinen.

Studien über die Bessel'schen Functionen. Von Dr. E. Lommel, Professor an der land- und forstwirthschaftlichen Akademie Hohenheim. gr. 8.

Die Bessel'schen Functionen, welche nicht nur in der Theorie der planetarischen Störungen, sondern auch auf den verschiedensten Gebieten der Physik (Wellentheorie, Wärmeverbreitung, Magnetismus, Beugung des Lichts) eine nicht unwichtige Rolle spielen, haben deshalb mit Recht die Aufmerksamkeit der Mathematiker und Physiker auf sich gezogen. Erst kürzlich hat Hr. Prof. Neumann in Tübingen seine auf die Analogie mit den Kugelfunctionen gegründete „Theorie der Bessel'schen Functionen" veröffentlicht. Das obengenannte Schriftchen, indem es diese Analogie bei Seite lässt, ist bemüht, die Eigenschaften der Bessel'schen Transcendenten aus zwei Grundgleichungen herzuleiten, welche zusammen einer Differentialgleichung zweiter Ordnung äquivalent sind. Dabei erhält der Begriff der Bessel'schen Functionen durch Einführung solcher Transcendenten mit positiv oder negativ gebrochenem Index eine wesentliche Erweiterung, welche sich namentlich bei der Integration linearer Differentialgleichungen als äusserst nützlich erweisen.

Wenn jede Function eine Bessel'sche genannt wird, welche den beiden oben erwähnten Grundgleichungen oder, was dasselbe ist, der ihnen äquivalenten linearen Differentialgleichung zweiter Ordnung genügt, so kann es nicht mehr als zwei wesentlich verschiedene Arten Bessel'scher Functionen geben. Während der erste Abschnitt sich mit den Bessel'schen Functionen erster Art beschäftigt, werden im zweiten Abschnitt die Bessel'schen Functionen zweiter Art behandelt, zu welchen vermöge ihres Verhaltens gegenüber den Differentialgleichungen eigentlich auch sämmtliche Bessel'sche Functionen mit negativ gebrochenem Index gerechnet werden müssen. Die Functionen zweiter Art nebst allen ihren Eigenschaften werden sehr einfach aus jenen erster Art durch blosse Differentiation nach dem Index hergeleitet.

Der dritte Abschnitt befasst sich mit der Integration verschiedener linearer Differentialgleichungen. Die bekannte Riccati'sche

Gleichung z. B. wird durch eine einzige allgemein giltige Formel integriert, und die schwerfällige Unterscheidung zahlreicher Specialfälle gänzlich vermieden.

Um den Gebrauch der Bessel'schen Functionen bis zu den numerischen Anwendungen möglich zu machen, sind als Anhang die von Hansen berechneten Tafeln der Functionen erster Art beigegeben.

Vermöge seiner leichtverständlichen Fassung dürfte sich das Werkchen namentlich zum ersten Studium dieser ebenso interessanten als nützlichen Transcendenten trefflich eignen. Dasselbe wird im September 1868 erscheinen.

II. Erschienene Bücher. 1868.

Bardey, E., algebraische Gleichungen nebst den Resultaten und den Methoden zu ihrer Auflösung. gr. 8. 1868. geh. 1 Thlr. 10 Ngr.

Durège, Dr. H., ordentlicher Professor am Polytechnicum zu Prag, Theorie der elliptischen Functionen. Versuch einer elementaren Darstellung. Zweite Auflage. Mit 32 in den Text gedruckten Holzschnitten. gr. 8. 1868. geh. 3 Thlr.

Plücker, Julius, neue Geometrie des Raumes, gegründet auf die Betrachtung der geraden Linie als Raumelement. Mit einem Vorwort von A. Clebsch. Erste Abtheilung. gr. 4. 1868. geh. 3 Thlr.

Schell, Dr. Wilhelm, Professor am Polytechnicum zu Carlsruhe, Theorie der Bewegung und der Kräfte. Ein Lehrbuch der theoretischen Mechanik, mit besonderer Rücksicht auf die Bedürfnisse technischer Hochschulen. Mit vielen in den Text gedruckten Holzschnitten. 1. Lieferung. gr. Lex.-8. 1868. geh. 28 Ngr.

Erscheint in circa 5 Lieferungen von je 12 Druckbogen à 28 Ngr. die Lieferung und wird binnen Jahresfrist vollendet sein.

Schlömilch, Dr. Oscar, Kgl. Sächs. Hofrath, Professor an der polytechnischen Schule zu Dresden, Uebungsbuch zum Studium der höheren Analysis. Erster Theil: Aufgaben aus der Differentialrechnung. Mit Holzschnitten im Texte. gr. 8. 1868. geh. 1 Thlr. 18 Ngr.

Serret, J. A., Handbuch der höheren Algebra. Deutsch bearbeitet von G. Wertheim. Erster Band. gr. 8. 1868. geh. 2 Thlr. 20 Ngr.